化学工业出版社"十四五"普通高等教育规划教材

普通高等教育药学类系列教材

色谱分析

Chromatographic Analysis

杜 斌　李 杨　主编

李先江　陈 迪　贾菲菲　副主编

化学工业出版社

·北 京·

内容简介

《色谱分析》是一部全面而深入介绍色谱分析理论与应用的教材,全书内容丰富,不仅涵盖了色谱分析的基础理论与定性定量方法,还包括了气相色谱、高效液相色谱、薄层色谱、毛细管电泳、超临界流体色谱、高速逆流色谱、色质联用技术、样品前处理以及色谱分析方法的验证、转移和确认等内容。全书共分为 11 章,每章都配有"开篇案例",旨在激发读者的兴趣,同时通过"团队协作项目""案例研究""讨论题"等形式,增强读者的实践能力和深度学习能力。

《色谱分析》可作为高等院校药学、化学、化工、材料等相关专业的本科生教材,同时也适合从事色谱分析工作的科研和工程技术人员参考使用。

图书在版编目(CIP)数据

色谱分析 / 杜斌,李杨主编. --北京:化学工业出版社,2025. 8.
(化学工业出版社"十四五"普通高等教育规划教材)(普通高等教育药学类系列教材). -- ISBN 978-7-122-48683-7

I. O657.7

中国国家版本馆 CIP 数据核字第 20251CR319 号

责任编辑:褚红喜　　　　　　　　　　文字编辑:李 蕾 朱 允
责任校对:王 静　　　　　　　　　　装帧设计:关 飞

出版发行:化学工业出版社(北京市东城区青年湖南街 13 号　邮政编码 100011)
印　　装:北京云浩印刷有限责任公司
850mm×1168mm　1/16　印张 17$\frac{1}{2}$　字数 442 千字
2025 年 9 月北京第 1 版第 1 次印刷

购书咨询:010-64518888　　　　　　售后服务:010-64518899
网　　址:http://www.cip.com.cn
凡购买本书,如有缺损质量问题,本社销售中心负责调换。

定　　价:59.80 元　　　　　　　　　　版权所有　违者必究

《色谱分析》编写组

主　编

杜　斌　李　杨

副主编

李先江　陈　迪　贾菲菲

编　者（以姓氏笔画为序）

任　畅　河南大学

杜　斌　郑州大学

杜秋争　郑州大学第一附属医院

杜晓鸣　浙江药科职业大学

李　杨　河南省药品医疗器械检验院

　　　　（河南省疫苗批签中心）

李先江　中国计量科学研究院

李芬芬　郑州大学

杨　森　郑州大学

陈　迪　郑州大学

贾菲菲　中国食品药品检定研究院

黄婧姝　河南省药品医疗器械检验院

　　　　（河南省疫苗批签中心）

前言

随着科技的进步和色谱技术在各个领域的广泛应用，色谱分析已经成为化学、化工、材料及生物医药等相关专业学生和科研工作者必备的一项技能。多年来编者一直承担色谱分析课程的主讲任务，在30余年的教学和科研实践中，迭代更新教材内容和模式，使其更符合"四新"人才培养目标，满足学生未来成长需求，适应行业发展。鉴于当前我国传统教材在编写体例上未能充分契合高质量人才培养的迫切需求，我们萌生了编纂《色谱分析》创新型教材的构想，旨在通过创新教材结构与内容，更好地服务于高素质专业人才的培养目标。

本书通过提供全面、系统、实用、具有鲜明特色的色谱分析内容，旨在帮助读者建立扎实的理论基础，掌握各种色谱分析方法和技术，了解色谱分析在新药研发及食品、药品、化妆品安全等领域的应用及前沿技术。全书共分为11章，包括色谱分析的理论基础、气相色谱、高效液相色谱、薄层色谱、毛细管电泳、超临界流体色谱、高速逆流色谱、色质联用技术、样品前处理以及色谱分析方法的验证、转移和确认等内容。

本书以学生为中心，坚持注重实用性、系统性和先进性的编写原则。在编写过程中，我们力求做到内容系统全面、条理清晰、语言简练、图表丰富、纸质教材与数字化资源深度融合，以帮助读者更好地理解和掌握色谱分析的基本原理和方法。同时，我们还注重科教融汇和产教融合，以使读者能够全方位、立体化地了解色谱分析的现状和未来发展方向。

本书的读者对象主要是化学、化工、材料及生物医药等相关专业的本科生和科研工作者。本书既可作为教材使用，也可作为参考书供读者自学和查阅。我们希望本书能帮助读者更好地学习和掌握色谱分析的知识和技能，为其学术研究和职业发展提供有力的支持。

在阅读本书时，建议读者先从第1章开始，逐步深入，按照章节顺序进行学习。每章前的"开篇案例"可帮助读者更好地理解本章的主题。同时，在阅读过程中，建议读者结合实际情况，多思考、多实践，将理论知识与实际应用相结合，以提高学习效果。

在此，感谢所有参与本书编写的专家和学者，他们的辛勤工作和无私奉献使本书得以顺利完成。同时，感谢化学工业出版社的支持和帮助，他们的专业性和高效性为本书的出版提供了有力的保障。

最后，希望本书能够为读者提供有益的帮助和启示，但由于时间和篇幅的限制，书中可能存在一些不足之处，敬请读者提出宝贵意见。

编　者
2025年1月

目录

第1章 绪论 /001

【开篇案例】 色彩与科学的邂逅：色谱法的传奇开篇　001

1.1　色谱法的过去、现在和未来　002

1.1.1　色谱法的发展简史　002

1.1.2　色谱法的研究现状　003

1.1.3　色谱法的未来发展趋势　004

1.2　色谱法的概念与分类　005

1.2.1　色谱法　005

1.2.2　色谱法的类型　005

1.3　色谱法与其他分离方法的异同及其特点和不足　006

1.3.1　色谱法和其他分离方法的异同　006

1.3.2　色谱法的特点　006

1.3.3　色谱法的不足之处　006

1.4　色谱相关资讯　007

1.4.1　代表性色谱学术期刊　007

1.4.2　相关色谱网站　007

1.4.3　色谱微信公众号　008

1.4.4　色谱顶尖奖项　008

【团队协作项目】 色谱分析在食品检验中的应用与创新　009

【案例研究】 如何检测食用油中非法添加剂　010

参考文献　010

第2章 基础理论与定性定量方法 /011

【开篇案例】 液相色谱柱内径的设计：分离效率与用户体验的完美融合　011

2.1　色谱参数　012

2.1.1　色谱流出曲线与色谱峰　012

2.1.2　对称因子　013

2.1.3　定性参数　013

2.1.4　定量参数　015

2.1.5　柱效参数　015

2.1.6　相平衡参数　016

2.1.7　分离参数　017

2.2　塔板理论能解释的色谱现象　018

2.2.1　塔板理论的基本假设　018

2.2.2　塔板模型与正态分布方程式　019

2.2.3　塔板模型的分离过程　021

2.2.4　理论塔板数和塔板高度　022

2.2.5　塔板理论的局限性　022

2.3　速率理论　023

2.3.1　气相色谱速率理论方程式　023

2.3.2　液相色谱速率理论方程式　026

2.4　色谱等温线、基本分离方程式与系统适用性试验　028

2.4.1　色谱等温线　028

2.4.2　基本色谱分离方程式及应用　029

2.4.3　系统适用性试验　030

2.5　分子间作用力及细胞膜色谱法　031

2.5.1　取向力　031

2.5.2　诱导力　032

2.5.3　色散力　032

2.5.4　氢键力　032

2.5.5　细胞膜色谱法　033

2.6　色谱法的定性与定量　034

2.6.1　定性分析方法　034

2.6.2　定量分析方法　035

【团队协作项目】　色谱分析在化妆品检验中的应用与创新　038

【案例研究】　如何检测维生素 D　039

参考文献　039

【开篇案例】　气相色谱揭秘：谁让英雄汉一脱鞋就尴尬？　040

3.1　概述　041

3.1.1　气相色谱法的发展简史　041

3.1.2　气相色谱法的类型、应用范围　041

3.2　气相色谱仪的部件　042

3.2.1　气路系统　043

3.2.2　进样系统　044

3.2.3　分离系统　046

3.2.4　检测系统　046

3.2.5　控制系统　47

第 3 章
气相色谱法
/040

3.3 气相色谱柱的种类及特点 048
3.3.1 填充柱及其特点 048
3.3.2 毛细管柱及其特点 048
3.4 检测器类型与检测原理 049
3.4.1 热导检测器 049
3.4.2 火焰离子化检测器 050
3.4.3 电子捕获检测器 051
3.4.4 氮-磷检测器 052
3.4.5 火焰光度检测器 052
3.4.6 化学发光检测器 052
3.4.7 光离子化检测器 053
3.4.8 原子发射光谱检测器 054
3.4.9 红外光谱检测器 054
3.4.10 质谱检测器 054
3.5 气相色谱条件的优化 055
3.5.1 载气及流速 055
3.5.2 柱温的选择 055
3.5.3 气化室温度的选择 056
3.5.4 色谱柱柱长与内径 056
3.5.5 固定液配比 057
3.6 裂解气相色谱法 057
3.6.1 基本原理 058
3.6.2 常见裂解装置 058
3.6.3 应用范围 061
3.7 二维气相色谱法 062
3.7.1 中心切割二维气相色谱法 063
3.7.2 全二维气相色谱法 063
3.8 气相色谱法的应用案例 064
3.8.1 化学药品中挥发性有机化合物的检测 064
3.8.2 鸡蛋中氟虫腈残留物的检测 066
【团队协作项目】 气相色谱法在农药残留检测中的应用 067
【案例研究】 揭秘泥土的清香 068
参考文献 068

第4章
高效及超高效液
相色谱法
/069

【开篇案例】 净土重生：高效液相色谱法助力土壤污染防治 069
4.1 概述 069
4.1.1 高效液相色谱法发展简史 069
4.1.2 高效液相色谱法的特点 071

4.1.3　高效液相色谱法的类型、应用范围与局限性　071

4.1.4　高效液相色谱法与其他色谱方法的比较　073

4.2　高效液相色谱仪的组成部分　073

4.2.1　输液系统　073

4.2.2　进样系统　075

4.2.3　分离系统　077

4.2.4　检测系统　078

4.2.5　记录系统　079

4.2.6　仪器操作与维护　079

4.3　品种繁多的固定相　081

4.3.1　液-固色谱法固定相　081

4.3.2　液-液色谱法固定相　082

4.3.3　手性色谱法固定相　083

4.4　流动相的分类及洗脱方式　088

4.4.1　正相色谱流动相　088

4.4.2　反相色谱流动相　089

4.4.3　洗脱方式　089

4.5　检测器的种类及检测原理　090

4.5.1　紫外检测器及二极管阵列检测器　091

4.5.2　荧光检测器　092

4.5.3　示差折光检测器　092

4.5.4　蒸发光散射检测器　094

4.5.5　其他检测器　095

4.6　色谱分离条件的优化　095

4.6.1　色谱柱及柱温的选择　095

4.6.2　流动相的选择　097

4.6.3　洗脱方式的选择　098

4.7　超高效液相色谱法　099

4.7.1　基本原理　099

4.7.2　与高效液相色谱法的不同　100

4.8　高效液相色谱法的新进展　101

4.8.1　新填料与新技术　101

4.8.2　整体柱　102

4.8.3　多维液相色谱法　103

4.9　高效液相色谱法应用案例　104

4.9.1　化妆品分析应用案例　104

4.9.2　食品分析应用案例　106

【团队协作项目】　高效液相色谱法在《中国药典》
（2025 年版）中的应用　108

【案例研究】　如何检测减肥产品中是否掺杂了违禁品　109

**第 5 章
薄层色谱法
/110**

【开篇案例】 载玻片上的小发明，化学界的大突破：
薄层色谱揭秘 110

5.1 概述 110

5.1.1 薄层色谱法的发展简史 111

5.1.2 薄层色谱法的特点 112

5.2 薄层色谱系统的组成部分 112

5.2.1 吸附剂 113

5.2.2 薄层板 114

5.2.3 点样 115

5.2.4 展开剂及展开方式 116

5.3 薄层色谱参数 119

5.3.1 定性参数 119

5.3.2 相平衡参数与比移值的关系 120

5.3.3 分离参数 120

5.3.4 板效参数 121

5.4 定性定量方法与柱色谱的不同 122

5.4.1 定性方法 122

5.4.2 定量方法 123

5.5 薄层色谱法研究进展 124

5.5.1 高效薄层色谱法 124

5.5.2 键合相薄层色谱法 126

5.6 薄层色谱法的应用案例 127

5.6.1 中草药和中成药成分分析 127

5.6.2 食品成分分析 128

【团队协作项目】 薄层色谱法在药品、食品和化妆品中的
应用与挑战 130

【案例研究】 TLC 揭露非法降糖药的秘密 131

参考文献 131

**第 6 章
毛细管电泳法
/132**

【开篇案例】 电泳的"奥德赛"：从血清分离到毛细管电泳技术的
科学之旅 132

6.1 概述 132

6.1.1 毛细管电泳法的发展简史 132

6.1.2 毛细管电泳法的特点及应用范围和局限性 133

6.2　毛细管电泳法的分离依据　134

6.2.1　双电层和 Zeta 电势　135

6.2.2　电泳和淌度　135

6.2.3　电渗流和电渗淌度　136

6.3　毛细管电泳仪的组成部分　136

6.3.1　毛细管　137

6.3.2　高压电源　138

6.3.3　进样系统　138

6.3.4　检测系统　138

6.4　毛细管电泳法的检测器及各检测器工作原理　139

6.4.1　紫外检测器　139

6.4.2　激光诱导荧光检测器　140

6.4.3　质谱检测器　141

6.4.4　其他类型检测器　142

6.5　毛细管电泳法的分离模式及原理　142

6.5.1　毛细管区带电泳法　142

6.5.2　胶束电动毛细管电泳法　143

6.5.3　毛细管凝胶电泳法　143

6.5.4　毛细管等电聚焦法　144

6.5.5　毛细管等速电泳法　144

6.5.6　毛细管电色谱法　145

6.5.7　其他类型的分离模式　145

6.6　毛细管电泳法分离条件的优化　146

6.6.1　进样方式　146

6.6.2　分离电压　147

6.6.3　缓冲液种类及 pH 值　147

6.6.4　添加剂　148

6.6.5　毛细管材质和柱长　148

6.6.6　柱温选择　149

6.7　毛细管电泳法新进展　149

6.7.1　手性毛细管电泳　149

6.7.2　芯片电泳　150

6.7.3　联用技术　150

6.8　毛细管电泳法的应用案例　151

6.8.1　生物大分子药物分析应用案例　151

6.8.2　化妆品分析应用案例　151

【团队协作项目】　CE 在手性药物拆分和大分子分析中的应用研究　153

【案例研究】　如何利用毛细管电泳法检测疫苗中宿主细胞蛋白的
残留量　153

参考文献　154

第 7 章
制备色谱法
/155

【开篇案例】 从咖啡豆到药物：制备色谱法的分离纯化
传奇故事 155
7.1 超临界流体色谱法 155
7.1.1 概述 155
7.1.2 超临界流体色谱仪的组成部分 157
7.1.3 色谱条件的选择 161
7.1.4 超临界流体色谱法应用案例 162

7.2 高速逆流色谱法 163
7.2.1 概述 163
7.2.2 高速逆流色谱仪的组成部分 164
7.2.3 高速逆流色谱条件的选择 170
7.2.4 高速逆流色谱法应用案例 174

【团队协作项目】 探究制备色谱技术在天然产物分离纯化中的
应用与创新 175

【案例研究】 如何分辨食品是否安全 176
参考文献 176

第 8 章
生物大分子色谱
分析法
/177

【开篇案例】 跨越百年，胰岛素纯化之旅：从沉淀法到色谱技术 177
8.1 概述 177
8.1.1 生物大分子的种类 178
8.1.2 生物大分子的特性 178
8.1.3 生物大分子色谱分析法的发展简史与趋势 179

8.2 体积排阻色谱法 179
8.2.1 体积排阻色谱法的基本原理 180
8.2.2 体积排阻色谱法的固定相 181
8.2.3 体积排阻色谱法的流动相 182
8.2.4 体积排阻色谱法的操作与技巧 183
8.2.5 体积排阻色谱法的应用案例 184

8.3 离子交换色谱法 185
8.3.1 离子交换色谱法的基本原理 185
8.3.2 离子交换色谱法的固定相 186
8.3.3 离子交换色谱法的流动相 187
8.3.4 离子交换色谱法的应用案例 188

8.4 疏水作用色谱法 189
8.4.1 疏水作用色谱法的基本原理 190
8.4.2 疏水作用色谱法的填料 190
8.4.3 疏水作用色谱法的流动相 191
8.4.4 疏水作用色谱法的应用案例 192

8.5 亲和色谱法 193
8.5.1 亲和色谱法的基本原理 193
8.5.2 亲和色谱法的固定相 195
8.5.3 亲和色谱法的流动相 195
8.5.4 亲和色谱法的应用案例 196
【团队协作项目】 大分子色谱法在生物制药中的应用研究 198
【案例研究】 如何使用色谱法纯化护肤品中的透明质酸 199
参考文献 199

第 9 章
色谱联用技术
/200

【开篇案例】 色谱质谱联用：守护食品安全的卫士 200
9.1 概述 201
9.1.1 色谱联用技术发展概况 201
9.1.2 色谱联用技术未来发展趋势 201
9.2 气相色谱与质谱联用接口问题的解决 202
9.2.1 气相色谱与质谱联用的仪器系统 202
9.2.2 气相色谱与质谱联用的接口技术 204
9.2.3 气相色谱与质谱联用中的离子化技术 205
9.2.4 气相色谱与质谱联用的质谱谱库 206
9.3 液相色谱与质谱联用接口问题的解决 207
9.3.1 液相色谱与质谱联用的仪器系统 207
9.3.2 液相色谱与质谱联用的接口技术 208
9.3.3 液质联用分析的优化与选择 210
9.4 毛细管电泳与质谱联用接口问题的解决 211
9.4.1 毛细管电泳与质谱联用的仪器系统 211
9.4.2 毛细管电泳与质谱联用的接口技术 212
9.5 其他联用技术 213
9.5.1 超临界流体色谱-质谱联用 213
9.5.2 气相色谱-傅里叶变换红外光谱联用 215
9.5.3 液相色谱-核磁共振光谱联用 216
9.5.4 样品前处理与色谱的在线联用 217
9.6 色谱-质谱联用案例分析 219
9.6.1 食品分析应用案例 219
9.6.2 药品分析应用案例 220
9.6.3 环境分析应用案例 220
【团队协作项目】 色谱质谱联用技术在生物分析中的应用与创新 222
【案例研究】 如何检测急性中毒患者血液中的毒物种类 223
参考文献 223

**第 10 章
复杂样品前处理
技术**

/224

【开篇案例】 葡萄酒中的 "隐形" 杀手	224
10.1 概述	225
10.1.1 进行样品前处理的原因	225
10.1.2 样品前处理应遵循的原则	226
10.2 常用的物理分离和浓缩手段	227
10.2.1 溶剂萃取技术	227
10.2.2 固相萃取技术	233
10.2.3 膜分离技术	234
10.2.4 其他样品前处理新技术	235
10.3 常用的化学衍生化法	237
10.3.1 气相色谱法常用的衍生化反应	237
10.3.2 液相色谱法常用的衍生化反应	238
10.4 样品前处理应用案例分析	239
10.4.1 生物样品前处理案例分析	239
10.4.2 食品前处理案例分析	241
【团队协作项目】 固相萃取技术在化妆品检测前处理中的应用与创新	243
【案例研究】 如何通过样品前处理技术分离并富集化妆品中的激素	243
参考文献	244

**第 11 章
色谱分析方法的
验证、转移和
确认**

/245

【开篇案例】 从不确定到可控的突破	245
11.1 色谱分析方法的验证	246
11.1.1 方法验证的目的和重要性	246
11.1.2 方法验证的研究	247
11.1.3 方法验证的内容和参数	248
11.1.4 验证方案的设计	254
11.1.5 验证试验的执行与结果评估	255
11.2 色谱分析方法的转移	256
11.2.1 方法转移的必要性	256
11.2.2 方法转移的方法和要素	256
11.2.3 方法转移的方案设计	257
11.2.4 方法转移的结果评估和批准	258
11.2.5 方法转移中的常见问题及解决方案	258
11.3 色谱分析方法的确认	258
11.3.1 方法确认的定义和范围	258
11.3.2 方法确认的实验设计	259
11.3.3 方法确认的原则和指标	259

11.3.4　方法确认与验证的区别　　259

11.4　案例分析　　260

11.4.1　氧氟沙星的鉴别试验　　260

11.4.2　有关物质的测定　　260

11.4.3　氧氟沙星片的含量测定　　262

【团队协作项目】　色谱分析方法的验证　　263

【案例研究】　奶茶中咖啡因的含量测定　　264

参考文献　　264

第1章　绪　论

 学习目标

掌握：色谱法的概念、分类及特点；

熟悉：色谱法的适用范围；

了解：色谱法的发展简史及发展新动态；

能力：初步具备色谱分析方法的选择和应用能力，能阐述色谱分析的重要性。

开篇案例

色彩与科学的邂逅：色谱法的传奇开篇

在遥远的古罗马时代，当人们不经意间将混合的颜料滴落在洁白的布匹或粗糙的纸张上时，一个神奇的现象发生了——色彩如舞者般扩散，形成五颜六色的同心圆环。这些现象虽被当时的智者们所目睹，但其背后的科学之谜，依旧沉睡在时间的长河中。时光荏苒，来到了19世纪的中后期，一场科学的盛宴正在悄然上演。德国的染料化学家龙格（F. F. Runge），在布料上将染料与植物萃取液巧妙分离；而美国的石油化学家德伊（D. T. Day），则在实验室里摆弄着装满碳酸钙细粉的柱子，试图对石油进行分离。他们的探索，犹如拨开云雾，让层析现象开始露出神秘的面纱。然而，真正让这层面纱揭开，使层析现象绽放光芒的，是才华横溢的俄国植物学家米哈伊尔·茨维特（M. S. Tswett）。他在研究植物叶子的成分时，巧妙地将碳酸钙粉末填充进竖直的玻璃柱内，再将植物叶子的石油醚萃取液倾入其中，石油醚如细雨般缓缓淋洗，奇迹诞生——玻璃柱上绽放出色彩斑斓的色带，仿佛是大自然的调色板。茨维特敏锐地意识到这一现象的重要性，于1906年将这些色带命名为"色谱"，并首次提出了色谱法的概念。

在这一试验中，玻璃管被称为"色谱柱"，管中固定不动的填充物碳酸钙，被称为"固定相"（stationary phase），流动的淋洗剂石油醚，被称为"流动相"（mobile phase）。茨维特开创的这种基于液体与固体吸附原理的分离方法称为液-固色谱法（liquid-solid chromatography，LSC），他将不同色带填充物挤压出来，分段切割，并将分开的组分进行鉴定。目前，色谱法也逐渐成长为科学领域中一颗璀璨的明珠，而茨维特也因此被誉为"色谱学之父"。

视频1-1
色谱法
（Chromatography）

1.1 色谱法的过去、现在和未来

1.1.1 色谱法的发展简史

自 1906 年茨维特首次提出"色谱法"以来,该方法逐渐克服了其最初针对无色物质分离的局限,尽管"色谱"二字在意义上有所偏离,但为纪念其开创性贡献,该术语被保留下来并沿用至今。然而,在之后的二十多年里,色谱法并未引起科学界的广泛关注。直至 1931 年,德国科学家库恩(Kuhn)及其团队创新性地将茨维特的方法用于胡萝卜素和维生素的分离,他们以氧化铝作为固定相,成功实现了这些植物色素的分离,标志着色谱法应用的飞跃。1938 年,库恩因在维生素和胡萝卜素分离及结构分析领域的杰出贡献而荣获诺贝尔化学奖,此举极大提升了色谱法的科学地位,促使色谱法被迅速普及并迎来快速发展期。

色谱法在 100 余年的发展历程中有四个标志性里程碑:从色谱术语的提出到气相色谱法的创立为第一个里程碑——1951 年,Martin 和 James 报道了以自动滴定仪作为检测器分析脂肪酸的方法,采用高沸点液体作为固定相,开创了气-液色谱法的新纪元,极大地拓宽了气相色谱法的应用范围;紧接着,气相色谱仪与傅里叶变换红外光谱仪的联用成为第二个里程碑,这一创新弥补了色谱法在定性分析上的局限和光谱法在定量分析方面的不足,实现了两者优势的完美融合;随后,高效液相色谱法的诞生标志着色谱技术的又一重大进步,成为第三个里程碑,它不仅显著提高了复杂混合物分离与分析的效率与精度,也为后续色谱技术的发展奠定了坚实基础;进入 20 世纪 80 年代,毛细管电泳与毛细管电色谱技术的相继问世,成为分析科学领域的又一革命性突破,是色谱法历史上的第四个里程碑。这些技术引领分析科学从微升量级跨入纳升时代,为生物大分子如蛋白质、核酸乃至单细胞的分析提供了可能,进一步拓宽了色谱法的应用领域。表 1-1 列举了色谱法发展历史上的一些重要事件。

表 1-1 色谱法的发展历史

年份	发明的色谱方法或重要应用	发明者
1906	碳酸钙作为吸附剂分离植物色素,最先提出"色谱法"概念	Tswett
1931	用氧化铝和碳酸钙分离 α-、β-和 γ-胡萝卜素	Kuhn、Lederer
1938	最先应用薄层色谱法	Lzmailov、Shraiber
1938	使用离子交换色谱法分离锂和钾的同位素	Taylor、Urey
1941	提出了塔板理论,发明了液-液分配色谱,预言气体可作流动相	Martin、Synge
1944	发明了纸色谱,首次用纸作载体分离了蛋白质水解液中的氨基酸	Martin
1948	对电泳和吸附分析的研究,对血清白蛋白复杂性质的研究	Tiselius
1949	在氧化铝中加入淀粉黏合剂制作薄层板,使薄层色谱进入实用阶段	Macllean

年份	发明的色谱方法或重要应用	发明者
1952	从理论到实践完善了气-液分配色谱	Martin、James
1956	提出了色谱速率理论，并用于气相色谱法	Van Deemter
1957	发明了基于离子交换色谱的氨基酸分析仪	Stein、Moore
1958	发明了毛细管气相色谱法	Golay
1959	发明了凝胶过滤色谱法	Porath、Flodin
1964	发明了凝胶渗透色谱法	Moore
1965	发明了色谱理论，为色谱学的发展奠定了理论基础	Giddings
1967	发明了第一台自动化液相色谱仪	Horvath
1975	发明了以离子交换剂为固定相，强电解质为流动相，抑制型电导检测的离子色谱法	Small
1981	创立了毛细管电泳法	Jorgenson、Lukacs
2004	创立了超高效液相色谱系统	Waters 公司

1.1.2　色谱法的研究现状

色谱法凭借其独特的分离与分析双重功能，在复杂体系中能够有效排除组分间的相互干扰，对被分析物进行定性与定量分析，甚至可制备出高纯度的组分，进一步用于活性评价等研究。这一技术因其广泛的适用性和强大的分析能力，在药品质量控制、食品安全检测、化妆品成分分析及环境保护等领域展现了极高的应用价值。值得注意的是，各国药典中色谱法的收载量不断增加，呈明显的上升趋势，凸显了其在药物分析中的核心地位。当前，色谱法已经迅速发展成为分析化学领域中至关重要的分支，它不仅为科学研究提供了强有力的技术支持，还在生产实践中发挥着保障产品质量、提升生产效率的关键作用。随着技术的不断进步与创新，色谱法将继续拓展其应用领域，为科研与生产的深度融合提供更多支撑。

气相色谱法与高效液相色谱法无疑是较为成熟且广泛应用的色谱技术。其中，高效液相色谱法以样品适应性广、分离模式多等特点脱颖而出，使用频率持续攀升，年增长率接近10%，因此成为科研与工业分析的首选。在这一领域内，反相色谱法、疏水作用色谱法、离子色谱法、手性色谱法及色谱-质谱联用技术等较为活跃。

相比之下，薄层色谱法虽然在自动化程度、分辨率及重现性方面尚显不足，主要用作定性和半定量分析工具。然而，近年来其发展势头强劲，通过引入自动点样器、自动多次展开仪、强制流动技术及薄层扫描仪等创新设备与技术，薄层色谱法正逐步向标准化、分步自动化迈进，显著提升了其定量分析的重现性、准确性和自动化水平，预示着该方法在未来将有更广泛的应用前景。

毛细管电泳与毛细管电色谱技术，尽管以其高效、低耗和快速等特点吸引了众多研究者的目光，但受限于电渗流驱动流动相带来的流动速度波动问题，定量分析结果误差较大，这一技术瓶颈尚未得到根本解决，从而限制了其大规模应用。尽管如此，毛细管电泳在分析单分子方面的独特优势不容忽视，且随着研究的深入，若能在定量分析准确性上取得突破性进展，该技术有望成为未来分析科学领域的重要力量。此外，毛细管电泳因其丰富的优化条件，近年来在手性拆分等领域展现出了强大的应用潜力。

近年来，色谱固定相的基质材料不断得到创新，如二氧化钛、硅胶等。其中，二氧化钛作为基质具有优于硅胶的化学稳定性和机械强度，成为高效液相色谱固定相的研究热点。微米级二氧化钛因其稳定性好、机械强度高、吸附性强及易于改性等优点，可作为色谱新型固定相使用。而纳米级二氧化钛因其比表面积大、稳定性和分散性好、生物相容性良好、不易引起严重的免疫反应或毒性反应等优点，常作为药物转运系统的载体使用。此外，硅胶因其多孔性、生物相容性、化学稳定性和可控的释放性能等优异特性，在药物转运领域也具有广泛的应用前景；将具有手性特征的生物分子，如溶菌酶、三肽、氨基酸等引入共价有机骨架材料中，形成新型手性固定相，可用于手性分子的拆分；在硅胶载体上引入特定的官能团或配体进行功能化修饰制备的固定相，具有特殊分离选择性，如酰胺型和酯型等新型键合固定相的开发，提高了对碱性化合物等难分离物质的分离效果；分子印迹固定相对目标分析物具有高度的选择特异性，可实现复杂混合物中目标分析物的有效分离，具有良好的稳定性，能耐受高温、高压、酸碱和有机溶剂等，已广泛应用于药物分析、环境监测、食品安全等领域，特别是在手性药物分离和药物杂质检测方面具有独特优势。此外，整体柱技术作为近年来液相色谱发展的热点，因其多孔结构具有良好的通透性，在提高柱效和重现性、实现快速分离分析方面具有明显优势。新型检测器也在不断发展，如化学发光检测器和半导体激光荧光检测器等。这些技术提高了色谱分析的高选择性、高通量和高速度。

阅读材料1-1
TiO₂作固定相及
药物转运载体

1.1.3 色谱法的未来发展趋势

（1）高效分离技术的发展 未来色谱法将不断追求更高的分辨率和更快的分离速度。随着高效柱、新型填料和仪器技术的发展，色谱分离的效率将进一步提高，为更复杂的样品提供更准确、更快速的分析结果。

（2）多维色谱技术的应用 多维色谱技术结合不同的分离机制，可实现更复杂样品的更好分离。这种技术在生物学和药物研发领域有望得到更广泛应用，以应对样品复杂性带来的挑战。

（3）联用技术的深化与拓展 色谱和质谱联用技术已成为分析领域的主流。未来，随着质谱技术的发展和成本的降低，色谱与质谱联用技术将进一步整合，为复杂样品的分析提供更多信息和更高的灵敏度。除了质谱技术外，色谱与电感耦合等离子体-发射光谱、拉曼光谱等联用，也可提高分析的准确性和可靠性，拓展其应用范围。

（4）微流控芯片分析系统 微流控技术的发展为色谱法带来了新的机遇，通过在芯片上集成样品处理、分离和检测系统，实现了分析过程的微型化、自动化和高通量，有望在医学诊断、环境监测等领域得到更广泛应用。

（5）**便携式色谱仪的开发**　便携式色谱仪具有体积小、重量轻、操作简便等特点，适用于现场实时检测和应急响应等场景。

（6）**智能化和自动化**　色谱专家系统的应用，通过模拟专家的思维方式，为色谱分析方法的建立、优化和实验数据处理提供了智能化的解决方案。自动化的样品前处理、色谱分析和数据处理将大大提高分析效率和准确性，为实验室工作节省时间和成本。

未来 10 年，全球色谱行业的市场需求预计将持续增长，并迎来更加繁荣的发展局面。根据 Future Market Insights（FMI 公司）的报告，色谱试剂市场预计未来几年间将以 6% 的复合年增长率增长，到 2034 年将达 124 亿美元。《2024—2030 年中国色谱仪行业市场发展监测及投资前景展望报告》显示，全球色谱仪行业市场规模呈稳定增长态势。此外，根据 Mordor Intelligence 公司的市场分析，2024 年全球色谱仪器市场规模约 96 亿美元，预计到 2029 年将达到 124 亿美元，复合年增长率约 5%。

1.2　色谱法的概念与分类

1.2.1　色谱法

色谱分析法简称色谱法（chromatography），是一种基于混合物中不同组分在流动相和固定相之间的分配系数不同（各组分沿固定相移动速度不同）而实现分离的技术。色谱法既能用于微量样品的分析，也能用于大量样品的纯化制备。

1.2.2　色谱法的类型

色谱法根据不同的分类标准有多种分类方式。

（1）**按分离原理分类**　色谱法可分为吸附色谱法（adsorption chromatography）、分配色谱法（partition chromatography）、离子交换色谱法（ion exchange chromatography）、体积排阻色谱法（size exclusion chromatography）、亲和色谱法（affinity chromatography）、毛细管电泳法（capillary electrophoresis）及毛细管电色谱法（capillary electrochromatography）等。

（2）**按操作条件分类**　色谱法可分为柱色谱法（column chromatography）、薄层色谱法（thin layer chromatography）和纸色谱法（paper chromatography）。

（3）**按固定相和流动相的聚集状态分类**

① 按流动相的聚集状态分类，流动相可以是气体、液体或超临界流体，色谱法相应分为气相色谱法（gas chromatography，GC）、液相色谱法（liquid chromatography，LC）和超临界流体色谱法（supercritical fluid chromatography，SFC）。

② 按固定相的聚集状态分类，固定相可以是固体或液体。因此，气相色谱法可细分为

气-固色谱法（GSC）和气-液色谱法（GLC），液相色谱法则可细分为液-固色谱法（LSC）和液-液色谱法（LLC）。

（4）按应用领域分类　色谱法可分为分析型、制备型、专属型和工业流程型色谱法。

1.3　色谱法与其他分离方法的异同及其特点和不足

1.3.1　色谱法和其他分离方法的异同

色谱法和其他分离方法，如蒸馏、萃取、结晶、电解和超滤等，都旨在将混合物中的各组分分离。这些方法均是利用混合物中各组分在物理或化学性质上的差异实现分离，但色谱法具有分离和分析双重作用，而其他分离方法只有分离功能，没有分析功能。

1.3.2　色谱法的特点

与其他分析方法相比，色谱法可同时进行分离和分析，尤其是针对复杂体系的分析问题有独特的优势，已成为最重要的仪器分析方法之一，具有高效、灵敏、快速和应用范围广等特点。

（1）分离效能高　能有效解决几十种甚至上百种物理常数相近、化学性质类似的同系物、异构体等复杂样品的分离分析问题。

（2）灵敏度高　能检测微量组分，如样品不经浓缩可直接检测 10^{-9}g（ng 级）痕量物质，若采用浓缩技术或质谱检测器，检出限可达 10^{-12}g（pg 级）。

（3）分析速度快　通过优化色谱条件，可在几分钟至几十分钟内快速完成一个复杂样品的分离和分析。

（4）样品用量少　一般一次分析仅需几纳升至几微升的样品溶液。

（5）多组分同时分析　可与多种波谱仪器联用，如质谱和红外光谱等，在较短时间内，实现几十种甚至上百种成分的同时定性与定量分析。

（6）定量准确　结合适当的检测器，可对分离出的各组分进行准确的定量分析。

（7）易于自动化　现代色谱仪多具备自动化功能，可实现从进样到数据处理的全自动化操作。

（8）应用范围广　色谱法在化学化工、材料科学、环境与生态、食品安全与卫生、医药与健康、农产品及化妆品检测等诸多领域被广泛应用。

1.3.3　色谱法的不足之处

任何分析方法都有优点和不足，色谱法的优点很突出，但对被测组分的准确定性不足。

一般地，色谱的定性方法是基于与标准品对照保留值的一致性，其结果往往受到样品性质的影响，如样品的纯度、挥发性、极性等因素都可能影响色谱峰的形状和位置，从而影响定性的准确性。此外，若样品中存在与待测物性质相近的杂质，也可能导致误判。

1.4 色谱相关资讯

1.4.1 代表性色谱学术期刊

国内外有许多色谱学术期刊，有色谱专业期刊，也有涉及色谱专栏的化学或医药领域综合性期刊。本小节简要介绍其中较重要的色谱专业期刊，如中国专门报道色谱技术的专业期刊——《色谱》杂志。该杂志由中国科学技术协会主管，中国化学会和中国科学院大连化学物理研究所主办，国家色谱研究分析中心承办，并由科学出版社出版。自 1984 年创刊以来，一直是色谱领域的重要学术交流平台，内容涵盖了色谱学科的基础性研究成果、重要应用及其进展。此外，《药物分析》《分析化学》《药学学报》《中国药学杂志》及《中草药》等药学和化学领域的中文期刊，也都设置了与色谱相关的栏目。

一些重要的国际期刊如下：由荷兰爱思唯尔（Elsevier）出版集团出版的姊妹期刊 *Journal of Chromatography A* 与 *Journal of Chromatography B*，是全球范围内收载色谱研究论文较全面的杂志，其中 A 重理论，B 偏应用；由牛津大学出版社出版的 *Journal of Chromatographic Science*，主要发表关于色谱科学及其应用的高质量研究论文；*Biomedical Chromatography* 由美国约翰·威利父子出版公司（John Wiley & Sons, Inc.）出版，收录关于色谱和分离技术在生物和医学科学中应用的原创研究论文；*Electrophoresis* 由美国威利（Wiley）集团出版，收载电泳、液相分离、微流体和电动力学进展等研究论文。其他国际色谱学术期刊还有很多，不再一一赘述。

1.4.2 相关色谱网站

关于色谱技术的网站众多，这些网站提供了色谱方法、仪器、应用等方面的信息和资源。以下是一些代表性的色谱网站。

仪器信息官网：包含色谱相关仪器、技术、应用等信息，是广大色谱从业人员获取色谱相关资源的重要平台。

国际知名仪器公司官网：如安捷伦、岛津等，这些公司官网提供了详细的色谱仪器介绍、技术文档、应用案例等内容。

大连依利特分析仪器有限公司官网：该公司产品包括从分析到制备及工业生产用的色

谱高压输液泵、各种检测器、进样器、计量泵、色谱工作站、各种规格型号的液相色谱柱及其他色谱配件等。

1.4.3 色谱微信公众号

近年来，微信公众号逐渐普及，其内容更新速度快，读者能够获取更全面、更及时的信息，并且可与同行进行更深入的交流和讨论，也成为一种人们获取色谱知识和相关技术的重要途径，如色谱世界、色谱学堂、色谱云、色谱早知道等。

1.4.4 色谱顶尖奖项

中国色谱贡献奖：由中国化学会色谱专业委员会于 2013 年设立。该奖项是为了表彰我国在色谱研究领域（包括色谱理论研究、新材料、新技术、新方法及在国家重大研究领域的应用等方面）取得卓越成就、研究成果处于国际领先水平、在人才培养方面作出杰出贡献的科学家，每两年评选一次，每次不超过 5 人。

高里奖（Marcel Golay）：国际毛细管研究领域的最高奖项之一，1988 年由国际毛细管色谱大会设立，每年颁发一次，以美籍瑞士人高里命名，因其于 1956 年首次发明了毛细管色谱技术，从而使色谱的分离能力大大提高，分离时间大大缩短。该奖项授予在色谱领域作出杰出贡献的科学家。2007 年，我国最早从事色谱科学研究的中国科学院大连化学物理研究所卢佩章院士被授予高里奖，以表彰他对毛细管色谱科学技术研究所作出的突出贡献。

阅读材料1-2
中国"色谱学之父"—卢佩章院士；气定神闲，"谱"写人生—博若农教授

Leslie Ettre 奖：成立于 2008 年，由世界上第一台气相色谱仪生产商珀金埃尔默公司赞助，以国际著名色谱学家莱斯利 S.埃特雷（Leslie S. Ettre）教授名字命名。这个奖项授予专注于环境和食品安全领域、对毛细管色谱技术进行原创性研究的年轻科学家。

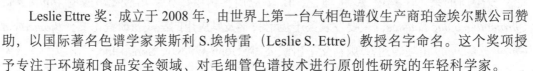 【本章小结】

Summary This chapter introduces the concept, classification, characteristics, and development history of chromatography. Chromatography is a technique that achieves separation based on the different distribution coefficients of different components in a mixture between the stationary phase and the mobile phase. It encompasses various types such as gas chromatography, liquid chromatography, thin layer chromatography, and so on. Chromatography boasts high efficiency, sensitivity, and speed, enabling simultaneous separation and analysis, making it especially suitable for analyzing complex systems. Since the inception of the concept of chromatography by Tswett in 1906, chromatography technology has undergone continuous development and innovation, marked by the emergence of technologies such as gas chromatography, high performance liquid chromatography, and capillary electrophoresis, signifying significant advancements in separation efficiency and application scope.

Chromatography finds extensive applications in multiple fields including pharmaceuticals, food, environmental protection, among others, becoming one of the most crucial branches in analytical chemistry. Through studying this chapter, we can comprehend the principles and classifications of chromatography and its applications in scientific research, laying a solid foundation for further in-depth study of chromatographic techniques.

 【复习题】

1. 什么是色谱法?
2. 色谱法包括哪些类型?
3. 色谱法发展史上的重要里程碑事件有哪些?

 【讨论题】

1. 请描述色谱法在科学研究中的优势和局限性,以及其在解决复杂问题方面的潜力。
2. 色谱法的最大特点是什么? 面临的巨大挑战又是什么?

👥 团队协作项目

色谱分析在食品检验中的应用与创新

【项目目标】 通过团队合作,深入了解色谱分析技术在食品检验中的应用,探索色谱分析技术在解决实际食品检验问题中的创新应用。

【团队构成】 4 个小组,每组 3~5 名学生。

【小组任务分配】

1. 色谱技术在食品成分分析中的应用研究小组(任务内容:了解色谱技术在食品成分分析中的应用原理和方法;调查和总结目前色谱技术在食品成分分析中的常见应用场景;分析色谱技术在食品成分分析中的优势和局限性)。

2. 色谱技术在食品污染物检测中的应用研究小组(任务内容:了解色谱技术在食品污染物检测中的应用原理和方法;调查和总结目前色谱技术在食品污染物检测中的常见应用场景;分析色谱技术在食品污染物检测中的优势和局限性)。

3. 色谱技术在食品添加剂检测中的应用研究小组(任务内容:了解色谱技术在食品添加剂检测中的应用原理和方法;调查和总结目前色谱技术在食品添加剂检测中的常见应用场景;分析色谱技术在食品添加剂检测中的优势和局限性)。

4. 色谱技术在食品安全监测中的应用研究小组(任务内容:研究色谱技术在食品安全监测中的应用原理和方法;调查和总结目前色谱技术在食品安全监测中的常见应用场景;分析色谱技术在食品安全监测中的优势和局限性)。

【成果展示】 各小组分别准备一份报告,总结研究成果和解决思路,并在团队会议上进行展示。

【团队讨论】 团队对各小组的研究成果进行讨论,形成最终的合作报告,并提出色谱技术在食品检验中的应用与创新策略。

案例研究

如何检测食用油中非法添加剂

食用油作为日常必需品，其安全性直接关系公众健康。近年来，非法添加剂滥用事件时有发生，如乙基麦芽酚（香味增效剂）、矿物油（工业级添加剂）等，长期摄入可引发肝肾损伤、骨骼脆弱甚至致癌。尽管《中华人民共和国食品安全法》明确禁止使用此类添加剂，但部分商家为降低成本仍违规操作。如何利用色谱技术检测食用油中的非法添加剂呢？

案例分析题：

1. 食用油中常见的非法添加剂有哪些？各起何种作用？有何危害？
2. 非法添加剂的分子结构和理化性质是什么？
3. 哪些前处理方法和检测手段能快速而灵敏地检测这些非法添加剂？

参考文献

[1] Zhang S N, Zheng Y L, An H D, et al. Covalent organic frameworks with chirality enriched by biomolecules for efficient chiral separation [J]. Angew Chem Int Ed, 2018, 57(51):16754-16759.

[2] Wang Z, Wang W, Luo A Q, et al. Recent progress for chiral stationary phases based on chiral porous materials in high-performance liquid chromatography and gas chromatography separation [J]. J Sep Sci, 2024, 47(13):2400073.

[3] 华经产业研究院. 2024—2030 年中国色谱仪行业市场发展监测及投资前景展望报告[R]. 2024.

[4] Zhang X, Jiang X Y, Wang J H. Urine self-sampling kit combined with an automated preparation-sampler device for convenient and reliable analysis of arsenic metabolites by HPLC-ICPMS [J]. Anal Chem, 2024, 96 (4):1742-1749.

（杜斌　编写）

第2章　基础理论与定性定量方法

 学习目标

掌握：定性、定量、拖尾因子、柱效、分离度、容量因子等色谱参数，速率理论的基本方程及影响色谱峰展宽的主要因素；

熟悉：塔板理论和速率理论各自解释的色谱现象、色谱基本方程式、分子间作用力类型、主要定性和定量分析方法；

了解：塔板理论的基本假设及局限性；

能力：能正确计算柱效、分离度等色谱参数，能选择合适的定性与定量方法，学会辩证思维。

开篇案例

液相色谱柱内径的设计：分离效率与用户体验的完美融合

在液相色谱领域中，色谱柱作为核心部件，其性能与规格直接关系到分离效果与实验效率。为了满足色谱工作者多样化的需求，色谱柱被设计成多种尺寸规格，其中内径的选择尤为关键。然而，细心的人们会发现，常用的色谱柱内径往往是一些看似零碎的数字，如 4.6 mm、2.1 mm，而较少见到 5 mm、10 mm 这样的整数尺寸。这一现象背后，隐藏着怎样的科学原理与设计智慧呢？

这一问题的答案，需要从液相色谱基础理论中的一个重要方程——范第姆特（van Deemter）方程中寻找。该方程揭示了色谱柱柱效与流速之间的复杂关系。在实际应用中，当流量以体积流量（mL/min）的形式测定时，线性流速与体积流速之间的换算成为连接理论与实践的桥梁。通过换算发现，当色谱柱达到最佳线速度时，其柱效也将达到峰值。

以粒径为 5 μm 的填料为例，当色谱柱内径为 4.6 mm 时，最佳流速恰好为 1 mL/min，而将内径调整为整数 5 mm 时，最佳流速则会变为 1.18 mL/min。这一微小的变化，虽然看似无关紧要，但在实际操作中却可能带来显著的差异。为了确保色谱工作者能轻松准确输入最佳流速，从而获得最佳分离效果，设计师们选择了保留这些非整数的内径尺寸。

综上所述，色谱柱内径的非整数设计并非随意之举，而是基于范第姆特方程的科学计算与工程师们的深思熟虑。这一设计不仅确保了色谱柱在最佳流速下达到最高柱效，更在功能与用户体验之间达到了完美的平衡。在未来的液相色谱技术发展中，我们有理由相信，这种设计理念将继续引领色谱柱设计与优化的新方向。

2.1 色谱参数

2.1.1 色谱流出曲线与色谱峰

在色谱实验中，样品经色谱柱分离后的各组分随流动相先后进入检测器，并由检测器将浓度信号转换为电信号记录下来，获得一条信号随时间变化的曲线，称为色谱流出曲线，又称色谱图（chromatogram）。由于电信号强度与各组分浓度成正比，因此，色谱流出曲线实际上是浓度-时间（C-t）曲线（图 2-1）。色谱流出曲线上的各色谱峰，相当于样品中的各组分，根据各色谱峰的相关参数，可对样品中的各组分进行定性和定量分析。

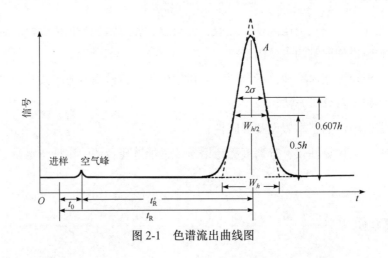

图 2-1　色谱流出曲线图

（1）基线（baseline） 在正常实验操作条件下，只有流动相通过检测器时的信号-时间曲线，称为基线。它是仪器（主要是检测器）正常工作的衡量标准之一。正常的基线应为一条平行于时间轴的直线。

（2）噪声（noise, N） 也被称为基线噪声，即在色谱分析过程中，基线信号上所呈现的微小波动，这种波动由各种偶然因素引起。

（3）基线漂移（baseline drift, d） 基线随时间朝某一方向的缓慢变化，称为基线漂移，主要由实验条件不稳定引起。

基线噪声和基线漂移可描述基线的好坏，是仪器性能的评价指标。噪声越小越好，基线电流越低越好，见图 2-2。

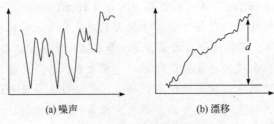

(a) 噪声　　　　　　(b) 漂移

图 2-2　噪声与基线漂移

2.1.2 对称因子

色谱流出曲线上的突起部分称为色谱峰。每一个峰代表样品中的一个组分。正常的色谱峰应为正态分布曲线。不正常的色谱峰有拖尾峰、前伸峰、平头峰、分叉峰、馒头峰等不对称色谱峰。不对称色谱峰通常是因为操作条件或色谱柱固定液选择不当。在实际工作中，以拖尾峰和前伸峰较为常见。前沿陡峭，后沿拖尾的不对称色谱峰称为拖尾峰；前沿平缓，后沿陡峭的不对称色谱峰称为前伸峰，见图 2-3。

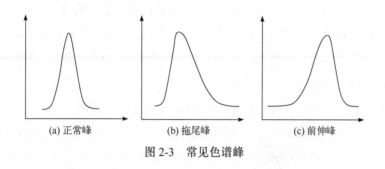

(a) 正常峰　　　　(b) 拖尾峰　　　　(c) 前伸峰

图 2-3　常见色谱峰

为了评价色谱峰的对称性，引入了对称因子（symmetry factor），又称拖尾因子（tailing factor，T）。其计算公式为：

$$T = \frac{W_{0.05h}}{2d_1} \tag{2-1}$$

式中，$W_{0.05h}$ 为 5%峰高处的峰宽；d_1 为峰顶在 5%峰高处横坐标平行线的投影点至峰前沿与此平行线交点的距离，见图 2-4。《中国药典》（2025 年版）通则 0512 高效液相色谱法要求：以峰高作定量参数时，T 值应在 0.95～1.05 之间。

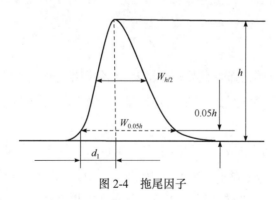

图 2-4　拖尾因子

2.1.3 定性参数

色谱峰的峰位用保留值表示。在色谱条件一定时，任何物质都有一确定的保留值，因此，样品中组分的保留值可用于定性。常用的色谱定性参数有保留时间、保留体积、相对保留值和保留指数，这些均能体现样品中各组分在色谱柱上的滞留情况。

（1）保留时间　分为死时间、保留时间和调整保留时间。

① 死时间（t_0）：是指在固定相上无保留的组分，从样品注入到其信号最大值时所需的时间。在气相色谱分析中，可通过实验确定死时间。具体来说，若采用热导检测器，可选择空气为样品，通过测量从进样到空气峰顶出现的时间来确定死时间；若采用氢火焰离子化检测器，则可用甲烷气体测定死时间。

② 保留时间（retention time, t_R）：是从进样开始到样品中某个组分信号达到极大值的时间间隔。

③ 调整保留时间（adjusted retention time, t_R'）：是指扣除死时间后的保留时间，即 $t_R' = t_R - t_0$。其参数可理解为某组分因溶解于固定相或被固定相吸附，在色谱柱上比不溶解或不被吸附的组分多滞留的时间。在温度、固定相和流动相等实验条件固定时，调整保留时间只决定于样品组分自身的性质。因此，在进行色谱分离时，调整保留时间是产生差速迁移的基础，是色谱法定性的基本参数之一。

（2）保留体积　分为死体积、保留体积和调整保留体积。

① 死体积（dead volume, V_0）：包括色谱柱内流动相所占体积、管路和接头间的体积及检测器内部体积，但通常小到可忽略不计。死体积可由死时间（t_0）和平均流量（v）计算，即 $V_0 = t_0 \times v$。

② 保留体积（retention volume, V_R）：指从样品注入到某一组分信号达到最大值时，所需流动相的体积。这一参数与保留时间及流动相的平均流量密切相关，计算公式为 $V_R = t_0 \times v$。

③ 调整保留体积（adjusted retention volume, V_R'）：是扣除死体积后的保留体积，即 $V_R' = V_R - V_0$。调整保留体积反映了组分在色谱柱中因溶解或吸附而额外滞留的体积，也是色谱法定性分析的关键参数之一。

（3）相对保留值　指在一定色谱条件下，组分 2 与组分 1 的调整保留值之比（r_{21}）。即：

$$r_{21} = \frac{t_{R_2}'}{t_{R_1}'} = \frac{V_{R_2}'}{V_{R_1}'} \tag{2-2}$$

r_{21} 的大小与色谱柱的选择性有关。r_{21} 越大，相邻两组分的 t_R' 相差越大，两组分的色谱峰相距越远，分离越好，表明色谱柱的选择性越好。当 r_{21} 等于或接近 1 时，两组分的色谱峰重叠，不能被分离。

r_{21} 又称为选择性因子（α）。常用于在一定色谱条件下，待测组分 i 对基准物质 S 的调整保留值之比，用 r_{iS} 表示。相对保留值只与柱温、固定相和流动相的性质有关，而与其他色谱条件无关，当柱内径、柱长、色谱柱的填充情况及流动相流速等变化时，相对保留值将保持不变。它表示固定相对这两种组分的选择性，是色谱定性分析的重要参数之一。

（4）保留指数（retention index, I）　又称为克瓦茨指数，由克瓦茨于 1958 年提出，表示化合物于一定温度下，在某种固定液上的相对保留值，是目前使用最广泛且被国际公认的定性指标。保留指数是以一系列正构烷烃为标准的相对保留值，也是一种重现性较好的定性参数。以正构烷烃作为标准，规定其保留指数为分子中碳原子个数乘以 100。其他物质的保留指数通过选定两个相邻的正构烷烃，其分别具有 Z 和 $Z+1$ 个碳原子。被测物质的调整保留时间应在相邻两个正构烷烃的调整保留值之间。其计算方法为：

$$I = 100[(\lg X_{Ni} - \lg X_{NZ}) / (\lg X_{N(Z+1)} - \lg X_{NZ}) + Z] \tag{2-3}$$

式中，X_N 代表保留值，i 为被测物。同一物质在同一柱上，其 I 值与柱温呈线性关系，可用内插法或外推法求出不同柱温下的 I 值，其准确度和重现性均较好。因此，当柱温和固定液相同时，可用保留指数进行定性。

2.1.4　定量参数

（1）峰高（h）　是指色谱峰最高点到基线的垂直距离。

（2）峰面积（A）　是指每个组分的流出曲线与基线间所包围的面积。峰高或峰面积与每个组分在样品中的含量相关，因此，色谱图中的峰高和峰面积是定量分析的主要依据。

（3）峰宽（peak width，W）　是指色谱峰两侧拐点所作的切线在基线上的截距，以长度或时间计。色谱峰峰高一半处的峰宽称为半峰宽（peak width at half height，$W_{h/2}$）。理想的色谱峰，其峰面积值近似为：

$$A = 1.065h \times W_{h/2} \tag{2-4}$$

2.1.5　柱效参数

柱效（column efficiency）是色谱柱对被分离物质所具有的分离效能，通常用理论塔板数或有效理论塔板数衡量。另外，峰的宽窄说明柱效高低，也常作为柱效参数。

（1）区域宽度　是色谱流出曲线上的一个重要参数。从色谱分离的角度看，区域宽度越窄越好。区域宽度可用峰宽、半峰宽和标准偏差（standard deviation，σ）表示。通常峰高 0.607 倍处色谱峰宽度的一半，称为标准偏差。σ 的大小说明组分在流动相作用下被带出色谱柱时的分散程度。σ 越小，流出组分的分散程度越小，峰形越窄，柱效越高；反之，σ 越大，流出组分的分散程度越大，峰被展宽，柱效越低。

如图 2-1 所示，过拐点作切线后，两切线与基线构成了等腰三角形，三角形高度一半处的宽度为 2σ，底边为峰宽 W，因此两者的关系为：

$$W = 4\sigma \tag{2-5}$$

（2）塔板数和塔板高度　塔板理论（plate theory）作为色谱分析中的热力学平衡理论基础，提出了一系列假设，旨在简化理论推导过程。这些假设将在本章 2.2 节中详细阐述。色谱柱的效能主要由动力学因素决定，具体通过理论塔板数（n）或理论塔板高度（H）表示。

理论塔板数的数值受到多种因素的影响，包括固定相类型、柱填充状态、柱长及流动相的流速等。在气相色谱法和液相色谱法中，色谱柱的理论塔板数的计算公式如下：

$$n = (t_{\mathrm{R}} / \sigma)^2 \tag{2-6}$$

$$\sigma = \frac{1}{2.355} \times W_{h/2} \tag{2-7}$$

$$n = 5.54 \times \left(\frac{t_{\mathrm{R}}}{W_{h/2}}\right)^2 = 16 \times \left(\frac{t_{\mathrm{R}}}{W}\right)^2 \tag{2-8}$$

但是，为了消除死体积对柱效的影响，常用有效塔板数 n_{eff} 表示色谱柱实际的柱效，即用调整保留时间 t'_{R} 代替保留时间 t_{R} 计算。

由理论塔板数 n 和色谱柱 L 可计算理论塔板高度 H，两者关系为：

$$H = \frac{L}{n} \tag{2-9}$$

色谱条件固定时，色谱柱的分离效能与理论塔板数成正比，与塔板高度成反比，即理论塔板数越高，塔板高度越低，表明色谱柱的分离能力越强，柱效越高。实际上，理论塔板数 n 与样品组分的固有属性密切相关，因此，在相同的色谱柱及操作条件下，不同组分所能达到的理论塔板数会有所差异。

2.1.6 相平衡参数

色谱分离是一个非常复杂的过程，它是色谱体系热力学过程和动力学过程的综合体现。其中动力学过程是指样品组分在该色谱体系两相间扩散和传质的过程。

相平衡参数用于描述组分在流动相和固定相间的平衡关系。常用的相平衡参数有分配系数和容量因子。

在一定的温度和压力下，组分在两相之间达到分配平衡时，组分在固定相和流动相中的平衡浓度比值，称为分配系数（partition coefficient，K）。

$$K = \frac{C_{\mathrm{S}}}{C_{\mathrm{M}}} \tag{2-10}$$

式中，C_{S} 为组分在固定相中的浓度，g/mL；C_{M} 为组分在流动相中的浓度，g/mL。

组分、流动相和固定相三者的热力学性质使不同组分在流动相和固定相中具有不同的分配系数。分配系数大的组分在固定相上的溶解或吸附能力强，在柱内的移动速度慢；反之，分配系数小的组分在固定相上的溶解或吸附能力弱，在柱内的移动速度快。经过一定时间后，由于分配系数的差别，各组分在柱内形成差速迁移，达到分离目的。

在一定的温度和压力下，组分在两相间达到分配平衡时的质量之比，称为容量因子（capacity factor，k）。

$$k = \frac{m_{\mathrm{S}}}{m_{\mathrm{M}}} \tag{2-11}$$

式中，m_{S} 为组分在固定相中的质量；m_{M} 为组分在流动相中的质量。

分配系数 K 和容量因子 k 的关系可用下列公式表述：

$$K = \frac{C_S}{C_M} = \frac{m_S V_M}{m_M V_S} = k\frac{V_M}{V_S} = k\beta \tag{2-12}$$

$$k = K\frac{V_S}{V_M} = \frac{K}{\beta} \tag{2-13}$$

$$\beta = \frac{V_M}{V_S} \tag{2-14}$$

式中，β 为色谱柱中流动相体积 V_M 与固定相体积 V_S 之比，称为相比率。

分配系数 K 和容量因子 k 都与组分、固定相的热力学性质有关，并随柱温和柱压的改变而变化。然而，容量因子 k 还会随固定相和流动相的体积而改变。由于组分的分离最终决定于组分在两相中的相对量，而不是相对浓度，因此，容量因子 k 比分配系数 K 的应用更广泛。

2.1.7 分离参数

两个组分如何才算达到完全分离？首先，两组分的色谱峰之间的距离必须相差足够大。若两峰间仅有一定距离，而每个峰却很宽，致使彼此重叠，则两组分仍无法完全分离。因此，第二个要求是峰必须窄。只有同时满足这两个条件，才能认为两组分完全分离。从图 2-5（a）中可以看出，当两色谱峰彼此严重重叠时，说明柱效和选择性都差，图 2-5（b）中两峰间隔距离较远，但是各自峰宽很宽，说明该色谱体系选择性好，但是柱效较低，图 2-5（c）中的峰分离情况较为理想。

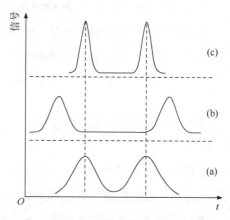

图 2-5　柱效和选择性对色谱峰分离的影响

从图 2-5（a）和图 2-5（c）还可发现，虽然两个系统对组分的选择性一致，但由于柱效的差异，分离效果截然不同。为了综合考虑保留值的差值和峰宽对分离的影响，需要引入分离度（resolution，R）的概念。

R 是基于两组分分离状况界定的。当两组分的色谱峰间距足够显著，以至于两峰互不重叠，即它们的保留值存在明显差异，且峰形相对狭窄时，可判定这两组分达到了良好的分离。因此，在色谱图中，将相邻两峰的保留时间差与两峰宽度平均值之比定义为分离度（R）。其计算方法如下：

$$R = \frac{t_{R2} - t_{R1}}{(W_1 + W_2)/2} = \frac{2\times(t_{R2} - t_{R1})}{1.70\times(W_{1,h/2} + W_{2,h/2})} \tag{2-15}$$

式中，t_{R1} 为组分 1 保留时间；t_{R2} 为组分 2 保留时间；W_1、W_2 及 $W_{1,h/2}$、$W_{2,h/2}$ 为相邻

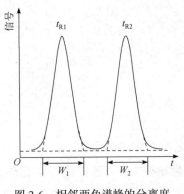

图 2-6　相邻两色谱峰的分离度

两峰的峰宽及半峰宽（图 2-6）。

对于等面积的两个色谱峰，当 $R=1$ 时，两峰有 5% 的重合，分离程度为 95%；当 $R=1.5$ 时，两峰的分离程度可达到 99.7%，可认为两峰已完全分离。《中国药典》（2025 年版）通则 0512 高效液相色谱法要求"除另有规定外，待测物质色谱峰与相邻色谱峰之间的分离度应不小于 1.5"。因此，$R=1.5$ 可作为两峰完全分离的标志。

然而，分离度的定义式不能全面体现各因素对分离度的影响，本章后续小节将作进一步介绍。

2.2　塔板理论能解释的色谱现象

马丁（Martin）和辛格（Synge）于 1941 年提出了塔板理论，这是色谱分析领域中的一个基础且重要的热力学平衡理论。该理论通过将色谱柱与蒸馏塔进行类比，构建了一个半经验的理论框架，用以解释和预测色谱分离过程。这一理论直观且实用，被色谱工作者广泛接受，成为色谱科学中的一项重要基本理论。

2.2.1　塔板理论的基本假设

塔板理论将色谱分离过程类比于蒸馏过程，借用了蒸馏过程的概念、理论和方法来解析色谱过程，视连续的色谱过程为多个短暂平衡过程的重复序列。为了理论推导的便利，塔板理论构建了一系列基本假设，这些假设可概括如下。

① 色谱柱被视作一座分馏塔，其内部被划分为 n 个小段，n 为理论塔板数，每小段高度 H 被定义为理论塔板高度，整个柱子长度为 L。因此，色谱柱由一系列按顺序排列的理论塔板构成，它们之间的关系见式（2-9）。

② 在每个理论塔板内部，一部分空间被涂在载体上的液相占据，另一部分空间被载气占据，这部分为板体积。载气以脉冲形式进入色谱柱，每次进入一个板体积 ΔV。当样品随载气进入色谱柱后，每个塔板上的组分将在两相间建立瞬间平衡状态。

③ 色谱过程启动时，所有组分与新鲜的流动相均加在首个塔板上，且假定样品的纵向扩散可忽略不计。

④ 分配系数在所有塔板上保持恒定，与组分在某一塔板上的量无关。

然而，实际情况与上述假设存在偏差：首先，组分的分配平衡并非瞬间达成；其次，流动相是连续流入的；再者，不存在所谓的 0 号塔板；待测物在色谱柱内存在扩散现象；最后，待测物的量与保留时间之间存在相关性。

2.2.2　塔板模型与正态分布方程式

塔板理论的假设类似使用"慢镜头"，把连续色谱过程中的分离机制通过分解动作进行说明。假设某一根色谱柱由编号为 0～4 的 5 块塔板组成。先假定样品为单一组分，质量为 1000 ng，容量因子 $k=1$，根据塔板理论假设，其色谱分离过程中组分的分布过程如下。

进样的瞬间，样品先进入 0 号塔板，达到分配平衡，固定相和流动相中待测物质量均为 500 ng；流动相进入一个塔板体积（ΔV），流动相中的 500 ng 待测物移动到 1 号塔板，0 号塔板上的固定相内待测物质量仍为 500 ng，在同一瞬间，0 号塔板和 1 号塔板上待测物均达到分配平衡，固定相和流动相中待测物质量均为 250 ng。依次类推，新的塔板体积随着流动相的不断进入，待测物逐渐向柱出口移动，上述过程重复进行。组分的色谱流出曲线可用色谱柱出口流动相中的待测物质量随塔板体积变化的关系曲线表示，见表 2-1 和图 2-7。

表 2-1　样品组分在理论塔板上的分配

进气体积		塔板序号					柱出口
		0	1	2	3	4	
进样	载气	500	0	0	0	0	0
	固定液	500	0	0	0	0	
进气 $1\Delta V$	载气	250	250	0	0	0	0
	固定液	250	250	0	0	0	
进气 $2\Delta V$	载气	125	250	125	0	0	0
	固定液	125	250	125	0	0	
进气 $3\Delta V$	载气	63	188	188	63	0	0
	固定液	63	188	188	63	0	
进气 $4\Delta V$	载气	31	125	188	125	31	0
	固定液	31	125	188	125	31	
进气 $5\Delta V$	载气	16	78	157	157	78	31
	固定液	16	78	157	157	78	
进气 $6\Delta V$	载气	8	47	118	157	118	78
	固定液	8	47	118	157	118	
进气 $7\Delta V$	载气	4	28	83	138	138	118
	固定液	4	28	83	138	138	
进气 $8\Delta V$	载气	2	16	56	111	138	138
	固定液	2	16	56	111	138	
进气 $9\Delta V$	载气	1	9	36	84	125	138
	固定液	1	9	36	84	125	

进气体积		塔板序号					柱出口
		0	1	2	3	4	
进气 10ΔV	载气	0	5	23	60	105	125
	固定液	0	5	23	60	105	
进气 11ΔV	载气	0	3	14	42	83	105
	固定液	0	3	14	42	83	
进气 12ΔV	载气	0	2	9	28	63	83
	固定液	0	2	9	28	63	
进气 13ΔV	载气	0	1	5	19	46	63
	固定液	0	1	5	19	46	
进气 14ΔV	载气	0	0	3	12	33	46
	固定液	0	0	3	12	33	
进气 15ΔV	载气	0	0	1	8	23	33
	固定液	0	0	1	8	23	
进气 16ΔV	载气	0	0	0	5	16	23
	固定液	0	0	0	5	16	
进气 17ΔV	载气	0	0	1	3	11	16
	固定液	0	0	1	3	11	

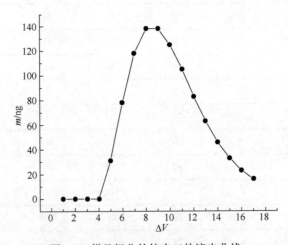

图 2-7　样品组分从柱出口的流出曲线

由表 2-1 可见，组分的色谱流出曲线呈峰型，但是由于假设的塔板数太少，所以峰型并不对称。事实上，一根色谱柱的塔板数大于 10^3，流出曲线趋于正态分布。

在色谱分配过程中，若设定流动相朝右移动，而固定相保持静止，但相对于流动相而言，固定相可视为朝左移动，样品中的组分就在逆向移动的两相中进行分配，这一过程被称为逆流分配。在逆流分配系统中，假定初始状态下（0 号塔板），流动相中的组分含量为 q，固定相中的组分含量为 p，经 N 次（N 为非负整数）传递后，各塔板上组分含量的分布遵循二项式分布规律，即：

$$(p+q)^N = p^N + Np^{N-1}q + Np^{N-2}q^2 + \cdots + q^N \tag{2-16}$$

式中，p 与 q 的值可依据分配系数的定义式（2-10）求得。

转移 N 次后，第 r 号塔板上的组分含量 $^N X_r$，可由下式直接求出：

$$^N X_r = \frac{N!}{r!(N-r)!} p^{N-r} q^r \tag{2-17}$$

依据式（2-16）和式（2-17）可求出组分在各个塔板上的含量 X，并对 N 作图，即为二项式分布曲线。当 N 值很大（$N = n-1$），即理论塔板数很大时，二项式分布曲线则趋向于正态分布。数学理论中的正态分布的表达式为：

$$Y = \frac{1}{\sigma\sqrt{2\pi}} e^{\frac{-(x-u)^2}{2\sigma^2}} \tag{2-18}$$

式（2-18）表达的是 Y 与 x 的关系。σ 为标准偏差；u 为分布均数。将正态分布方程式用于色谱流出曲线，组分浓度 C 与时间 t 的关系可表达为：

$$C = \frac{C_0}{\sigma\sqrt{2\pi}} e^{\frac{-(t-t_R)^2}{2\sigma^2}} \tag{2-19}$$

式中，σ 为标准偏差；t_R 为保留时间；C 为任一时间组分的浓度；C_0 为某组分的量，即峰面积或质量。

由式（2-19）可知，当 $t = t_R$ 时，公式的表达形式如下：

$$C_{max} = \frac{C_0}{\sigma\sqrt{2\pi}} \tag{2-20}$$

此时，组分浓度 C 有最大值 C_{max}，即色谱峰的最高点，故 C_{max} 即为峰高。

由式（2-19）可知，无论时间大于或小于 t_R，组分浓度 C 始终小于 C_{max}。浓度 C 随时间 t 向峰顶两侧对称下降。标准偏差 σ 越小，则峰形越锐，柱效越高。

2.2.3 塔板模型的分离过程

塔板理论的假设实际上是用分离机制的分解动作来说明色谱过程。若样品为多组分的混合物，则经过多次分配平衡后，如果各组分的分配系数不同，则在柱出口出现 C_{max} 所需载气的 ΔV 也将不同。

假定样品为两组分的混合物，$K_A = 2$，$K_B = 0.5$，根据逆流分配原理来说明液-液分配色谱过程，用二项式定理计算各塔板中 A 和 B 的含量，再用分配系数计算它们各自在固定相与流动相中的含量，结果如表 2-2 所示。表中上格代表组分 A、B 在流动相中的含量，下格代表组分在固定相中的含量。

表 2-2　分配色谱过程模型（K_A=2，K_B=0.5）

进气次数		0 号塔板		1 号塔板		2 号塔板		3 号塔板		4 号塔板	
		A	B	A	B	A	B	A	B	A	B
0	载气	0.333	0.667	0	0	0	0	0	0	0	0
	固定液	0.667	0.333	0	0	0	0	0	0	0	0
1	载气	0.222	0.222	0.111	0.445	0	0	0	0	0	0
	固定液	0.445	0.111	0.222	0.222	0	0	0	0	0	0
2	载气	0.148	0.074	0.148	0.296	0.037	0.296	0	0	0	0
	固定液	0.297	0.037	0.296	0.148	0.074	0.148	0	0	0	0
3	载气	0.099	0.025	0.148	0.148	0.148	0.296	0.012	0.198	0	0
	固定液	0.198	0.012	0.296	0.071	0.148	0.148	0.025	0.099	0	0
4	载气	0.066	0.008	0.132	0.066	0.099	0.197	0.033	0.263	0.004	0.132
	固定液	0.132	0.004	0.263	0.033	0.197	0.099	0.066	0.132	0.008	0.066

由表 2-2 可见，经 4 次转移、5 次分配后，分配系数大的组分 A 的浓度最高峰出现在 1 号塔板，而分配系数小的组分 B 的浓度最高峰出现在 3 号塔板。由此可见，分配系数小的组分迁移速率较快。上述模型中仅有 5 块塔板，实际上一根色谱柱的塔板数大于 10^3，因此，即使样品组分的分配系数存在微小差别，也能获得良好的分离效果。

2.2.4　理论塔板数和塔板高度

在本章 2.1.5 中，已经介绍了理论塔板数和理论塔板高度的定义，其计算式分别为式（2-8）和式（2-9）。在计算时应当注意保留时间与标准差或者半峰宽的单位需要一致，用不同组分计算同一根色谱柱的塔板数时，会出现一定的差别。

2.2.5　塔板理论的局限性

塔板理论是将色谱柱比作精馏塔的半经验式理论，它在解释色谱流出曲线的形状、浓度极大点的位置及数值、色谱峰区域宽度与保留值的关系及评价柱效等方面取得了成功。然而，塔板理论的某些基本假设与实际的色谱过程并不吻合。例如，流动相并非间歇性地进入色谱柱，而是持续不断地流入；被分离的组分在柱内相对流动的两相间并不能迅速达到分配平衡；同时，样品组分的纵向扩散效应也不容忽视。因此，塔板理论无法解释为何在同一色谱柱上不同组分所得的理论塔板数存在差异。另外，它不仅不能揭示理论塔板数和色谱峰形变化受哪些因素影响，还无法提供改善柱效的有效方法。鉴于塔板理论存在的诸多局限性，为了更好地描述和解析色谱过程，范第姆特（van Deemter）等在塔板理论的基础上，进一步提出了色谱过程的动力学理论，即速率理论。

2.3 速率理论

1956 年，荷兰科学家范第姆特等首次提出了色谱过程的动力学理论，即速率理论。他们在塔板理论的基础上，综合考虑影响塔板高度的动力学因素，即组分分子在两相间的纵向扩散和传质过程等因素，用于说明影响色谱峰扩张的各种柱内因素，以便指导色谱柱及色谱条件的优化，并导出了塔板高度 H 与载气流速 u 的关系式，即 van Deemter 方程——气相色谱速率方程式。两年后，Giddings 和 Snyder 等根据液体与气体的性质差别，进一步发展了速率理论，提出了 Giddings 方程，也就是液相色谱速率方程。

2.3.1 气相色谱速率理论方程式

速率理论把色谱过程看作一个动态的过程，研究动力学因素对柱效的影响，解释塔板理论所不能说明的问题。在色谱过程中，谱带的扩张主要是各组分分子在柱中的迁移速率不等而引起的。范第姆特等考察了多种影响柱效的因素，导出了 van Deemter 方程，具体如下：

$$H = A + B/u + Cu \tag{2-21}$$

式中，H 为理论塔板高度；u 为载气流速；A、B、C 为三个常数。在一定色谱条件下，塔板高度 H 和载体流速 u 呈现曲线关系，如图 2-8 所示。

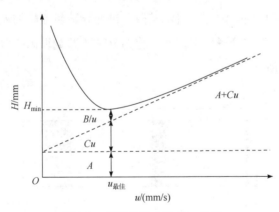

图 2-8　气相色谱中的 $H\text{-}u$ 曲线

van Deemter 方程描述了影响 H 的三种因素：涡流扩散（eddy diffusion）项 A、分子扩散（molecular diffusion）项 B/u 和传质阻力（mass transfer resistance）项 Cu。当载气流速 u 一定时，降低 A、B 和 C，可减小 H、提高柱效；反之，则柱效越低。

（1）涡流扩散项 A　亦称多径项。源于组分分子在分离柱内运动路径的多样性，这种多样性导致色谱峰变宽，进而降低了柱效，如图 2-9 所示。A 项的产生归因于色谱柱内部填料的特性，包括颗粒的尺寸、形态及填充的紧密程度，与载气性质、流速和组分无关。

涡流扩散项 A 所引起峰展宽的原因可用下式描述：

$$A = 2\lambda d_\mathrm{p} \tag{2-22}$$

式中，λ 为固定相的填充不均匀因子；d_p 为固定相的平均颗粒粒度。

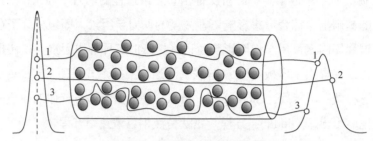

图 2-9　涡流扩散引起的峰展宽

1～3 代表流经不同路径的分子

因此，为了减小涡流扩散对色谱峰扩张的影响，应尽可能地减小 d_p 和 λ，即固定相颗粒越小、填充得越均匀，柱效越高。通常选择粒径小且均匀的球状颗粒作为固定相。一般来说，对于 3～6 mm 内径的色谱柱，常用 80～100 目或 60～80 目的硅藻土担体；对于 2 mm 内径的色谱柱，常用 100～120 目的担体；而对于开口毛细管柱，由于柱中没有填料，A 值为零，但是，固定相的颗粒太小会使柱的阻力增大，柱压升高，柱的渗透性降低，导致颗粒间的空隙大小不等，加重涡流扩散。

（2）分子扩散项 B/u　当流动相将样品组分带入色谱柱后，这些组分会在柱内某段空间形成类似"塞子"的积聚。在此"塞子"的前后区域（沿柱的纵向）存在着浓度梯度，促使组分子从高浓度区向低浓度区自然扩散，进而导致色谱峰的展宽。这种由浓度梯度驱动、沿色谱柱轴向发生的分子自发扩散，称为分子扩散或纵向扩散。分子扩散对色谱峰宽度的影响如图 2-10 所示。

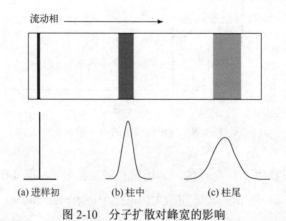

(a) 进样初　　　　(b) 柱中　　　　(c) 柱尾

图 2-10　分子扩散对峰宽的影响

分子扩散由组分子自身的扩散引起，且与色谱柱的柱型和流速有关。可由下式描述：

$$B/u = 2\gamma D_\mathrm{g} \tag{2-23}$$

式中，B 为分子扩散系数；u 为载气线速度；γ 为弯曲因子；D_g 为样品组分分子在气相中的扩散系数。

u 越小，组分在柱中的滞留时间越长，分子扩散项对色谱峰扩张的影响越显著。因此，在低流速时，分子扩散项是引起色谱峰展宽的主要因素。

γ 是固定相使气体扩散路径变弯曲的因素。填充柱的 γ 为 0.5～0.7，毛细管柱的 γ 则为 1.0。毛细管柱是空心的，因此在毛细管柱中的扩散更严重。

D_g 的数值受到流动相及组分特性的共同影响。在气相色谱分析中，若柱温设定较低，选用分子量较大的气体（如氮气）作为载气，可获得较小的 D_g 值。但当载气的分子量增大时，其黏度也会相应提升，进而引起柱内压力增大。因此，在选择载气时，需考虑载气的线速度：在载气流速较慢的情况下，往往倾向于使用分子量较大的氮气；而在流速较快时，则更适宜采用分子量较小的气体（如氦气或氢气）。

（3）传质阻力项 Cu 传质阻力分为流动相传质阻力和固定相传质阻力，它们共同作用于色谱峰的展宽。

① 流动相传质阻力：特指组分在流动相中向两相界面（即气液交界面）进行质量交换时所受的阻力。这一阻力导致组分需要一定时间才能从流动相扩散至两相界面。组分分子在填料颗粒间的分布位置各异，与固定相的距离也有所不同，使得它们到达两相界面的时间呈现差异。一部分分子尚未触及固定相即被流动相带走，产生了超前效应；而另一部分分子则在进入两相界面后，未能及时返回流动相，导致滞后现象的发生。分子的超前和滞后就引起了色谱峰的展宽，其影响因素可由下式描述：

视频2-2
The mass transfer
term

$$C_m u = 0.01 \times \left(\frac{k}{1+k}\right)^2 \times \frac{d_p^2}{D_m} \times u \tag{2-24}$$

式中，C_m 为流动相传质阻力系数；k 为容量因子。

由式（2-24）可知，流动相传质阻力项与填料的粒径 d_p 的平方及载气流速 u 成正比，与组分在流动相（载气）中的扩散系数 D_m 成反比。因此，在气相色谱中，采用粒径较小的固定相、分子量较小的载气（如氦气、氢气）和较低的流速，可减小流动相传质阻力，提高柱效。

② 固定相传质阻力 样品组分分子从两相界面扩散至固定相内部，达到分配平衡状态后，再返回至两相界面的过程中受到的阻力称为固定相传质阻力。组分在两相界面上的分配平衡并非瞬间达成，这导致了组分分子在固定相中的停留时间存在差异，使部分组分分子可能会提前或延迟流出色谱柱，从而引起色谱峰的展宽。其影响因素可由下式描述：

$$C_s u = \frac{2}{3} \times \frac{k}{(1+k)^2} \times \frac{d_f^2}{D_s} \times u \tag{2-25}$$

式中，C_s 为组分在固定相（固定液）中的传质阻力系数；d_f 为固定相液膜的厚度；D_s 为组分分子在固定相中的扩散系数。

由式（2-25）可知，固定相传质阻力与固定相液膜厚度的平方成正比，与载气的流速成正比，与组分在固定相中的扩散系数成反比。因此，在气相色谱中，柱子的固定液含量越低，组分在固定液中的扩散系数越大，载气流速越小，则固定相传质阻力越小，柱效则越高。

综上所述，van Deemter 方程对于气相色谱分离条件的选择具有指导意义。它可说明色谱柱中填料的粒度、填充的均匀度、载气的种类和流速、柱温、固定相液膜的厚度等因素对色谱柱柱效及峰展宽产生的影响，是选择色谱分离条件的主要理论依据。

2.3.2 液相色谱速率理论方程式

液相色谱的基本速率理论与气相色谱的速率理论方程式相似，其区别主要可归因于两种色谱方法中流动相性质的差异，主要包括：液体的扩散系数明显小于气体；液体的黏度、表面张力、密度均远远大于气体；液体具有不可压缩性。

液体的这些性质对液相色谱的扩散和传质过程影响较大。因此，液相色谱的速率理论方程式与气相色谱的速率理论方程式的主要差别表现在分子扩散项（B/u）及传质阻力项（Cu）上。鉴于液体与气体性质上的差异，Giddings 和 Snyder 等在 van Deemter 方程的基础上，于 1958 年提出了液相色谱速率理论方程，即 Giddings 方程，具体公式如下：

$$H = H_e + H_d + H_m + H_{sm} + H_s \tag{2-26}$$

$$H = A + B/u + C_m u + C_{sm} u + C_s u \tag{2-27}$$

式中，H_e 为涡流扩散项；H_d 为分子扩散项（或称纵向扩散项）；H_m 为移动流动相传质阻力项；H_{sm} 为静态流动相传质阻力项；H_s 为固定相传质阻力项。

（1）涡流扩散项 H_e 液相色谱法中的涡流扩散项 H_e 的含义与气相色谱法相同，公式如下：

$$H_e = A = 2\lambda d_p \tag{2-28}$$

式中，λ 为固定相的填充不均匀因子；d_p 为固定相的平均颗粒粒度。

液相色谱法中常用的固定相粒径大小为 3～10 μm，尤其以 3～5 μm 为佳，粒度分布的相对标准差（RSD）≤5%。固定相颗粒的粒径越小，色谱柱填充均匀的难度越大。一般来说，对于制备型色谱柱（柱内径较大），填充的均匀性是主要影响因素；对于分析柱（柱内径较小），则是受填料颗粒大小的影响较大。

（2）分子扩散项 H_d 液相色谱法中，分子扩散项 $H_d = B/u = 2\gamma D_m$，D_m 为组分在液相中的扩散系数。如表 2-3 所示，液相色谱法中流动相的黏度 η 大约是气体的 100 倍。分析时的柱温常为室温，比气相色谱低得多。因此，液相色谱的 D_m 值远小于气相色谱，可以忽略。

表 2-3 影响峰展宽参数的主要物理性质

色谱类型	扩散系数 D /(cm²/s)	密度 ρ /(g/cm³)	黏度 η /[g/(cm·s)]
气相	10^{-1}	10^{-3}	10^{-4}
液相	10^{-5}	1	10^{-2}

（3）传质阻力项（H_m+H_{sm}+H_s） 液相色谱中的传质阻力项分别是由组分分子在移动的流动相、静态流动相和固定相中发生传质过程而引起的色谱峰展宽。移动的流动相是指流动相流经填料颗粒间隙时，处于某一流路横截面上的所有分子，其流速并不相等，靠近填充颗粒的流动相流速较慢，而靠近流路中心的则流速较快，使得处于流路中心的组分分子还未来得及与固定相达到分配平衡就随着流动相向前移动，因而引起了色谱峰的扩张。这种传质阻力 H_m 可用下式表示：

$$H_m = C_m \times \frac{d_p^2}{D_m} \times u \tag{2-29}$$

式中，C_m 为一常数，与固定相的性质和柱内径有关。当填料颗粒较均匀且填充致密时，C_m 会降低；固定相粒径 d_p 减小，流速 u 适当降低，则可减小 H_m，提高柱效；D_m 大，黏度低，利于溶解和吸附，则柱效高。

固定相所具有的多孔特性会导致其填料空腔内部滞留一部分静止的流动相，即静态流动相，这部分滞留区域导致了静态流动相传质阻力的产生。为了与固定相进行质量交换，主流路径流动相中的组分分子需先扩散至这些滞留区域。由于填料颗粒上的微孔深度存在差异，对于深度较大且尺寸较小的微孔，分子扩散至其内部所需时间更长，且随后返回主流路径的时间相较于扩散至较浅微孔的分子也会更长。这种时间上的差异，最终导致了色谱峰的展宽。这种静态流动相传质阻力项 H_{sm} 可用以下公式表示：

$$H_{sm} = C_{sm} \times \frac{d_p^2}{D_m} \times u \tag{2-30}$$

式中，C_{sm} 是常数，与颗粒微孔中被流动相所占据部分的份数及容量因子 k 有关。由上式可知，固定相的粒径越小，微孔孔径越大，传质速率越高，则柱效越高。因此，适当降低流动相流速 u，改进固定相的结构，减小静态流动相中的传质阻力，是提高液相色谱柱柱效的有效途径。

由式（2-29）和式（2-30）可知，降低流动相黏度，提高柱温，可增大 D_m，从而降低液相色谱中流动相传质阻力。但是当流动相为有机溶剂时，温度较高易产生气泡，因此，液相色谱的柱温常选择室温。

固定相中的传质阻力项(H_s)是指样品组分分子由液体流动相转移至固定相（液态）以及从固定相移出回到液体流动相的过程，从而引起的峰展宽现象。公式如下：

$$H_s = q \times \frac{k}{(1+k)^2} \times \frac{d_f^2}{D_s} \times u \tag{2-31}$$

式中，q 为与固定相性质、微孔结构有关的因子；d_f 为液膜的平均厚度，若固定相为离子交换树脂或多孔性固体颗粒时，d_f 可用 d_p 替代；D_s 为组分在固定相中的扩散系数。

由上式可知，提高液相色谱柱柱效的方法有：采用低含量固定液，以减小液膜厚度 d_f；采用低黏度的固定液，以增大组分在固定液中的扩散系数 D_s；也可适当提高柱温、降低流速。

（4）柱效与流速的关系 测定不同流速下的塔板高度 H，并绘制气相色谱和液相色谱

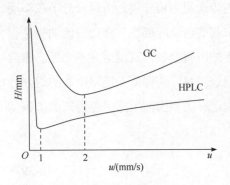

图 2-11　气相色谱法和液相色谱法的
$H\text{-}u$ 曲线

1—HPLC 的 $u_{最佳}$；2—GC 的 $u_{最佳}$

的 $H\text{-}u$ 曲线，见图 2-11。尽管气相色谱和液相色谱 $H\text{-}u$ 曲线均有最低点，即最佳流速 $u_{最佳}$。但液相色谱的最佳流速比气相色谱小得多，$H_{最佳}$ 也较小，表明液相色谱法的柱效更高。在气相色谱中，载气流速较低时，分子扩散项对塔板高度的影响显著，在此范围内，随流速的增加，塔板高度 H 降低，柱效提高，但当 u 超过最佳流速时，随流速的增加，H 相应升高。

在液相色谱中，为了节约分析时间，常采用的流速 u 至少是最佳流速的 $3\sim10$ 倍，当 $u>1$ cm/s 时，H_d 可忽略不计。Giddings 方程可简化为：

$$H = A + C_m u + C_{sm} u + C_s u \tag{2-32}$$

或

$$H = H_e + H_m + H_{sm} + H_s \tag{2-33}$$

此两式是常用的液相色谱速率理论方程式。当流速较高时，可近似认为 H 与流速 u 呈线性关系。通过选择适当的固定相颗粒粒度、流动相种类及流速 u 等操作条件提高柱效。

速率理论为色谱分离和操作条件的选择提供了理论指导，阐明了 u 和柱温对色谱柱柱效及分离的影响，但是各种因素相互制约。如 u 增大，分子扩散项 B/u 的影响减小，使柱效提高，但同时传质阻力项 Cu 的影响增大，又使柱效下降。又如，柱温升高，有利于传质阻力变小，使柱效提高，但又加剧了分子扩散的影响，使柱效降低。选择最佳的实验条件才能使柱效达到最高。

（5）柱外效应　速率理论研究的是柱内各种因素对色谱峰展宽的影响，实际上，引起色谱峰扩张的还有柱外因素，即柱外效应。柱外效应主要是由低劣的进样技术、进样器死体积、接管死体积和检测器内的死体积引起的。为减小柱外效应，首先应尽可能减小柱外死体积，如采用"零体积接头"连接各部件，管道的对接呈流线型，进样器的死体积和检测器的内腔体积应尽可能小。其次，进样时，样品应直接加到柱顶端填料上的中心点，这样可减少组分的扩散，改善峰的不对称性，提高柱效。

2.4　色谱等温线、基本分离方程式与系统适用性试验

2.4.1　色谱等温线

以组分在流动相中的浓度 C_m 为横坐标，组分在固定相中的浓度 C_s 为纵坐标，根据分配系数表达式[式(2-10)]绘图，即得色谱等温线。它反映在柱温不变的情况下，样品组分

的分配系数 K 随进样量的增加而变化的情况。如图 2-12 所示，色谱等温线通常分为三种类型。

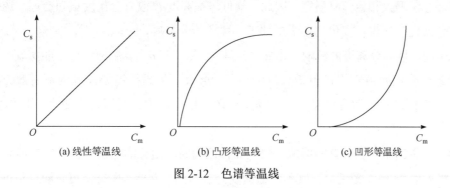

图 2-12　色谱等温线

（1）**线性等温线**　在工作浓度范围内，K 值恒定不变，谱带移动速度与浓度无关，样品组分的色谱峰呈高斯分布。

（2）**凸形等温线**　浓度增大时，K 值变小，溶质移动速度加快。样品组分相应的色谱峰呈现为拖尾峰，保留值随浓度的增大而减小。

（3）**凹形等温线**　K 值随浓度增大而变大，色谱峰为前沿平稳、后沿陡峭的前伸峰，保留值随浓度的增大而增大。

色谱等温线可用于色谱柱性能的评估和分离机制的研究。色谱等温线是衡量色谱柱吸附性能的重要指标之一。通过观察等温线的形状和变化，可了解色谱柱对样品的分离效果和分离速度，从而选择和优化色谱柱。

色谱等温线有助于研究分析物在色谱柱中的吸附过程及其对分离的影响。通过等温线的分析，可以揭示样品在柱上的吸附量随时间的变化规律，进而优化柱型、柱温和流动相等实验条件。在进行色谱分析时，应确保柱温恒定，避免温度波动对等温线的影响。选择合适的进样量和流动相条件，以获得清晰、准确的色谱等温线。

2.4.2　基本色谱分离方程式及应用

前面介绍了采用式（2-15）和色谱图计算相邻两组分分离度的方法，但分离度受诸多因素的影响，如何通过改善分离条件预测分离效果的好坏，需要运用以下公式：

$$R = \frac{\sqrt{n}}{4} \times \left(\frac{\alpha - 1}{\alpha} \right) \times \left(\frac{k_2}{1 + k_2} \right) \tag{2-34}$$

式中，$\dfrac{\sqrt{n}}{4}$ 为柱效项；$\dfrac{\alpha - 1}{\alpha}$ 为柱选择性项；$\dfrac{k_2}{1 + k_2}$ 为柱容量项；n 为理论塔板数；α 为选择性因子（或分配系数比，即 $\alpha = K_2/K_1 = k_2/k_1$）；$k_2$ 为色谱图上相邻两组分中第二组分的容量因子。式（2-34）表明了分离度与柱效、分配系数比及容量因子间的关系。理论塔板数 n 影响峰的宽度，分配系数比 α 影响峰间距，容量因子 k 影响峰位。

（1）**柱效对分离度的影响**　由式（2-34）可知，增大理论塔板数 n 可增大分离度 R。因此，增加柱长或降低塔板高度均可提高分离度。但是柱长的增加不仅会延长色谱分析时间，还会造成柱压增大和色谱峰展宽。因此，降低塔板高度 H 改善分离度更为合理。选择性能优良的色谱柱，在进一步优化色谱条件下，可改善分离度。

（2）**选择性对分离度的影响**　由式（2-34）可知，若 $\alpha=1$，则两组分不能实现分离。所以样品组分分配系数不等是色谱分离的前提，增大 α 值是提高分离度的最有效方法。在液相色谱中，可通过改变流动相来增大 α；在气相色谱中，则可选择更为合适的固定相来实现。

（3）**容量因子对分离度的影响**　增大 k 值的同时，组分的色谱分析时间也显著延长。因此，当 k 值在 2～7 范围时，既不明显改变分析时间，又能改善分离度。液相色谱中，常通过改变流动相来改变 k 值。气相色谱分析时可通过选择更合适的固定相和柱温来增大 k 值。

2.4.3　系统适用性试验

《中国药典》（2025 年版）通则 0512 高效液相色谱法中系统适用性试验是指"按各品种正文项下要求，对色谱系统进行适用性试验，必要时，可对色谱系统进行适当调整，以符合要求"这是确保分析方法可靠性、准确性和重复性的重要步骤。色谱系统的适用性试验参数通常包括但不限于理论板数、分离度、灵敏度、拖尾因子和重复性等。

（1）**色谱柱的理论板数（n）**　用于评价色谱柱的效能。由于不同物质在同一色谱柱上的色谱行为不同，采用理论板数作为衡量色谱柱效能的指标时，应指明测定物质，一般为待测物质或内标物质的理论板数。根据色谱峰或内标物色谱峰的保留时间 t_R 和峰宽（W）或半峰宽（$W_{h/2}$），按 $n=16(t_R/W)^2$ 或 $n=5.54(t_R/W_{h/2})^2$ 计算色谱柱的理论板数。

（2）**分离度（R）**　用于评价待测物质与被分离物质间的分离程度，是衡量色谱系统分离效能的关键指标。可通过测定待测物质与已知杂质的分离度，也可通过测定待测物质与某一指标性成分（内标物质或其他难分离物质）的分离度，或将供试品或对照品用适当的方法降解，通过测定待测物质与某一降解产物的分离度，对色谱系统分离效能进行评价与调整。无论是定性鉴别还是定量测定，均要求待测物质色谱峰与内标物质色谱峰或特定的杂质对照色谱峰及其他色谱峰之间有较好的分离。

（3）**灵敏度**　用于评价色谱系统检测微量物质的能力，通常以信噪比（S/N）表示。建立方法时，可通过测定一系列不同浓度的供试品或对照品溶液来测定信噪比。定量测定时，信噪比应不小于 10；定性测定时，信噪比应不小于 3。系统适用性试验中可设置灵敏度试验溶液来评价色谱系统的检测能力。

（4）**拖尾因子（T）**　用于评价色谱峰的对称性，计算公式见式（2-1）。以峰面积作定量参数时，一般的峰拖尾或前伸不会影响峰面积积分，但严重拖尾会影响基线和色谱峰起止的判断以及峰面积积分的准确性。

（5）重复性　用于评价色谱系统连续进样时响应值的重复性能。《中国药典》（2025年版）通则 0512 高效液相色谱法中要求重复性的测定方法为"除另有规定外，通常取各品种项下的对照品溶液或其他溶液，重复进样 5 次，其峰响应测量值（或内标比值或其校正因子）的相对标准偏差应不大于 2.0%，如品种项下规定相对标准偏差大于 2.0%，则以重复进样 6 次的数据计算"。视进样溶液的浓度和/或体积、色谱峰响应和分析方法所能达到的精度水平等，对相对标准偏差的要求可适当放宽或收紧，放宽或收紧的范围以满足品种项下检测需要的精密度要求为准。

定期进行系统适用性试验，可监测分析系统的性能是否稳定，以及是否存在性能下降的趋势，从而及时进行调整和维护。系统适用性试验在药学领域具有广泛的应用，特别是在药品研发、生产、质量控制等方面。通过系统适用性试验，可确保分析方法的有效性、可靠性和准确性，从而确保药品的质量和患者的用药安全。

2.5 分子间作用力及细胞膜色谱法

在色谱动力学理论中，容量因子 k 作为一个核心色谱参数具有重要地位。实际上，它也是热力学平衡中的一个关键指标。容量因子 k 的大小与样品在固定相与流动相之间的分配系数 K 成正比。因此，从热力学角度来看，容量因子 k 的数值由分配系数 K 决定，分配系数 K 的大小则取决于组分分子与流动相及固定相之间相互作用力的强弱。所以，对色谱的热力学与动力学过程进行深入探究，必须以分子间相互作用力的研究作为基石。

2.5.1 取向力

电性分布的不均匀性导致极性分子两端带有相反性质的电荷，进而形成固有偶极。当两个极性分子相互靠近时，同极相斥，异极相吸，促使分子发生相对旋转，并按照一定方向排列。与此同时，分子间的静电引力也使它们相互吸引。当这些分子接近到某一特定距离时，排斥力和吸引力达到一种平衡状态，此时体系的能量最低。这种在极性分子固有偶极之间产生的相互作用力，称为取向力。

取向力的大小不仅取决于极性分子的偶极矩，还受到分子间距离、温度、压力等多种因素的影响。分子间距离的变化则会影响取向力的强度和方向性，如图 2-13 所示。温度和压力的变化也可能通过影响分子的运动状态和电荷分布间接影响取向力的大小和性质。取向力是极性分子间

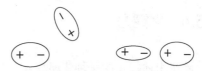

(a) 两分子间距离较远　　(b) 两分子发生取向排列

图 2-13　极性分子间的取向力

相互作用的一种重要形式，它对于理解分子的空间排列、相互作用及化学反应的机理具有重要意义。通过深入研究取向力的性质和行为，可更好地理解物质的微观结构和宏观性质之间的关系。

2.5.2 诱导力

极性分子　非极性分子　　极性分子　非极性分子

(a) 两分子间距离较远　　(b) 两分子距离较近

图 2-14　极性分子与非极性分子之间的诱导力

诱导力（induction force）是一种分子间的相互作用力，来自分子内部电子云与原子核的非对称分布。从图 2-14 可看出，当非极性分子与极性分子相互接近时，极性分子中的固有偶极产生微小的电场，进而导致非极性分子的电子云发生形变，使正负电荷中心不再重合，产生偶极，这一现象中的偶极被称为诱导偶极。诱导偶极反过来又会对极性分子产生影响，增强了两者之间的相互作用力。由诱导偶极的形成所引发的这种力，被命名为诱导力。值得注意的是，诱导力不仅存在于极性分子与非极性分子之间，也存在于极性分子之间。

在多个学科领域中，诱导力均展现出重要的应用价值。特别是在材料科学领域，光诱导力显微镜（photo-induced force infrared microscope，PiFM-IR）是一种结合了光诱导力与红外光谱技术的先进显微镜工具，能实现低于 10 nm 空间分辨率的光谱采集及红外化学成像，特别适用于微/纳米塑料组成与分布的精细表征。

2.5.3 色散力

色散力作为一种分子间相互作用的微弱吸引力，普遍存在于所有类型的分子之间。色散力的产生源于分子内部电子与原子核的持续运动，这种运动导致分子在某一瞬间产生偶极，进而诱导其邻近的分子也产生类似的瞬时偶极，两个分子通过各自的瞬时偶极相互吸引。尽管这种作用力持续时间短暂，但由于分子内部运动的不间断性，瞬时偶极不断产生，从而使分子间始终维持着这种微弱的吸引力。

在多个学科领域中，色散力均展现出广泛的应用价值。在物理学中，它对于理解分子间相互作用、物质状态变化等现象至关重要；在化学领域，它对于解释分子相互作用力、化学反应的速率和机理等方面具有重要意义；在材料科学领域，它在材料性质的预测、材料的设计与改性等方面发挥着不可或缺的作用。

2.5.4 氢键力

除了上述提及的三种普遍存在的分子间作用力之外，在 HF、H_2O、NH_3 等特定分子中，还存在着一种独特的作用力——氢键。当氢原子与电负性较强的原子 X 以共价键结合，并且这一组合与另一个电负性大且原子半径小的原子 Y 相接近时，通过氢原子作为媒介，会在 X 与 Y 之间形成一种特殊的相互作用，即 X—H···Y 型的氢键。这里的 X 与 Y 可以是同类分子，例如水分子间形成的氢键，也可以是不同类分子，如在一水合氨（$NH_3·H_2O$）分子间观察到的氢键。

值得注意的是，当氢键在分子内部形成时，通常会导致该物质的熔点和沸点降低。相反，若氢键在分子间形成，则会显著提升化合物的熔点和沸点。此外，在极性溶剂中，如果溶质分子能与溶剂分子之间形成氢键，则溶质的溶解度将会相应增大。

"氢键"的概念最初是由 1936 年的诺贝尔化学奖得主鲍林提出的。然而，在很长一段时间内，科学家们始终未能目睹氢键的真实形态。直至 2013 年，中国的科研团队利用先进的原子力显微镜技术，成功地对分子间的氢键及配位键进行了观测。这一突破性成果不仅标志着国际上首次实现了对分子间局部相互作用的直接成像，还被发表在了权威的《科学》杂志上。通过这一技术创新，科学家们成功捕捉到了氢键的"身影"，为长久以来化学界关于"氢键本质"的争论提供了宝贵的直观证据。展望未来，随着科学技术的持续进步，科学家们将揭示更多关于氢键的奥秘。

总体而言，极性分子之间会展现出取向力、诱导力和色散力三种相互作用力，在极性分子与非极性分子间，仅存在诱导力与色散力，非极性分子之间则只存在色散力。这些作用力的大小受分子间的极性和变形程度影响显著。极性增强时，取向力随之增大；变形性增加，则色散力增大；而诱导力的大小则与分子的极性和变形性均有关联。此外，取向力还受温度影响，具体表现为温度升高时，取向力减弱。在色谱分析领域，深入理解分子间作用力的特性，对于合理选择和优化色谱条件至关重要。

2.5.5 细胞膜色谱法

细胞膜色谱（cell membrane chromatography，CMC）于 1996 年由贺浪冲教授课题组首次建立，是一项原创性的仿生色谱方法。该方法是以"配体-受体"特异性相互作用为基础，将体内药物与膜受体的作用过程转化为体外色谱过程的分析方法，如图 2-15 所示。主要原理是利用物理吸附或化学键合等方法将含有受体的细胞膜"固化"在特定载体上，以形成细胞膜固定相（cell membrane stationary phase, CMSP），并在生理条件下进行色谱分析，研究在动态条件下特定的小分子与相应受体大分子之间的相互作用特性。

细胞膜色谱法无须额外的材料进行提取分离，这为检测过程提供了很多便利。细胞膜色谱技术自建立以来得到了广泛应用，但仍然存在一些问题需要解决。由于细胞膜色谱柱制备过程比较复杂，且细胞膜吸附不完全，因此存在细胞膜用量大、表面膜蛋白易变质、细胞膜易脱落、柱寿命短和效率低等缺点。

随着分析仪器和分析方法的发展和进步，细胞色谱分析系统也得到了不断的更新和提升，从最开始的单维细胞膜色谱分析系统发展到"中心切割"二维细胞膜色谱分析系统，

视频2-3
细胞膜色谱法原理

阅读材料2-1
二维细胞膜
色谱分析系统

阅读材料2-2
细胞膜色谱技术
分析装备的开发
及应用

阅读材料2-3
细胞膜色谱法
在药理学研究
领域的应用

阅读材料2-4
细胞膜色谱在
HPLC-IT-ToF-MS
联用系统的应用

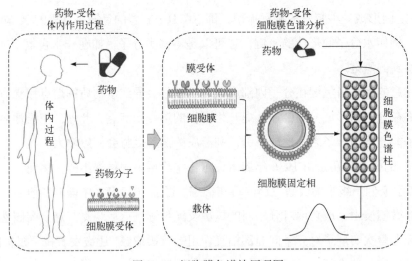

图 2-15　细胞膜色谱法原理图

以及全二维细胞膜色谱分析系统。在设备开发方面，贺教授及团队研制的 2D/CMC 中药分析仪增加了仿生单元，实现了中药复杂体系样品仿生识别与分离检测的同步在线分析，开创了新一代仿生色谱技术的应用。

细胞膜色谱因为可以选取不同的细胞膜，在筛选治疗其他疾病的活性成分和抗菌多肽等方面具有良好的应用。

细胞膜色谱技术作为一种兼有色谱分离和活性筛选双重特性的药物活性分析方法，未来将向集成化、微型化、阵列化和自动化的方向快速发展。目前，建立的基于微型/nano 色谱柱的细胞膜色谱多维分析系统具有灵敏度高、细胞用量少、可阵列化等优点，是未来细胞膜色谱法发展的趋势之一。

2.6　色谱法的定性与定量

色谱分析的目的是获得样品的组成和各组分含量等信息，但在所获得的色谱图中，并不能直接给出每个色谱峰代表的组分及其准确含量，需要掌握必要的定性与定量分析方法。

2.6.1　定性分析方法

（1）利用保留时间定性　以在相同的色谱条件下待测成分的保留时间与对照品的保留时间是否一致作为待测成分定性的依据。在相同的色谱条件下，待测成分的保留时间与对照品的保留时间应无显著性差异；两个保留时间不同的色谱峰归属于不同化合物，但两个保留时间一致的色谱峰有时未必可归属为同一化合物，在作未知物鉴别时应特别注意。

若改变流动相组成或更换色谱柱的种类，待测成分的保留时间仍与对照品的保留时间一致，可进一步证实待测成分与对照品为同一化合物。当待测成分（保留时间 $t_{R,1}$）无对照品时，可以样品中的另一成分或在样品中加入另一已知成分作为参比物（保留时间 $t_{R,2}$），采用相对保留时间（RRT）作为定性（或定位）的方法。在品种项下，除另有规定外，相对保留时间通常是指待测成分保留时间相对于主成分保留时间的比值，以未扣除死时间的非调整保留时间按下式计算。

$$RRT = \frac{t_{R,1}}{t_{R,2}} \tag{2-35}$$

如无相应的标准物质，还可通过查阅文献中的保留值来定性。相对保留值仅与柱温和固定液的性质有关，在色谱手册中都列有各种物质在不同固定液上的相对保留值数据，可用来进行定性鉴定。

（2）利用光谱相似度定性 化合物的全波长扫描紫外-可见光谱图可提供一些有价值的定性信息。待测成分的光谱与对照品的光谱的相似度可用于辅助定性分析。二极管阵列检测器开启一定波长范围的扫描功能时，可以获得更多的信息，包括色谱信号、时间、波长的三维色谱光谱图，既可用于辅助定性分析，还可用于峰纯度分析。同样应注意，两个光谱不同的色谱峰表征了不同化合物，但两个光谱相似的色谱峰未必可归属为同一化合物。

（3）利用质谱检测器提供的质谱信息定性 利用质谱检测器提供的色谱峰分子量和结构的信息进行定性分析，可获得比仅利用保留时间或增加光谱相似性进行定性分析更多、更可靠的信息，不仅可用于已知物的定性分析，还可提供未知化合物的结构信息。

2.6.2 定量分析方法

（1）内标法 选择一种样品中不存在的物质作为内标物质，与样品混合后，在相同条件下分析，两者峰面积的相对比值固定，可采用相对比较法进行计算。具体做法如下：精密称（量）取标准物质和内标物质，分别配成溶液，各精密量取适量，混合配成校正因子测定用的标准物质溶液。取一定量进样，记录色谱图。测量标准物质和内标物质的峰面积或峰高，按下式计算校正因子：

$$校正因子 \ (f) = \frac{A_S / c_S}{A_R / c_R} \tag{2-36}$$

式中，A_S 为内标物质的峰面积或峰高；A_R 为标准物质的峰面积或峰高；c_S 为内标物质的浓度；c_R 为标准物质的浓度。

再对样品进行色谱分析，得待测成分和内标物质的峰面积或峰高，按下式计算含量：

$$含量(c_X) = f \times \frac{A_X}{A_S' / c_S'} \tag{2-37}$$

式中，A_X 为样品的峰面积或峰高；c_X 为样品的浓度；A_S' 为内标物质的峰面积或峰高；c_S' 为内标物质的浓度；f 为内标法校正因子。

采用内标法，可避免样品前处理及进样体积误差对测定结果的影响。选择合适的内标物质非常关键，其应满足与样品组分性质接近，且不与样品发生化学反应，出峰位置应位于样品的色谱峰附近的条件。

例 2-1 氘代丙烯酰胺为内标物质，测得丙烯酰胺标准样、氘代丙烯酰胺（内标）的数据如下：

丙烯酰胺（标准样）		氘代丙烯酰胺（内标）	
浓度/(μg/mL)	峰面积	浓度/(μg/mL)	峰面积
0.05	578347	0.04	471465

求内标法校正因子 f。

解：根据式（2-36），$f = \dfrac{A_S/c_S}{A_R/c_R} = \dfrac{471465/0.04}{578347/0.05} = 1.02$

（2）外标法 外标法不是把标准物质加入被测样品中，而是在与被测样品相同的色谱条件下单独测定，把得到的色谱峰面积与被测组分的色谱峰面积进行比较，求得被测组分的含量。具体流程为：精密称（量）取对照品（或标准物质）和供试品，配制成溶液，分别精密取一定量，进样，记录色谱图，测量对照品（或标准物质）溶液和供试品溶液中待测物质的峰面积（或峰高），按下式计算含量：

$$含量（c_X）= c_R \times \frac{A_X}{A_R} \tag{2-38}$$

式中各符号意义同式（2-37）。

例 2-2 采用高效液相色谱法测定某液体样品中苯甲醇的含量，测得浓度为 10.0 μg/mL 的苯甲醇标准溶液中苯甲醇的峰面积为 18947，待测样品溶液中苯甲醇的峰面积为 16292，求待测样品溶液中苯甲醇的浓度。

解：根据式（2-38），含量（c_X）$= c_R \times \dfrac{A_X}{A_R} = 10 \times \dfrac{16292}{18947} = 8.6$（μg/mL）

（3）面积归一化法 归一化法是以样品中被测组分经校正过的峰面积（或峰高）占样品中各组分经过校正的峰面积（或峰高）总和的比例来表示样品中各组分含量的定量方法。当试样中所有 n 个组分全部流出色谱柱，并在检测器上产生信号时使用。配制待测样品溶液，取一定量进样，记录色谱图。测量各峰的面积和色谱图上除溶剂峰以外的总色谱峰面积，计算各峰面积占总峰面积的百分比。

假设样品中有 n 个组分，测得所有组分的峰面积 A，其中 i 组分的峰面积为 A_i，则含量 X_i 的计算公式为：

$$X_i = \frac{A_i}{\sum A_i} \times 100\% \tag{2-39}$$

当样品中各组分峰宽接近时，也可用峰高进行计算。用于杂质检查时，由于仪器响应的线性限制，峰面积归一化法一般不宜用于微量杂质的检查。

（4）标准曲线法 配制一系列浓度的标准物质溶液，在相同的色谱条件下测出这一系列标准物质溶液中待测组分的峰面积或峰高，以标准溶液中待测组分的峰面积或峰高为纵坐标，标准物质溶液的浓度为横坐标，绘制峰面积或峰高对浓度的标准曲线并求出回归方程，其公式为：

$$A_R = a \times c_R + b \tag{2-40}$$

式中，A_R 为标准溶液中待测组分的峰面积或峰高；c_R 为标准溶液的浓度；a 为标准曲线的斜率；b 为标准曲线的截距。

在完全相同的条件下，对样品进行色差分析，测量样品中待测组分的峰面积或峰高。然后按下式计算样品溶液的浓度：

$$c_S = \frac{A_S - b}{a} \tag{2-41}$$

式中，A_S 为样品溶液中待测组分的峰面积或峰高；c_S 为样品溶液的浓度；a、b 符号的意义同式（2-40）。

（5）标准加入法 该法实质上是一种特殊的内标法。以待测组分的纯物质为内标物质，加入样品中，然后在相同的色谱条件下，测定加入待测组分纯物质前后的峰面积（或峰高），从而计算待测组分含量的方法。因此，内标法的计算公式同样适用于标准加入法。

可按下式进行计算，加入对照品（或标准物质）溶液前后校正因子应相同，即：

$$\frac{A_{is}}{A_X} = \frac{c_X + \Delta c_X}{c_X} \tag{2-42}$$

则待测组分的浓度 c_X 可通过下式进行计算：

$$c_X = \frac{\Delta c_X}{(A_{is} / A_X) - 1} \tag{2-43}$$

式中，c_X 为样品中组分 X 的浓度；A_X 为样品中组分 X 的峰面积；Δc_X 为加入的已知浓度待测组分对照品（或标准物质）的浓度；A_{is} 为加入对照品（或标准物质）后组分 X 的峰面积。

当标准物质和样品处于不同的基质且基质干扰较大时，采用标准加入法是非常有效的。

 【本章小结】

Summary In this chapter, the basic chromatographic parameters are systematically introduced, including qualitative parameters, quantitative parameters, equilibrium parameters, and separation parameters. Then, an in-depth study was conducted on the plate theory, which ingeniously conceptualizes the chromatographic column as an assembly of theoretical plates, providing a powerful tool for explaining and predicting chromatographic separation processes, despite its certain limitations in practical applications. Subsequently, van Deemter and other scholars further proposed the rate theory, which comprehensively considers various column-internal factors that affect peak broadening and derives the mathematical relationship between plate height H and carrier gas flow rate u——the famous van Deemter equation. This equation provides a solid theoretical basis for optimizing chromatographic conditions. In addition, chromatographic isotherm and basic chromatographic separation equations also provide important guidance for optimizing chromatographic conditions.

The purpose of chromatographic analysis is to obtain information on the composition and content of samples. Mastering basic qualitative and quantitative analysis methods is undoubtedly an indispensable core skill for future in-depth exploration and practice in the field of chromatographic analysis.

 【复习题】

1. 什么是色谱流出曲线？相关的色谱参数有哪些？
2. 色谱法的基本方程式包括哪些？
3. 常用的定性和定量分析方法有哪些？

 【讨论题】

1. 塔板理论的成功之处与局限性分别是什么？
2. 色谱柱效的评价指标有哪些？
2. 气相色谱速率理论方程式和液相色谱速率理论方程式的异同分别有哪些？

 团队协作项目

色谱分析在化妆品检验中的应用与创新

【项目目标】 通过团队合作，深入了解色谱分析技术在化妆品检验中的应用，探索色谱技术在解决实际化妆品检验问题中的创新应用。

【团队构成】 4个小组，每组3~5名学生。

【小组任务分配】

1. 色谱技术在化妆品防晒剂检测中的应用研究小组（任务内容：了解色谱技术在化妆品防晒剂检测中的应用原理；调查和总结目前色谱技术在化妆品防晒剂检测中的相关标准及方法；分析色谱技术在现有防晒剂检测中的优势和局限性）。

2. 色谱技术在化妆品染发剂检测中的应用研究小组（任务内容：了解色谱技术在化妆品染发剂检测中的应用原理和方法；调查和总结目前色谱技术在化妆品染发剂检测中的相关标准及方法；分析色谱技术在现有染发剂检测中的优势和局限性）。

3. 色谱技术在化妆品防腐剂检测中的应用研究小组（任务内容：了解色谱技术在化妆品防腐剂检测中的应用原理和方法；调查和总结目前色谱技术在化妆品防腐剂检测中的常见应用场景；分析色谱技术在化妆品现有防腐剂检测中的优势和局限性）。

4. 色谱技术在检测化妆品中禁用原料的应用研究小组（任务内容：研究色谱技术在化妆品禁用原料检测中的应用原理和方法；调查和总结目前色谱技术在化妆品禁用原料检测中的常见应用场景；分析色谱技术在化妆品禁用原料检测中的优势和局限性）。

【成果展示】 各小组分别准备一份报告，总结研究成果和解决思路，并在团队会议上进行展示。

【团队讨论】 团队对各小组的研究成果进行讨论，形成最终的合作报告，并提出色谱技术在化妆品检验中的应用与创新策略。

如何检测维生素 D

维生素 D 是对人体健康至关重要的营养素，它能促进钙的吸收和利用，从而增强骨骼的强度和密度。维生素 D 还能增强机体对感染和疾病的抵抗能力，在调节人体免疫系统方面也发挥着重要作用。维生素 D 还可以辅助治疗糖尿病和预防某些癌症的发生。

因此，维生素 D 在食品、药品及化妆品领域均展现出其不可或缺的应用价值。在食品领域，维生素 D 被广泛用作营养强化剂。通过添加到配方奶粉、饮料、谷物制品等食品中，维生素 D 能有效提升食品的营养价值，满足消费者对健康饮食的需求。在药品方面，维生素 D 是多种药物的重要成分。针对维生素 D 缺乏症，如佝偻病、骨质疏松等，维生素 D 滴剂等药品能够迅速补充人体所需的维生素 D，有效改善病情，促进骨骼健康。然而，维生素 D 在化妆品中的应用则相对复杂。尽管有报道称维生素 D 具有护肤效果，但出于安全性和稳定性考虑，其添加在化妆品中受到严格限制。

关于维生素 D 的检测，目前已有多种成熟的方法，如高效液相色谱法、液相色谱串联质谱法等。这些方法灵敏度高、准确性好，可用于食品、药品及化妆品中维生素 D 的测定，为质量控制和营养评估提供了有力支持。通过科学的检测方法和严格的质量控制，可以确保其安全、有效地服务于人类。

案例分析：

1. 维生素 D 在食品、药品和化妆品中都有哪些具体应用？

2. 收集并整理食品、药品和化妆品领域对于维生素 D 的相关检验检测标准，阐述具体采用了哪种方法。

3. 结合本章内容具体分析色谱技术在其中的应用。

参考文献

[1] 王晓宇, 陈啸飞, 顾妍秋, 等. 细胞膜色谱研究进展及其在中药活性成分筛选中的应用[J]. 分析化学, 2018, 46(11): 1695-1702.

[2] 贺浪冲, 贺怀贞, 韩省力, 等. 基于细胞膜色谱技术的中药复杂体系目标物筛选分析装备[J]. 西安交通大学学报(医学版), 2024, 45(03): 352-359, 351.

[3] 李亚男, 王松, 丛海林, 等. 细胞膜色谱法改进及应用进展[J]. 分析仪器, 2020 (06): 7-16.

[4] Ma W N, Wang C, Liu R, et al. Advances in cell membrane chromatography [J]. J Chromatogr A, 2021, 1639: 461916.

（黄婧姝　编写）

第 3 章　气相色谱法

学习目标

掌握：气相色谱法的原理、硬件特征及应用范围；

熟悉：气相色谱法的方法开发步骤；

了解：气相色谱法的发展简史及应用领域；

能力：初步具备气相色谱分析的硬件选择和应用能力。

开篇案例

气相色谱揭秘：谁让英雄汉一脱鞋就尴尬？

常言道：好汉难敌脱鞋囧。遇到脱鞋这件事，脚臭的人忐忑不安，生怕一脱鞋，那股酸奶酪、食醋、臭鸡蛋味的混合气味把周围人熏晕。脚不臭的人，对这股酸爽更是敏感，虽然心里万马奔腾，却还要不失礼仪，努力谈笑风生。这股能让气氛瞬间凝固的气味，究竟隐藏着怎样的分子秘密？《英国皮肤学》杂志的一篇论文[Brit. J. Dermatol., 1990, 122 (6): 771-776]，为我们揭示了真相。Kanda 等科学家招募了五名自认为有轻微或无脚臭的健康男性为 A 组，另外招募了五名 20 到 30 岁之间且自认为脚臭味浓厚的健康男性为 B 组。他们在 35℃、湿度 50% 的"蒸桑拿"环境中，穿着统一的纤维合成袜子，进行了 30 min 的剧烈运动。运动过后，这些袜子被送进了实验室的索氏提取器，用乙醚提取其中的"袜子提取物"。接着，研究人员用气相色谱-质谱联用仪（GC-MS）对"袜子提取物"进行了精密分析。仪器为 HP 5710A 气相色谱仪连接 Hitachi M-80 质谱仪，色谱柱为 Ultra-2（25 m, 0.31 mm i.d., 0.52 μm），它就像一条气味的高速公路，让分子无处遁形。实验结果显示，B 组"臭脚天团"的袜子中，短链脂肪酸的含量高得惊人[图 3-1（b）]，而 A 组则几乎为零[图 3-1（a）]。其中，异戊酸这位"臭味明星"在 B 组中大量现身，而在 A 组中却踪迹全无。为了进一步证实异戊酸的"臭名"，科学家们还设计了一场"盲鼻测试"，让一群评估者闭眼嗅探各种短链脂肪酸。结果，半数评估者都认为异戊酸的味道最贴近那让人难以忘怀的脚臭味。于是，这场气味谜案终于真相大白，异戊酸被正式确认为脚臭的"罪魁祸首"。至此，我们不禁感叹，原来脚臭的背后，还藏着这样一段充满趣味与科学探索的故事呢！

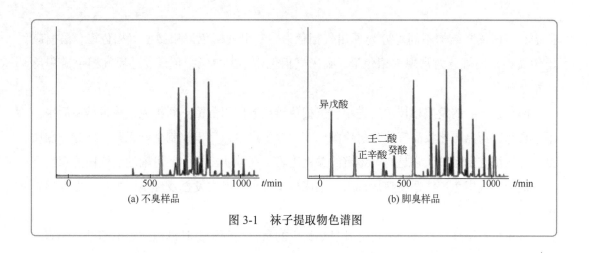

图 3-1　袜子提取物色谱图

3.1　概述

3.1.1　气相色谱法的发展简史

气相色谱法（gas chromatography，GC）是一种诞生于 1952 年的现代分离技术，尽管其比液相色谱法（liquid chromatography，LC）晚出现半个世纪，但在随后的二十多年里发展迅速，赶超 LC。GC 发展史上有几件里程碑式事件：1955 年，珀金埃尔默（PerkinElmer）推出首台商品气相色谱仪器 Model 154；1958 年，Golay 发明了毛细管气相色谱柱；1979 年，Dandeneau 和 Zerener 首次拉制了弹性石英毛细管柱等。从基础理论研究到实际应用，气相色谱法快速从实验室研究走向了常规分析，并在能源化工、食品安全及法庭科学等领域发挥着重要作用。

GC 利用惰性气体作载气（即流动相），主要是基于分析物的沸点、极性或吸附性质的差异实现分离。样品经进样口高温气化后，由载气带入装有液体或固体固定相的色谱柱内。样品中各组分的沸点、极性或吸附性能不同，在流动相和固定相之间形成各异的分配或吸附平衡。随着载气不断流动，这些组分会经历连续的分配过程或吸附/解吸循环。载气中分配浓度大的分析物保留时间短，而在固定相中分配浓度大的组分保留时间长。最终，各组分依次流出色谱柱，立即进入检测器。检测器能将分子信息转换为电信号，记录下的电信号可用来绘制色谱图，供研究人员分析使用。

3.1.2　气相色谱法的类型、应用范围

气相色谱法根据不同的分类标准可细分为几个亚类：根据进样方式不同，分为常规气相色谱、顶空气相色谱和裂解气相色谱；根据分离的维度不同，分为一维气相色谱和多维（主要是二维）气相色谱；根据色谱柱固定相物理状态的不同，可分为气液色谱和气固色谱；根据所用色谱柱填充状态不同，可分为填充柱气相色谱和开管（毛细管柱）气相

色谱;根据仪器结构不同可分为通用气相色谱、专用气相色谱和微型气相色谱;根据应用领域不同还可分为常规气相色谱、临床气相色谱、生物气相色谱、过程气相色谱和反气相色谱等。

随着色谱学的发展和技术的进步,气相色谱法的应用范围不断扩大:在日常生活中,用于食品、药品和化妆品等的分析检测;在工业生产中,用于控制生产工艺及检验产品质量;在司法鉴定领域,它是物证鉴定的关键工具;在地质勘探中,可辅助油气田的探索开发。此外,气相色谱法还在疾病诊断、临床样本分析、考古发掘及环境保护等方面发挥着重要作用。

气相色谱法适合直接分离可挥发且热稳定的有机小分子,其沸点通常不超过 500℃。据统计,在目前已知的化合物中,约 20%～25%的化合物可用气相色谱法直接上样分析。此外,有些样品虽然不能用气相色谱法直接分析,但可通过化学衍生化或采用特殊进样技术(如顶空进样和裂解进样)进行间接分析,这在一定程度上扩大了气相色谱法的应用范围。

3.2 气相色谱仪的部件

虽然目前商品化的 GC 仪器型号多样、外观各异,但其基本硬件结构大致相同,通常由以下五个主要部分构成。图 3-2 为气相色谱仪基本结构示意图。

(1)气路系统 包括载气和检测器所用气体(氦气、氮气、氢气、压缩空气、氩气等),这些气体通常由气体钢瓶供应或通过气体发生器产生。此外,还包括气路管线及气流控制装置(压力表、针形阀、电磁阀、电子流量计等)。

(2)进样系统 包括手动/自动进样器、各种进样口(如填充柱进样口、分流/不分流进样口、冷柱头进样口、程序升温进样口)、顶空进样器、吹扫-捕集进样器、裂解进样器等辅助进样装置,它们的作用是有效地将分析物导入色谱柱进行分离。

(3)分离系统 包括气相色谱柱、柱温箱、色谱柱与前端进样口和后端检测器的接头。色谱柱是决定分离效果的关键因素,被认为是色谱仪的"心脏"。

(4)检测系统 用于检测流出色谱柱的分析物,被称为色谱仪的"眼睛"。根据不同的原理检测系统可分为热导检测器、火焰离子化检测器、氮-磷检测器、电子捕获检测器、火焰光度检测器及质谱检测器。通常气相色谱仪会同时配置 2～3 个不同的检测器,各种检测器的原理和适用对象将在本章 3.4 部分详细介绍。

(5)控制系统 负责管理进样过程、载气供给、柱温和检测器操作,同时处理信号数据。很多商品化仪器在柱温箱上有手动控制面板,可实现部分简单功能的便捷控制,而通过色谱工作站则可以实现整体控制。

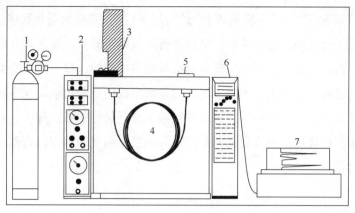

图 3-2　气相色谱仪基本结构示意图

1—气瓶；2—气路系统；3—进样系统；4—分离系统；5—检测系统；6—控制系统；7—数据输出

3.2.1　气路系统

气相色谱仪采用惰性气体为流动相，需要可靠的气体供给。气相色谱法对各种气体的纯度要求较高，如作载气的氦气、氮气、氢气均需要高纯级（≥99.999%），这是因为气体中的杂质会增加检测器的噪声，并可能影响色谱柱性能。检测器辅助气体如果不纯，更会增大背景噪声，降低信噪比，严重时甚至污染检测器。通常，为气相色谱仪提供载气和/或辅助气体的是高压钢瓶或气体发生器，在进入仪器前还要经过气体净化装置（填有分子筛、硅胶等），以吸附痕量有机杂质和水蒸气等污染物。

气相色谱仪的气路控制系统对分析结果的重现性至关重要，尤其是在毛细管气相色谱中，柱内载气流量通常为 1～3 mL/min，如果无法精确控制，会导致保留时间出现较大偏差。因此，气相色谱仪常采用多级控制方法：钢瓶输出的气体首先经过减压阀减压，气相色谱仪要求的气源压力约为 4 MPa，压力太小会影响后面气路上有关阀件的正常工作。如果采用气体发生器，则不需要减压阀，因为大部分气体发生器的默认输出压力均为 4 MPa。在线过滤净化装置对气体进行净化处理后，经稳压阀控制进入气相色谱仪。稳压阀的作用是控制进入气相色谱仪的各种气体的总压力。对于检测器（如火焰离子化检测器）使用的氢气（燃烧气）和空气（助燃气），则分别经针形阀调节后直接进入末端检测器（火焰离子化检测器、氮-磷检测器、火焰光度检测器均采用这两种气体）。相比之下，其载气气路稍微复杂一些，它先经两个三通连接头分开，其中一路作为流动相载气通往毛细管柱分流/不分流进样口，另一路则作为开管柱的尾吹气，经针形阀调节后在柱出口处接入检测器。

需要注意的是，分流器放空口和检测器放空口应采用管线将气体排出室外，以免挥发性溶剂、有毒有害分析物造成室内空气污染。用氢气作载气时还要注意安全问题，钢瓶需放置室外等安全区域。在实际操作中，气路系统最需要注意，也是最常出现的问题是泄漏。一旦某处发生泄漏，轻则影响仪器正常工作，重则造成安全事故（如氢气泄漏可能引起爆炸），因此需密切注意。最简单常用的检漏方法是在接头处或可能发生泄漏的管道上涂抹肥皂水，有吹气泡的现象出现时，说明此处漏气。另一种检漏方法为分段检漏法，即先将气相色谱柱出口卸下，用一堵头将其堵上，然后打开载气，观察流量计转子，如果1~2 min后，转子落到流量计底部，说明色谱柱出口之前的气路不漏气，反之则有漏气处。为找到确切漏气点，可再将色谱柱卸下，用密封堵头封死进样口的出口，再观察流量计转子。依此类推，直到发现漏气点为止。当然，现在部分新型仪器已经可以实现自动检漏，大大提高了实验的可靠性。对于接头漏气，可用拧紧或更换密封垫的方法解决，管路漏气则需更换新的管路。多次进样后，进样口密封垫是最可能发生漏气的地方，有漏气现象时应首先检查并更换密封垫。

3.2.2 进样系统

气相色谱仪进样系统可将待分析样品定量引入色谱系统，并将样品瞬间气化。进样系统主要包括样品引入装置（如手动注射器和自动进样器）和气化室（进样口）两部分，其中气化室的进样隔垫、衬管、O形环密封、分流平板以及石墨或聚合物套管需要定期更换。常见的进样口类型包括以下几种。

（1）填充柱进样口 为最简单的进样口。该进样口的作用是提供一个样品气化室，所有样品气化后均进入色谱柱进行分离，后边可接玻璃或不锈钢填充柱，也可接大口径开管柱进行直接进样。

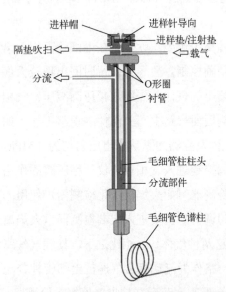

进样帽
进样针导向
隔垫吹扫
进样垫/注射垫
载气
分流
O形圈
衬管
毛细管柱柱头
分流部件
毛细管色谱柱

图3-3 分流/不分流进样口结构示意图

（2）分流/不分流进样口 为最经典的开管柱进样口。与填充柱进样口相比，分流/不分流进样口有分流气出口及其控制装置，除了进样口前有一个控制阀外，在分流气路上还有一个柱前压调节阀。另外，二者使用的衬管结构不同（如图3-3所示）。分流进样有效解决了毛细管柱容量有限、微量进样器无法准确重复进样nL级样品的问题。分流进样的目的主要包括：①减少载气中样品的含量，使其符合毛细管色谱柱容量的要求；②使样品以较窄的带宽进入色谱柱；③防止毛细管柱污染，避免柱效降低。常规的毛细管柱（内径0.25 mm），分流比一般为1:30至1:100，大口径厚液膜毛细管柱（内径0.53 mm）的分流比通常设置为1:5至1:10，以避免初始谱带的扩展，保证得到较尖锐的峰形。然而，这种进样方式只有1%~5%的样品可进入色谱柱，不适合超痕量样品的分析。此外，分流进样还有分流歧视和样品可能分解的问题。不分流进样虽然操作复杂，但分析灵敏度高，常用于痕量分析。

（3）冷柱头进样口（cold on-column injection，COCI） 柱头进样由Zlatkis于1959年首次提出，适用于受热不稳定的样品，将其直接注入处于室温或更低温度下的毛细管柱柱头，避免了分流歧视问题。它的结构特征是：气化室无加热装置，但有冷空气或制冷剂（液态 N_2 或 CO_2）的入口和出口；注射针入口处无进样隔垫，但有一停止阀可阻止或允许注射针将样品注入冷柱头。它的优势是提高了分析的精度，消除了样品歧视，实现了早流出峰的溶剂聚焦，是分析较高沸点和热不稳定样品最常用的进样方式之一。但是，长期使用会导致色谱柱柱头污染以及各组分保留时间重复性较差等问题。

（4）程序升温气化进样口（programmable temperature vaporizer，PTV） 将气体或液体样品注入处于低温的气化室内衬管后，立即按照设定的程序步骤升温，迅速提高气化室的温度，实现样品的快速气化。它在结构上将分流/不分流进样和冷柱头进样结合起来，功能多样，适用范围广，是较为理想的 GC 进样口，但是结构复杂且造价较高。

（5）大体积进样（large volume injection，LVI） 采用程序升温气化或冷柱头进样口，并配合溶剂放空功能，可进样 500 μL 甚至更大体积样品。这种进样方式可显著降低检测限，在环境分析中应用广泛，但操作较为复杂。

（6）阀进样（valve injection, VI） 常用六通阀定量引入气体或液体样品，重现性好，容易实现自动化。但该进样方式对峰展宽的影响大，因此，常用于永久气体的分析及化工工艺过程中物料流的监测。

（7）顶空进样 只取复杂样品基体上方的部分气体进行分析，而不是从样品层中吸取样品，有静态顶空和动态顶空（吹扫-捕集）之分。顶空分析要求目标化合物具有易挥发性，而样品的其余部分则不易挥发或为非挥发性物质。顶空样品瓶通常比较大，对瓶盖密封性要求较高。顶空进样几乎与所有基质兼容，样品本身不必挥发或溶解于适合气相色谱的液体中；仅需极少量样品前处理或无须样品前处理，可提高结果的重现性；溶剂峰较小，降低了对目标分析物的干扰；使用更清洁的样品减少了气相色谱仪进样口、色谱柱、检测器及质谱仪离子源的维护需求。因此，广泛用于食品分析（如气味分析）及固体材料中的可挥发物分析等。

（8）裂解进样 在严格控制的高温下瞬间将不能气化或部分不能气化的样品裂解成易挥发的小分子化合物，进而带入气相色谱系统对裂解产物进行分离和检测，通过分析热裂解产物的色谱信息，确定或推测原始样品的组成或结构。近30年来，随着气相色谱技术和裂解技术的快速发展，裂解气相色谱法已广泛用于聚合物样品、塑料、橡胶、地矿等样品的分析。

待测样品进样后在衬管中气化，衬管多由惰性玻璃或石英材料制成。衬管种类很多（图 3-4），需要与不同的进样技术结合，起到保护色谱柱的作用。在分流/不分流进样时，不挥发的样品组分滞留在衬管中，不进入色谱柱。如果这些污染物在衬管内积存一定量，会对分析产生直接影响，如它将吸附极性样品组分而造成峰拖尾，甚至峰分裂，还会出现鬼峰。因此，一定要保持衬管干净，注意及时清洗和更换。多种衬管内部都有玻璃棉，其主要作用是：①增加样品接触表面积，增加传热面积，减少热歧视，使样品能完全气化；②增强混合效果，减少分流歧视；③捕集样品组分中非挥发性杂质和进样过程中产生的隔垫碎屑；④擦拭进样针针头上的样品，避免样品在隔垫上的残留，进一步提高重现性。玻璃棉的装填位置和装填量对结果有较大影响。首先，玻璃棉的位置最好处于衬管温度的最高处（大约中间位置）、进样针针尖下 1～3 mm 处。其次，玻璃棉不要装太厚太实，薄薄一层，松散均匀即可，最好两端稍微压平整。同时装填过程中应使用镊子一次性夹取适量，避免用手接触造成污染，避免折断玻璃棉降低惰性。但是对于一些活性化合物，如酚类、有机酸、其他强极性化合物，为避免对样品组分产生吸附或催化样品分解，不建议使用玻璃棉。因为即使使用钝化处理的玻璃棉，随着进样次数增加和时间延长，钝化的硅烷基会断裂，玻璃棉表面会出现裸露的硅醇基。

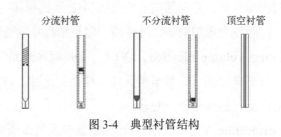

图 3-4　典型衬管结构

3.2.3　分离系统

GC 仪器的分离系统包括柱温箱、气相色谱柱、气相色谱柱与进样口和检测器的连接头。色谱柱是实现目标物分离的关键部件，被称为色谱仪的"心脏"。在安装或更换色谱柱后，均要在进样前进行老化处理，目的是除去管柱内剩余的溶液、固定液中的低沸程流分及易挥发的杂质，同时使固定液更均匀地分布于载体或管壁上。具体步骤如下：先接通载气，然后将柱温从 60℃ 左右以 5～10℃/min 的速率程序升温到色谱柱的最高使用温度以下 30℃，或者实际分析操作温度以上 30℃，并在高温时恒温 30～120 min，直到所记录的基线平稳为止，老化合格。如果基线难以稳定，可重复进行几次程序升温老化，也可在高温下保持更长的时间。一定要等到基线稳定后，再进行样品分析。色谱柱使用一段时间后，柱内可能会滞留一些高沸点分析物，导致基线出现波动或出现鬼峰，此时也可通过老化来解决。对于暂时不用的色谱柱，应从仪器上卸下，用硅橡胶（可利用废进样隔垫）堵上柱两端，并放在相应的柱包装盒中，以免柱头被异物污染或水蒸气进入导致固定相降解等。每次关机前都应将柱温箱温度降到 50℃ 以下，然后再关闭电源和载气。在温度较高时切断载气，可能会因空气（氧气）扩散进入柱管而造成固定液的氧化降解，导致色谱柱柱效降低。

3.2.4　检测系统

研制高灵敏度、高选择性的检测器一直是气相色谱仪发展的关键技术之一。目前，GC 所使用的检测器种类较多，但商品化的检测器见表 3-1。

表 3-1　常用检测器分类

分类	质量型	浓度型	破坏型	非破坏型	通用型	选择型
热导检测器		✓		✓	✓	
火焰离子化检测器	✓		✓		✓	
电子捕获检测器		✓				✓
氮-磷检测器	✓		✓			✓
火焰光度检测器	✓		✓			✓
化学发光检测器	✓		✓			✓
光离子化检测器	✓		✓		✓	
原子发射光谱检测器	✓		✓		✓	
红外光谱检测器		✓		✓	✓	
质谱检测器	✓		✓		✓	

　　根据检测原理的不同，可将检测器分为浓度型和质量型两种：浓度型检测器测量的是某组分浓度的瞬间变化，峰高与流动相流速无关，而峰面积与流动相流速成反比，即检测器的响应值和通过检测器的组分浓度成正比，此类检测器的代表有热导检测器和电子捕获检测器；质量型检测器测量的是某组分进入检测器的速率变化，峰高响应值与流动相流速成正比，而峰面积与流速无关，即检测器的响应值与单位时间内进入检测器的分析物的量成正比，此类检测器的代表有火焰离子化检测器和火焰光度检测器。

　　根据组分在检测过程中是否发生分子破坏，可将检测器分为破坏型和非破坏型两种：如果其分子形式被破坏，即为破坏型检测器，如火焰离子化检测器、氮-磷检测器、火焰光度检测器及质谱检测器等；如仍保持其分子形式，即为非破坏型检测器，如热导检测器、红外光谱检测器等，非破坏型检测器均为浓度型检测器。

　　根据检测器对不同物质的响应情况，可将其分为通用型检测器和选择型检测器：通用型检测器如热导检测器、原子发射光谱检测器和质谱检测器，对绝大多数化合物均有响应；选择型检测器，如电子捕获检测器、火焰光度检测器和氮-磷检测器，只对特定类型的化合物有较大响应，而对其他化合物则无响应或者响应很小。

3.2.5　控制系统

　　控制系统一般安装在仪器主机上，如温度控制、气体流量控制和检测器控制等。电子气流控制技术的推广极大提高了分析的重现性、稳定性、灵敏度和分析速度，同时有效减少了气体消耗，降低了使用成本。不同型号的仪器具有类似的控制参数，但操作方式各有不同，具体可参照相应仪器说明书。目前较先进的色谱仪器的数据处理系统和控制系统往往集成于一体，由色谱工作站完成。现在的色谱仪器基本采用计算机控制，采用定性或定量软件就可完成数据处理。同时，还可通过色谱工作站设置程序实现仪器的自动控制（如气体流量、柱温箱温度、检测器参数等）。

3.3 气相色谱柱的种类及特点

色谱柱通常是由玻璃、石英或不锈钢制成的圆管，管内装有各种功能不同的固定相。根据固定相物理状态不同可将色谱柱分为气固色谱柱和气液色谱柱。前者柱内装有固体吸附剂，后者则装有表面涂覆了固定液的固体颗粒（载体），或者柱内表面涂覆有固定液（即毛细管柱）。习惯上，人们将色谱柱分为填充柱和开管柱（也称毛细管柱）。填充柱内装满填料，而开管柱内部为空心。需要注意的是，毛细管柱并不总是开管柱，在蛋白质组学研究中就常用填充毛细管柱。

3.3.1 填充柱及其特点

填充柱一般采用内径为 2～3 mm 的不锈钢或者玻璃柱体，特点是柱容量大、柱较短，因此分析时间较快。但是，分离能力较差，柱效较低，一般用于组成相对简单的混合物的分离，且多采用恒温分析。这是因为填充柱内的固定相（尤其是固定液）热稳定性有限，在程序升温时容易流失一些挥发性成分，从而造成检测器基线的漂移。如果采用双柱双检测器系统，则可克服这一问题。对于常规气体如空气和天然气的分析，一般用气固吸附色谱分析，用填充柱更具优势。另外，填充柱制备工艺简单，具有实验成本低的优势。

气固色谱是指流动相为气体、固定相为固体的气相色谱分离方法，其固定相主要包括无机吸附剂、高分子小球、化学键合相三类，其中氧化铝、石墨化炭黑和分子筛是最常用的。这类固定相的优点是热稳定性好，在高温下流失极少，且对低碳烃类的同分异构体有较好的选择性。其局限性是种类有限，应用范围窄。此外，这些固定相的制备及活化条件也对其色谱性能影响较大。即使同一种固定相，来源不同或同一来源的不同批号产品，色谱性能也可能有差异。气固色谱的典型用途是分离永久气体（如空气）和低分子量有机化合物（如氟利昂、石油化工的炼厂气等）的分析。

3.3.2 毛细管柱及其特点

毛细管柱一般采用内径为 0.18～0.32 mm 的石英材料，通常将固定液涂覆于柱管内壁或载体颗粒表面，且多采用交联或/和键合技术，显著提高了热稳定性，在程序升温分析中表现出良好的柱性能，可用于复杂样品的分析。毛细管柱长度一般在 15～30 m，有的甚至长达上百米，因此，分析时间通常也比较长。此外，毛细管柱需要复杂的制备工艺，多数实验室需购置商品柱。同时，开管柱还有柱容量小的限制，因为其内径小，固定液负载量小，故进样量过大时易造成柱超载，常采用分流进样且使用灵敏度更高的检测器，开管柱对进样技术的要求高，对载气流速的控制要求更为精确。

气相色谱仪的流动相是惰性气体，它将分析物运送至色谱柱，色谱柱中的固定相对分离结果起决定性作用。固定液必须是非挥发性和热稳定性好的化学惰性物质，同时对待分离组分具有一定的溶解度和选择性。此外，固定液应尽可能均匀且完全地覆盖在载体表面（填充柱）或内壁（开管柱），在尽可能短的时间内达到有效的分离。因此，固定液一般是高沸点的有机化合物或聚合物，在分析条件下呈液态。历史上有数百种化合物曾用作 GC 固定液，但目前常用的如表 3-2 所示，其中，聚硅氧烷类和聚乙二醇类固定液最常用。聚硅氧烷具有良好的化学惰性、热稳定性及较宽的选择性范围等优点，常用的有聚甲基硅氧烷、苯基聚甲基硅氧烷、三氟丙基聚甲基硅氧烷和聚氰烷基硅氧烷等。然而，这类固定相易受空气、水分及酸、碱的影响，稳定性降低。

表 3-2   常见气相色谱柱固定液种类

极 性	型 号	成 分
非极性	角鲨烷	2, 6, 10, 15, 19, 23-六甲基二十四烷
非极性	OV-101	聚甲基硅氧烷
非极性	OV-1、SE-30	聚甲基硅氧烷
弱极性	SE-54	1%乙烯基、5%苯基聚甲基硅氧烷
中极性	OV-1701	17%苯基、7%氰丙基聚甲基硅氧烷
中极性	OV-17	50%苯基聚甲基硅氧烷
极性	OV-210	50%三氟丙基聚甲基硅氧烷
极性	OV-225	25%氰丙基、25%苯基聚甲基硅氧烷
强极性	PEG-20M	聚乙二醇
强极性	FFAP	聚乙二醇衍生物
强极性	OV-275	聚二氰烷基

3.4 检测器类型与检测原理

3.4.1 热导检测器

热导检测器（thermal conductivity detector，TCD）又称热导池或热丝检热器，它是 Ray 于 1954 年首次用于气相色谱仪，也是气相色谱法较常用、较早出现且应用广泛的一种检测器。TCD 是一种通用的非破坏型、浓度型检测器，其工作原理是基于不同气体具有不同的热导率，对载气以外的绝大多数化合物都有响应。TCD 中的热丝（铼钨合金等）具有电阻随温度变化的特性。当有一恒定直流电流通过热导池时，热丝就会被加热。由于载气的热传导作用，热丝的一部分热量被载气带走，一部分传给池体。当热丝产热量与散热量达到平衡时，热丝温度维持稳定，此时热丝阻值也维持稳定。由于参比池和测量池通入的均为纯载气，同一种载气有相同的热导率，因此两臂的电阻值相同，惠斯通电桥平衡时无信号输出，记录系统记录的是一条直线。当有试样进入检测器时，载气携带着组分气流经测量池，参比池不变，由于载气和待测量组分二元混合气体的热导率与纯载气的热导率不同，测量池中散热情况因而发生变化，使参比池和测量池孔中热丝电阻值之间产生了差异，电桥失去平衡，检测器有电压信号输出，记录仪绘出相应组分的色谱峰。由于氢气和氦气的热导率高于大多数气体分子，因此它们是理想的载气。

TCD 具有结构简单、性能稳定、价格低廉、灵敏度适宜及线性范围宽的特点，对各种物质均有响应，适用于微量分析。在色谱分析中，TCD 不仅可用于分析有机污染物，还可用于分析一些其他检测器无法检测的无机气体，如氢气、氧气、氮气、一氧化碳、二氧化碳等。TCD 特别适用于气体混合物的分析，对于采用氢火焰离子化检测器不能直接检测的无机气体的分析，TCD 更是展示了其优异的性能。TCD 在检测过程中不破坏分析物，有利于样品的收集或与其他仪器联用。

3.4.2 火焰离子化检测器

火焰离子化检测器（flame ionization detector，FID）是典型的破坏型、质量型检测器，由 McWillian 和 Harley 于 1958 年发明。它以氢气和空气燃烧生成的火焰为能源，当有机化合物进入氢气、氧气燃烧的火焰时，燃烧过程中生成比基流高几个数量级的离子，这些离子在高压电场的定向作用下形成离子流（如图 3-5 所示），微弱的离子流经过高阻放大，成为与进入火焰的有机化合物含量成正比的电信号。因此，可根据信号的大小对有机物进行定量分析。

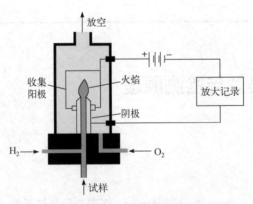

图 3-5 FID 检测器示意图

由于 FID 结构简单、性能优异、稳定可靠、操作方便，经过 60 多年的发展，其结构无实质性变化。FID 的主要特点是对绝大多数挥发性有机化合物均有响应，除了无法检测不能形成 $CH·$、$CH_2·$ 及 $CH_3·$ 等自由基的物质（如 CS_2），FID 对所有烃类化合物（碳数≥3）

的相对响应值几乎相等，对含氧、硫、氮、卤素等杂原子的烃类有机物中的同系物（碳数≥3）的相对响应值也几乎相等。这给化合物的定量检测带来很大的方便，而且具有灵敏度高（$10^{-13} \sim 10^{-10}$ g/s）、基流小（$10^{-14} \sim 10^{-13}$ A）、线性范围宽（约 10^7）、死体积小（≤1 μL）、响应时间短（1 ms）、可与毛细管柱直接联用以及对气体流速、压力和温度变化不敏感等优点，成为应用最广泛的 GC 检测器之一。FID 检测器的温度一般要比柱温略高，以保证样品在 FID 中不冷凝，但 FID 的温度不可低于 100℃，以免水蒸气在离子室内冷凝。FID 的主要缺点是需要气体种类多（三种），且氢气属于易爆气体，对防爆有严格的要求。

3.4.3　电子捕获检测器

电子捕获检测器（electron capture detector，ECD）是一种离子化检测器，由 Lovelock 于 1960 年发明。它是一种有选择性的高灵敏度检测器，对电负性物质特别敏感。例如，含卤素、硫、磷、氮的物质会产生信号，物质的电负性越强，电子吸收系数也就越大，检测器的灵敏度越高，而对电中性（无电负性）的物质，如烷烃等则无信号。因此，ECD 是分析痕量电负性化合物最有效的检测器之一，也是放射性离子化检测应用较广泛的一种检测器。

ECD 利用放射性同位素（如 ^{63}Ni、^{3}H 等），在衰变过程中放射具有一定能量的 β 粒子作为电离源。当只有纯载气分子通过离子源时，在 β 粒子的轰击下形成次级离子和电子，在电场的作用下离子和电子做定向移动，形成了一定的离子流（基流）。当载气带有微量电负性组分进入离子室时，亲电子的组分大量捕获电子，形成负离子或带电负分子。因为负离子（分子）的移动速度和正离子相近，正负离子的复合概率比正离子和电子的复合概率高 $10^5 \sim 10^8$ 倍，因而基流明显下降形成"倒峰"，输出一个负的电信号(图 3-6)。与 FID 相反，通过 ECD 被测组分输出的是负峰。ECD 使用过程中最重要的是保持系统的洁净，及时发现并排除污染，因为其污染不可逆。在测定样品时，选择溶剂要特别注

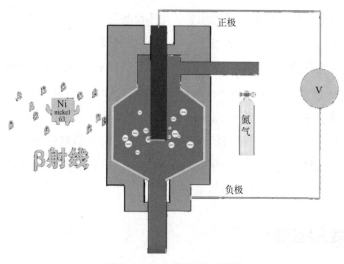

图 3-6　ECD 检测器示意图

意，避免使用电负性强的物质为溶剂，如二硫化碳、二氯甲烷、三氯甲烷、四氯化碳、二氯乙烯、三氯乙烯、四氯乙烯等，这些物质会对 ECD 造成较大影响，降低其寿命。此外，ECD 中有放射源，不得随意拆卸，尾气必须排放到室外，严禁检测器超温，防止放射性危害。

3.4.4 氮-磷检测器

氮-磷检测器（nitrogen-phosphorus detector，NPD）是一种质量型检测器，由 Kolb 和 Bischoff 首次报道。它是适用于分析含氮、磷化合物的高灵敏度、高选择性检测器。NPD 对易分解成 CN 基的含氮化合物响应值非常好，因此，应避免使用带氰基的固定液，如 OV-275、XE-60 等。NPD 对含氮化合物的检测灵敏度高于 ECD，是目前测定含氮有机物最理想的气相色谱检测器之一。同时，它对含磷化合物的检测灵敏度也高于火焰光度检测器 (FPD)，并且结构简单、使用方便。NPD 具有与 FID 相似的结构，但其关键区别在于 NPD 将一种涂有碱金属盐（如 Na_2SiO_3 或 Rb_2SiO_3）的陶瓷珠（热电离源）放置在燃烧的氢火焰和收集极之间。当试样蒸气和氢气流通过碱金属盐表面时，含氮、磷的化合物便会从被还原的碱金属蒸气上获得电子，失去电子的碱金属形成盐再沉积到陶瓷珠表面上。珠体约为 $1\sim5mm^3$，支撑在一根约 0.2mm 直径的铂金丝支架上，其成分、形态、供电方式、加热电流及负偏压是决定 NPD 性能的主要因素，各公司不同型号 NPD 电离源的设计不尽相同。

氮-磷检测器的使用寿命长、灵敏度极高，可检测到 5×10^{-13} g/s 偶氮苯类含氮化合物、2.5×10^{-13} g/s 的含磷化合物，如农药马拉松。

3.4.5 火焰光度检测器

火焰光度检测器（flame photometric detector，FPD）是气相色谱仪中用于检测含磷和含硫化合物的一种高选择性、高灵敏度检测器，由 Brody 于 1966 年发明。待测样品在富氢火焰中燃烧时，其中一些物质被还原并激发，然后再由激发态回到较低能量水平或基态时发射出光子。含磷有机化合物主要以 HPO 碎片形式发射波长为 526 nm 的特征光，含硫有机化合物则以 S_2 分子形式发射波长为 394 nm 的特征光。光电倍增管将光信号转换成电信号，经微电流放大记录下来。火焰光度检测器的检出限可达 10^{-12} g/s（对 P）或 10^{-11} g/s（对 S）。同时，这种检测器对有机磷、有机硫的响应值与碳氢化合物的响应值之比可达 10^4，因此，可排除大量溶剂峰及烃类的干扰，非常有利于痕量磷、硫的分析，是检测有机磷农药和含硫污染物的主要工具，其缺点是动态范围较窄。

3.4.6 化学发光检测器

化学发光检测器（chemiluminescence detector，CLD）是基于分子发射光谱原理的一种检测器，它不需要光源，也不需要复杂的光学系统，只要有恒流泵将化学发光试剂以一定流速泵入混合器中，使之与色谱柱流出物迅速且均匀地混合，并产生化学发光，通过光电倍增管将光信号变成电信号即可进行检测。目前市售的主要是氮化学发光检测器（NCD）和硫化学发光检测器（SCD）。

NCD 的工作原理是色谱柱流出物进入检测器的燃烧室，经高温燃烧生成 NO。臭氧发生器产生的臭氧与 NO 在反应室中生成激发态 NO_2，NO_2 衰变至基态后发射出特定波长的光，透过滤光片到达光电倍增管进行检测。NCD 是测定含氮化合物的选择型检测器，具有选择性好、灵敏度高、线性范围宽、样品基质干扰少等优点，适合复杂化合物中含氮元素的测定，其灵敏度优于 NPD。

SCD 与 NCD 的工作原理类似，燃烧器使含硫化合物在高温下燃烧生成一氧化硫(SO)，光电倍增管可检测由 SO 和臭氧发生化学发光反应而产生的光，因此，SCD 是测定含硫化合物的选择型检测器。它的优势是可实现皮克级检测限，没有烃类的猝灭效应，且对硫化物呈等摩尔线性响应。

3.4.7 光离子化检测器

光离子化检测器（photo-ionization detector，PID）是一种通用型兼选择型的检测器，对大多数有机物都有响应信号。PID 用石英或硬质玻璃管材料制成，仅使用一种载气（空气），不需其他辅助气体，灵敏度接近 FID，并易与毛细管柱联用。PID 主要分为两种类型。其中一种是无光窗离子化检测器，它利用微波能量激发常压惰性气体产生等离子体。当样品组分进入 PID 的离子化室后，样品分子被高能量的等离子体激发为正离子和自由电子，在强电场作用下定向运动形成离子流。PID 与 FID 有些类似，检测的都是离子流，但离子化机理不同，如选用氩气作为离子化气体，就是氩离子化检测器，在理论上可检测一切气化的物质，因此，可认为是一种通用型检测器。

另一种是光窗式离子化检测器，也称真空紫外检测器。它主要由紫外光源和电离室组成，中间由可透紫外光的光窗相隔，窗材料由碱金属或碱土金属的氟化物制成。在电离室内，待测组分的分子吸收紫外光（120～240 nm）能量后发生电离，通过选用不同能量的灯和不同的晶体光窗，就可选择性地测定各种化合物。灯的强度一般为 8.3～11.7 eV，使用 11.7 eV 的高能量灯和氟化锂（LiF）光窗时，光离子化检测器可作为通用型检测器；当使用低能量灯时（最广泛采用 10.2 eV），待测组分的范围变窄，此时光离子化检测器为选择型检测器(图 3-7)。

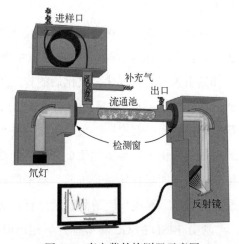

图 3-7　真空紫外检测器示意图

3.4.8　原子发射光谱检测器

原子发射光谱检测器（atomic emission detector，AED）是一种小型原子发射光谱仪，它采用等离子体作为激发光源，使进入检测器的被测组分原子化，然后原子被激发至激发态，再跃迁至基态，发射出原子光谱。根据这些线光谱的波长和强度即可进行定性和定量分析。AED 将色谱的高分离能力与原子发射光谱的元素分析能力相结合，已成为一种有效的气相色谱定性手段。GC-AED 原则上可测定除载气以外的所有元素，一次进样可同时测定不同元素的色谱图，集通用性和选择性于一体。根据元素色谱峰的面积或峰高，可确定化合物的元素组成，并可用于测定未知化合物的分子式。AED 的突出优点是其响应值只与元素的含量有关，而与化合物的结构几乎无关，因此，可进行绝对定量分析。

3.4.9　红外光谱检测器

红外光谱检测器（infrared detector，IRD）是将红外光谱（IR）作为气相色谱仪的检测器，即 GC-IR 联用。在色谱分析中，需要响应速度快时，可采用傅里叶变换红外光谱（FT-IR）检测器。由于色谱柱流出的是气体，所以要用气体光管，得到的是气体的 IR 信号，因此不能简单采用固体的 IR 光谱定性。GC-IR 主要用于有机化合物的鉴定，但是气相 IR 的灵敏度相对较低，加之气体光管必须在高温下工作，在一定程度上限制了 IRD 的应用。

3.4.10　质谱检测器

质谱检测器（mass spectrometric detector，MSD）是一种质量型、通用型 GC 检测器，其原理与质谱（MS）相同。它不仅能给出一般 GC 检测器所能获得的色谱图，即总离子流色谱图（TIC），而且能给出每个色谱峰所对应的 MS 图。通过计算机对标准谱库的自动检索，可提供化合物的分子结构信息。因此，在定性分析方面相较于其他检测器具有明显优势。

现在市售质谱仪种类繁多，但仪器的组成基本相同，包括进样系统、真空系统、离子源、质量分析器、检测器及数据处理系统。MS 分析的一般过程如下：通过合适的进样装置将样品引入并进行气化。气化后的样品进入离子源被离子化，离子经过适当加速后进入质量分析器，按不同的质荷比(m/z)实现分离。分离后的离子依次到达检测器产生离子信号（质量数对应的离子强度），最后用软件分析数据。质量分析器是质谱仪器的核心，不同类型的质谱仪器由不同种类的质量分析器构成。质量分析器包括单聚焦质量分析器、双聚焦质量分析器、四极杆质量分析器、离子阱质量分析器、傅里叶变换离子回旋共振、飞行时间质量分析器、静电场轨道阱质量分析器等。

使用 MSD 的 GC 常被称为气相色谱-质谱联用（GC-MS）分析，是将色谱的高分离能力与 MS 的结构鉴定能力结合在一起的现代分析技术，也是一种实验室常规技术，其使用越来越普遍。因此，将其放在第 9 章进一步展开讨论。

3.5 气相色谱条件的优化

气相色谱毛细管柱因其具有高分离能力、高灵敏度、高分析速度等独特优点而得到迅速发展。随着弹性石英交联毛细管柱技术的日益成熟和性能的不断完善，其已成为分离复杂多组分混合物及多项目分析的主要手段，在各领域应用中大有取代填充柱的趋势。现在的新型气相色谱仪、气相色谱-质谱联用仪几乎均采用毛细管色谱柱进行分离分析。因此，本部分内容聚焦于毛细管气相色谱方法开发。

3.5.1 载气及流速

载气流速的确定相对容易。初始时，可按照比最佳流速高 10% 设定。随后，根据分离情况进行调节，原则是在确保待测物完全分离的同时，尽量缩短分析时间。使用 3 mm 内径的填充柱时，载气流速通常设为 30 mL/min；而使用 0.53 mm 内径的大口径柱时，载气流速可设置为 10 mL/min；对于 0.25 mm 内径的毛细管柱，通常选择 1.0 mL/min 左右的流速。

此外，当所用检测器需要燃烧气和/或辅助气时，还需设定这些气体的流量。检测器说明书通常会列出适合的气体流量值，可供参考。例如，用开管柱和 FID 时，检测器气体流量可设定为：空气，300～400 mL/min；氢气，30～40 mL/min；氮气（尾吹气），30～40 mL/min。

3.5.2 柱温的选择

柱温是影响分析时间和分离度的重要因素。在给定的固定相、载气、柱参数等条件下，柱温的改变直接影响气相色谱的分离效果和分析速度。因此，获得最佳分离条件的关键是确定最佳柱温或升温程序。色谱柱温度主要由样品的复杂程度和气化温度决定，原则是既要保证待测物的完全分离，又要保证所有组分能流出色谱柱，且分析时间越短越好。组成简单的样品最好用恒温分析，这样可节省降温时间，缩短样品分析周期。特别是使用填充柱时，与恒温分析色谱图的基线相比，程序升温色谱图的基线较稳定。对于组成复杂的样品，常需要用程序升温分离，即柱温随分析时间而变化。在低温条件下，如果柱温较低，则低沸点组分分离得好，而高沸点组分的流出时间太长，造成峰展宽，甚至滞留在色谱柱中污染柱子；反之，当柱温太高时，低沸点组分又难以分离。采用程序升温可在较短时间内获得良好分离。升温程序分为两类：从色谱仪器运行样品开始，升温速率为常数的，称为线性程序升温；包括起始恒温阶段或程序升温后有恒温阶段的，以及多阶程序升温，不论其程序升温部分的速率为常数还是变数，统称为非线性程序升温。不同组分的保留时间随温度变化的规律往往不同，当样品中同时含有这些组分时，不同的柱温会使出峰顺序有颠倒或有峰重叠现象。在程序升温过程中，温度在不断变化，温度系数不同的组分在柱中的相对位置也会发生变化，因此，会出现峰的顺序随程序升温条件而变化的情况。

此外，开管柱的一个最大优点是可在较宽的温度范围内操作，实现待测组分的良好分离。一般来讲，色谱柱的初始温度应接近样品中最轻组分的沸点，而最终温度则取决于最重组分的沸点。升温速率则要依样品的复杂程度而定。在没有资料可供参考的情况下，建议将开管柱的初始温度条件设置如下：

OV-1（SE-30）或 SE-54 柱：从 50～280℃，升温速率 10℃/min；

OV-17（OV-1701）柱：从 60～260℃，升温速率 8℃/min；

PEG-20M 柱：从 60～200℃，升温速率 8℃/min。

3.5.3　气化室温度的选择

气化室温度主要由样品的沸点范围决定，同时要考虑色谱柱的使用温度，即首先要保证待测样品全部气化，其次要保证气化的样品组分能全部流出色谱柱，而不会在柱中冷凝。原则上，进样口温度高一些有利，一般要接近样品中沸点最高组分的沸点，但要低于易分解组分的分解温度，常用的条件是 250～350℃。大多数先进 GC 仪器的进样口温度均可达到 450℃。这时，沸点为 500℃左右的组分均可气化。实际操作中，进样口温度可在一定范围内设定，只要保证样品完全气化即可，不必进行非常精确的优化。

3.5.4　色谱柱柱长与内径

通常柱效与柱长成正比，柱长增长可改善分离能力，但分析时间也随之加长，柱流失和成本也将会增加。理论上，柱长加倍，分离度将提高 1.41 倍，分析时间增加 1 倍。毛细管柱长度一般在 15～60 m，有的甚至长达上百米。15 m 的气相色谱柱可用于快速筛选简单混合物或分子量高的化合物；30 m 的气相色谱柱最为普遍，通常是方法开发首选；60 m 以上的气相色谱柱则用于分析较复杂的样品。国家标准 GB 5009.168—2016《食品安全国家标准　食品中脂肪酸的测定》中采用 100 m 的聚二氰丙基硅氧烷强极性固定相柱子，分离 37 种脂肪酸甲酯。在规定条件下，可实现顺-9-十四碳一烯酸甲酯和十五碳酸甲酯的有效分离。

柱效与色谱柱内径成反比，色谱柱直径越小，则每米理论塔板数就越高。只考虑柱效时，建议采用最细的柱子。但色谱柱的内径越小，需要的压力越高，色谱柱容量会降低。因此，在实际选择的时候，气相色谱柱内径要综合考虑多种因素：柱效、压力、载气流速和柱容量。若需要较高的柱效，可使用 0.18～0.25 mm 内径的色谱柱；若需要较大的样品容量，可使用 0.32 mm 内径的色谱柱；若仪器配备大口径直接进样器，则使用 0.45 mm 及以上内径的色谱柱；若采用质谱检测器，通常选用内径不大于 0.25 mm 的色谱柱。

3.5.5　固定液配比

固定液含量对分离效率的影响较大，常见气相色谱柱膜厚为 0.1～5 μm，膜厚主要影响 4 个参数：保留能力、流失、惰性和容量。待测物质的保留能力与膜厚成正比，因此，对于较易挥发的分析物常采用较厚的液膜增强保留，较难挥发、高沸点、高分子量的化合物则采用较薄液膜的色谱柱。对于给定的固定相，色谱柱的流失将随着膜厚的增加而增加。由于流失严重，因此气相色谱柱液膜较厚的色谱柱柱温上限会较低。液膜较厚的气相色谱柱更具惰性，不易与样品发生作用，使分析物不受色谱柱管线的影响。液膜较厚的气相色谱柱柱容量较高，能耐受更高的进样量。

3.6　裂解气相色谱法

裂解气相色谱法（pyrolysis-gas chromatography，Py-GC）是热裂解技术和气相色谱相结合的一种方法，它将气相色谱法的应用扩展到非挥发性有机固体材料。历史上第一种采用裂解分析方法的是 20 世纪 50 年代报道的 Py-MS。

由于裂解产物多为复杂的混合物，未经任何分离直接用 MS 分析时，谱图往往很复杂，给目标分析物的准确定性和定量分析带来困难。1952 年，GC 的出现为分析裂解产物提供了有效的分离手段，但初期的应用仅限于"脱机"分析。裂解与 GC 的联机分析（即 Py-GC）是 1959 年报道的，此后 Py-GC 获得了迅速发展。多功能裂解器、自动进样裂解器、多维色谱、浓缩技术等在 Py-GC 中的应用，显著提高了分析的自动化程度。

裂解气相色谱法的优点如下。

（1）分析灵敏度高，样品用量少　采用 GC 的检测器可获得很高的检测灵敏度，样品用量少（对于固体样品，用量通常在 0.1～50 μg；对于液体样品，用量通常在 0.01～10 μg），这对样品量有限的分析（如司法检验）是极为有利的。

（2）分离效率高，定量精度高　因为采用了 GC 分离，特别是用开管柱后，大量的裂解产物可得到较好的分离，分析精度也相应地得到了提高。

（3）分析速度快，信息量大　Py-GC 的典型分析周期仅为半小时，分析速度远快于化学分析方法。根据实验结果，不仅能对裂解产物进行定性定量分析，还可研究样品的结构、裂解机理、热稳定性及反应动力学等。

（4）预处理简单，样品适用性广　无论是黏稠液体、粉末、薄膜、纤维及弹性体，还是固化的树脂、涂料及硫化橡胶，均可直接进样分析，一般不需要复杂的预处理，样品中的无机填料和少量有机添加剂也不会干扰实验结果。

当然，Py-GC 也有其局限性，主要体现在以下方面：①受 GC 分离特点的限制，从色谱柱流出的只能是热稳定的、分子量有限的化合物，故不易检测到不稳定的中间体和难挥发的裂解产物，这对研究裂解机理是有影响的。Py-MS 可在一定程度上弥补 Py-GC 这一不足，也可用 Py-HPLC 检测分子量大的裂解产物。②裂解产物的定性鉴定比较费时。虽然各种联用仪器分析，如 Py-GC-MS 和 Py-GC-FTIR 在这方面表现良好，但仍需要其他辅助定性方法才能获得可靠的鉴定结果。③裂解是一个复杂的化学过程，很多因素会影响实验结果，要获得良好的重复性需要严格控制实验条件。现阶段，实验室内重复性尚可，但实验室间的重复性仍然存在一些问题。

3.6.1　基本原理

在特定的环境气氛、温度和压力条件下，高分子及各种有机物的裂解过程都遵循一定规律，即特定的样品有其特定的裂解行为，如裂解产物及其分布，这是 Py-GC 的基础。其分析流程如下：将待测样品置于裂解装置内，在严格控制的条件下加热使之迅速裂解成可挥发的小分子产物，然后将裂解产物有效转移到色谱柱上直接进行分离分析。通过产物的定性定量分析，及其与裂解温度、裂解时间等操作条件的关系，可研究裂解产物与原样品在组成、结构和物化性质上的联系，进一步探索裂解机理和反应动力学。由此可见，Py-GC 是一种破坏性分析方法。从这个意义上讲，Py-GC 与热分析方法有相似之处。

3.6.2　常见裂解装置

裂解器是完成裂解反应的装置，是裂解气相色谱仪的核心部件，其可看作是裂解气相色谱仪的特殊进样系统，可控制样品裂解的温度和时间。因此，裂解器的性能对结果的影响是决定性的。

目前，商品化的四类裂解器分别为热丝（带）裂解器、居里点裂解器、管式炉（包括微型炉）裂解器和激光裂解器。它们的分类有两种方法：一是按照加热方式分为电阻加热型（如热丝裂解器和管式炉裂解器）、感应加热型（如居里点裂解器）、辐射加热型（如激光裂解器）；二是按照加热机制分为连续式和间歇式。这些裂解器各有优缺点，选择裂解器首先要根据研究的目的和样品的性质，其次是实验室现有条件。当涉及样品的降解制备过程机理时，必须考虑加热元件对样品的催化作用。热丝（带）裂解器和微型炉裂解器的样品负载元件多由铂制成，居里点裂解器则由铁、镍、钴的合金材料制成。裂解室（裂解时样品负载元件置其中）多由内衬玻璃或石英的不锈钢制成。样品在这些加热的金属表面可能受到催化作用或发生二次反应，从而造成分析结果的误差。尤其当研究生物大分子的裂解，或者其他能产生强极性、热不稳定裂解产物的样品时，更应考虑这一点，此时，应选择有玻璃和石英内衬的裂解器，或用石英样品管将样品与金属隔开。四种常见裂解器的性能比较见表 3-3。

表 3-3　四种主要裂解器的比较

裂解器	热丝（带）裂解器	居里点裂解器	管式炉裂解器	激光裂解器
样品量/μg	0.1～500	0.1～500	50～5000	500
最高温度/℃	1400	1100	1500	10^9
温度调节	不连续	不连续	连续	不可控
升温时间	10 ms	70 ms～2 s	0.2～60 s	10 μs
样品催化	小	大	小	极小
设备成本	中	中	低	高
死体积	小	小	中	中
操作便捷性	高	高	高	低
重复性	优	良	中	中
二次反应	少	少	多	较少
多阶裂解	有	无	可	无
温度梯度	小	小	大	中

（1）热丝（带）裂解器　其原理是电流通过负载样品的电阻丝或带，从而加热样品使之裂解。在此种裂解器中，铂丝（或带）既是加热元件，又是温度传感器，整个电路由惠斯通电桥控制。

热丝（带）裂解器具有如下优点：①升温时间短，带式裂解探头为 10 ms（至 600℃），丝式裂解探头为 100～200 ms（至 500～800℃）；②平衡温度的范围宽，一般为室温至1400℃，而且可连续调节；③裂解参数控制精度高，裂解重复性较好；④可选择丝式或带式探头，以适应不同的样品或研究目的；⑤二次反应少；⑥功能多，除了有瞬时裂解功能外，还有所谓"闪蒸"功能，即先在较低温度（如 270℃）下驱除样品中的溶剂或小分子可挥发物，然后在高温下对样品进行裂解。⑦还有"清洗"功能，将裂解探头加热至 1000℃，以除去残留的样品。

热丝（带）裂解器的缺点是：①铂丝或铂带可能对某些样品的降解有催化作用；②使用过程中铂丝或铂带上会逐渐形成碳沉积层，进而影响平衡温度的准确度，故需定期校正；③铂丝（带）表面的温度难以精确测定。

（2）居里点裂解器　其原理是当铁磁材料置于高频电源产生的电磁场时，吸收射频能量而迅速升温，达到居里点时，铁磁质便转变成了顺磁质，此时能量不再被吸收，温度稳定在该点上。切断电源后温度下降，铁磁性又恢复。据此，将铁磁材料作为加热元件，负载样品后置于一个严格控制的高频磁场中，便可使样品在居里点下裂解。不同铁磁质的居里点不同，因此居里点裂解器是通过组成不同的铁磁质合金来调节裂解温度的。

居里点裂解器有如下优点：①平衡温度精度高，可达±0.1℃，重复性好；②升温时间较短，典型的为 30～100 ms；③铁磁材料的居里点由其组成决定，在使用过程中无须对平衡温度进行定期校正；④进样快速，实验周期短，分析开始前可先在多个样品载体（丝、片或管）上涂或包好样品，然后逐一进行裂解分析；⑤死体积小、二次反应少。

居里点裂解器的缺点如下：①平衡温度受铁磁材料种类的限制，不能像热丝（带）裂解器那样连续调节，一般只有 15 档不同温度的铁磁材料；②居里点裂解器不能像热丝（带）裂解器那样进行多阶裂解，因为改变裂解温度必须更换铁磁材料；③由铁、镍和钴组成的铁磁材料没有铂的惰性好，故可能对样品裂解反应有催化作用；④如果在铁磁材料表面涂一层金，只要涂层足够薄，就可在不影响居里点的前提下消除催化作用，但会增加分析成本；⑤每次进样都需要更换载体，故铁磁材料组成的微小差异及进样条件的不完全重复都可能引起实验误差。由此可见，使用居里点裂解器时应注意进样的重复性，包括样品的形状和样品量。

（3）管式炉（包括微型炉）裂解器　这种裂解器属于连续加热式，样品被置于一个小铂舟内，裂解室为一个长约 10 cm、直径约 8 mm 的石英玻璃管，由其外围的电炉加热到设定的平衡温度。随后，借助推杆将铂舟推到石英管中的固定加热区使样品裂解。此过程载气持续流动，将裂解产物携带至色谱柱进行分离。管式炉裂解器的优点是平衡温度连续可调，且易于控制和测定，适合各种类型的样品，且支持较大的样品量。缺点是升温时间较长，升温速率不可调，死体积大，样品内部温度梯度明显，裂解产物处于热区，二次反应更为严重。因此，传统的管式炉裂解器现在已较少使用。

目前使用较多的是竖式微型炉裂解器，它与传统管式炉裂解器的主要区别在于：第一，将卧式改为立式，使置于铂勺内的样品可借助重力作用迅速降落至热区，实验重复性大为提高；第二，裂解室改为锥形石英管，有效减小了死体积，增加了载气线流速，从而抑制了二次反应。就原理而言，微型炉裂解器与传统管式炉裂解器相似，但实验证明，微型炉裂解器的实验重复性比传统管式炉裂解器提高了四倍。在高分辨率的 Py-GC 中，微型炉裂解器已成为一种应用广泛的高性能装置。

（4）激光裂解器　激光裂解器属于电磁辐射加热型，其原理是来自激光器的激光束经透镜聚焦后，穿过窗片辐照到样品上。样品吸收光能后迅速升温裂解。切断光源后，裂解室很快降至室温，裂解产物则被载气带入色谱柱进行分离。

相较于其他裂解器，激光裂解器具有如下优点：①样品处理简单，不必将样品研成细粉，从而避免了样品处理过程中结构或形态的变化；②相干光束可对很小体积的样品进行裂解，故可对样品的某一部位进行研究；③采用高能脉冲激光束，升温时间很短，1 ms 可升温至 3200℃；④样品裂解后，冷却极快；⑤样品的降解反应仅限于表面，因而裂解产物无须从样品内部向外转移。

基于上述这些特点，激光裂解器在 20 世纪 70 年代早期引起了人们的极大兴趣。但是，它的一些缺点又限制了其应用。首先，采用红宝石或钕固体激光器时，透明或半透明样品不能有效地吸收辐射能，克服这一缺点的办法是在样品中加入石墨或某些金属，或将样品薄膜附在钴玻璃棒上。然而，这些操作不仅烦琐，还可能使裂解谱图复杂化。其次，即使是不透明的样品，也会因颜色不同，吸收辐射能的效率不同，从而导致裂解反应的差异。再者，因为升温时间很短，故样品的实际裂解温度或平衡温度很难精确测定和控制。此外，尽管裂解反应可限于样品表面，但样品内部仍可能形成温度梯度。正因为这样，激光裂解器的发展速度不及前面所述其他裂解器的发展速度快。同时，仪器结构较复杂、成本高也是影响其发展的因素。目前，固体激光裂解器主要应用于有机地球化学研究领域。

3.6.3 应用范围

在应用方面，Py-GC 最早主要用于聚合物分析，包括天然大分子和合成高分子，后来其应用范围不断拓宽，涉及地球化学、微生物学、法庭科学、环境保护、医药分析及文物考古学等多个领域，均取得了显著成效。

根据裂解色谱图进行聚合物定性鉴定，主要采用指纹图谱法，即在标准条件下得到样品的 Py-GC 图，随后在标准谱库中检索，可得到初步的鉴定结果，再用标准聚合物在相同条件下分析，基本可确认鉴定结果。对于结构相似的聚合物，如不同嵌段比或支化结构的共聚物，则需对谱图进行更细致的处理，如鉴定一些特征裂解产物的结构，或做谱图归一化处理，也可比较特征峰相对于内部标准物（如聚苯乙烯）的相对保留时间等。

在有机地球化学研究中，Py-GC 主要用于鉴定沥青和页岩油中的裂解产物，如分析鉴定硫原岩中的有机硫化合物，以探究硫在油气形成过程中的作用。研究发现，从石油中分离出来的沥青裂解后产生的苯并噻吩和二苯并噻吩比噻吩多，而从页岩油中分离出来的沥青的裂解产物却是噻吩浓度高于苯并噻吩和二苯并噻吩，页岩油主要产生噻吩及较少量的苯并噻吩和二苯并噻吩。这些信息不仅可揭示油气的早期形成过程，而且对石油的后期加工炼化有很大的参考价值。因为石油中的硫化物可能会使贵金属催化剂中毒失活，并在燃烧过程中生成环境污染物。

Py-GC 还可用于农业相关研究，如土壤中腐殖酸的分析。土壤中的腐殖酸关乎土壤的肥力，而水体底泥中的腐殖酸也影响水质，与水产养殖业密切相关。如果用焦磷酸钠和氢氧化钠水溶液萃取土壤样品，再用盐酸沉淀除去酸可溶物后用 Py-GC-MS 分析，就可从样品中鉴定出上百种不同成分。腐殖酸的裂解产物包含酚类、烷基苯、四氢萘、甾族化合物、烷烃、丁香醇类、烯烃和脂肪酸等多类化合物，根据它们的组成可区分不同特征的土壤。

Py-GC 还可用于分析生物大分子，包括蛋白质、糖类化合物等。然而，目前 Py-GC 在蛋白质分析方面的应用尚不成熟，仍处于实验阶段，主要包括以下三个方面：①鉴别不同的蛋白质，在 900℃裂解时，可根据 PEG-20M 色谱柱上的裂解谱图区别不同的血红蛋白。②分析蛋白质中氨基酸的含量，或检测是否存在某种氨基酸残基。在 850℃裂解酶时，可根据裂解产物 3-甲基吲哚的产率估算乳酸脱氢酶中的色氨酸残基数。③定性鉴定可疑基体中蛋白质的存在，如将蘑菇的乙醇提取物于 500℃裂解，根据谱图的特征可区别 16 种毒菇。

微生物鉴定也是 Py-GC 的一个应用领域。不同的细菌均有其特征的裂解谱图，故可作为指纹图谱鉴别微生物。相较于形态学、生化指标和动物实验等方法，Py-GC 更为快速简便，且重现性良好。Py-GC 已有效应用于炭疽杆菌、肠道杆菌、铜绿假单胞菌、金黄色葡萄球菌、沙门菌和酵母菌等微生物的鉴别。但由于微生物的裂解谱图比合成聚合物复杂得多，裂解机理尚需更深入地研究，目前还停留在定性分类层面上。

法庭科学也是 Py-GC 应用的一个重要领域。在化学意义上，司法证据鉴定的对象广泛，包括交通事故现场的油漆、轮胎磨损残留物，伤害案件现场的纤维、药物、爆炸物残留，人体血液、尿液、精液（斑）、组织、毛发等。其中，毛发作为司法鉴定的重要物证，是 Py-GC 在法庭科学中最早的应用之一。取 5 cm 长的毛发，在 600℃裂解 5 s，可鉴定出苯、甲苯、苯乙烯、丙腈和丁腈等裂解产物。若以苯、甲苯和苯乙烯三种产物的相对产率统计，就可看出个体样品间的差异。由于不同人毛发中氨基酸的组成各异，故 Py-GC 谱图有类似指纹图谱的功能。

3.7 二维气相色谱法

现代色谱技术作为一种高效的分离手段，在样品分析中扮演着重要角色。然而，面对如石油、生物燃料油、卷烟烟气及生物体液等极为复杂的样品，传统一维色谱技术显得"力不从心"，需要用多根色谱柱的组合实现完全分离。因此，多维色谱技术的开发和应用显得尤为重要。第二根色谱柱与第一根色谱柱具有不同的固定相或选择性。这样，混合物在第一根色谱柱上预分离后，将需进一步分离的组分转移到第二根色谱柱上进行更为有效的分离，这就是多维色谱的基本思想。

经历了几十年的发展，多维分离技术理论上可从二维到六维，但目前实际研究和应用的多为二维分离技术。首先，只有当第二根色谱柱能提供比第一根色谱柱更为有效的分离，且能获得更多的定性定量信息时，才被称为二维技术。实现此目的的途径有两种。第一种是采用不同的色谱柱，包括：①柱尺寸不同，如第一维的 GC 用填充柱进行预分离，第二维 GC 用开管柱实现完全分离；②固定相不同，如第一维 GC 采用非极性固定相将混合物按沸点分为几组，第二维 GC 采用相对极性的固定相或特殊选择性的固定相实现每组的进一步分离；③柱容量或相比不同，如第一维 GC 柱容量大，对大量的样品进行预分离，第二维 GC 则采用柱容量相对小，但柱效更高的色谱柱进行更详细的分离。第二种是采用不同的操作条件，如不同的升温程序和不同的载气流速，这往往需要较为复杂的仪器设备，如两个柱温箱，甚至相互独立的控制系统。

目前，多维 GC 的模式大体分为两类，即部分多维分离和全多维分离。前者指第一维 GC 图上只有部分组分进入第二维 GC 进行二次分离，即所谓"中心切割"技术（GC+GC）。后者则是将第一维 GC 分离后的所有组分都送入第二维 GC 进行二次分离，即所谓"全二维"技术（GC×GC）。

3.7.1 中心切割二维气相色谱法

目前商品化的带有中心切割的多维 GC 仪器，普遍采用两个柱温箱，一维和二维色谱柱用一个中心切割部件（Deans Switch）连接，第一维分离的峰含有多个组分，需要切割到第二维进一步分离。理论上，每个中心切割应有一个专门的第二根柱。然而，实际应用中常通过增加中心切割的次数实现对感兴趣组分的分离。当此峰流出第一维色谱柱时，通过"中心切割"引入一个压力切换装置，实现在同一台仪器上完成两根色谱柱的工作。当样品进入第一维色谱柱时，压力切换装置将其截取并输送至第二维色谱柱上进行第二次分离，而样品中的其他组分或被放空或被中心切割。其中关键的技术有两部分：一是如何将第一维 GC 流出的组分准确地切割到第二维 GC；二是如何减小进入第二维 GC 时的样品谱带宽度。前者最早是用阀切换实现的，但阀体的死体积、内表面的惰性及阀体的温度都对要切换的组分有影响，后来采用气压控制的所谓"活"柱切换系统，显著改善了性能；后者则是采用冷冻聚焦装置予以解决。

3.7.2 全二维气相色谱法

全二维(GC×GC)气相色谱法要将第一维 GC 流出的组分全部转移到第二维 GC 进行分离，故要求第二维 GC 应有足够快的分析速度，通常采用内径较小且长度较短的开管柱。两柱分别安装在两个柱温箱中，温度独立控制（图 3-8）。两柱之间的接口十分重要，虽然中心切割技术所用装置也可用于 GC×GC，但其操作速度（从第一维 GC 到第二维 GC 的转移速度）难以满足复杂样品多维分析的要求。在 GC×GC 中，接口必须具备三个功能：①它必须在第一维 GC 分离进行的同时，将前一个流出的组分捕集浓缩；②接口应是第二维 GC 的进样装置，确保样品以很窄的谱带转移到第二维 GC 的柱头；③接口的聚焦和重新进样必须能严格重现，且对不同组分没有"歧视"效应。为满足这些要求，有研究者设计了一种冷冻捕集调制器接口，该调制器采用一段外表面涂有导电涂料的石英毛细管，通过电流控制其温度。由于毛细管的热容很小，导电涂料又能与柱外表面很好接触，故可快速改变温度。当捕集来自第一维 GC 的组分时，接口处于低温或室温，捕集时间可按气体情况设置为 2～60 s，然后在适当时刻通电加热，将捕集的组分快速气化导入第二维 GC。为使两根色谱柱的分析时间相匹配，第一维要采用比较长的色谱柱，第二维则用较短的色谱柱。

GC×GC 是气相色谱技术的一次革命性突破，它有如下特点：①分辨率高、峰容量大。在一个正交的 GC×GC 系统中，系统最大峰容量为组成它的两根色谱柱峰容量的乘积，分辨率为两根色谱柱分辨率平方加和的平方根。②分析时间短。使用两根不同极性的柱子，样品更容易分开，总分析时间反而比一维色谱短。③定性可靠性显著增强。大多数目标化合物和化合物组可基线分离，减少了干扰。

二维 GC 所用检测器与常规 GC 相同，但由于其分析的样品组成复杂，定性鉴定工作量大，故越来越多地使用质谱检测器（MSD）。特别是用 GC×GC 分析燃料油、多氯联苯、卷烟烟气等样品时，多与响应速度快的四极杆飞行时间质谱联用。

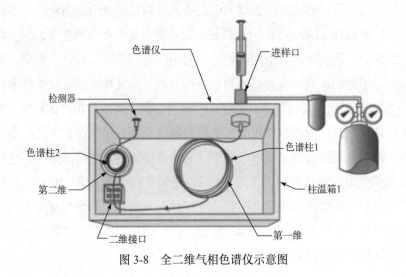

图 3-8　全二维气相色谱仪示意图

3.8　气相色谱法的应用案例

3.8.1　化学药品中挥发性有机化合物的检测

化学原料药生产过程中会使用大量的有机溶剂，这些有机溶剂均有残留的可能，应进行残留量的研究。《中国药典》（2025 年版）对多种挥发性有机化合物设定了详细的要求，化学原料药制备工艺中可能涉及的残留溶剂主要来源有合成原料或反应溶剂、反应副产物以及由合成原料或反应溶剂引入的杂质。其中，合成原料或反应溶剂是最常见的残留溶剂来源。

GC 法具有检测灵敏度高、选择性好的特点，该法所需的样品量较少，可满足所有残留溶剂测定的要求。采用 GC 法时，需根据药物和待测溶剂的性质，通过方法学研究确定合适的检测条件。由于通常要同时检测多种溶剂，为便于操作和简化流程，建议尽量采用同样的检测条件控制多种类的残留溶剂。通常情况下，沸点低的溶剂建议采用顶空进样法，沸点高的溶剂可采用溶液直接进样法，当样品本身对测定有影响时，也建议采用顶空进样法。

中国计量科学研究院食品安全计量研究室研究团队针对化学药品中 10 种常见挥发性有机化合物，开发了顶空气相色谱的分析方法，用于有机化合物标准物质的研制。具体色谱条件见表 3-4，典型色谱图见图 3-9，该方法的检出限极低（表 3-5），范围在 0.01～1.28 μg/g 之间。

表 3-4　色谱条件

顶空进样条件		GC 色谱条件	
进样环容积	1 mL	进样口温度	120℃
顶空瓶压力	10 psi❶	进样口压力	10 psi
顶空温度	90℃	分流比	无
进样环温度	100℃	载气	氮气
传输管温度	120℃	流量	1 mL/min
平衡时间	15 min	后运行	0 mL/min
振荡	高速	色谱柱	DB-624 （30 m×0.32 mm）
GC 循环时间	13 min + 6 min	柱温	40℃, 5 min; 20℃/min 至 200℃
加压时间	0.15 min	检测器温度	FID 250℃
进样环填充时间	0.2 min	空气流量	400 mL/min
进样环平衡时间	0.05 min	氢气流量	30 mL/min
进样时间	0.5 min	点火补偿	2.0 pA

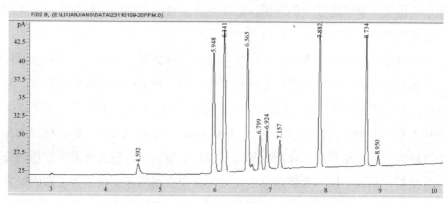

图 3-9　10 种挥发性有机化合物的 GC 色谱图

表 3-5　10 种挥发性有机化合物的方法学验证结果

分析物	沸点/℃	保留时间/min	检出限/(μg/g)	定量限/(μg/g)	线性范围/(μg/g)	线性方程	线性系数 R^2
甲醇	65	4.59	1.28	2.56	2.56～49.02	$Y=0.2568X-0.2418$	0.9999
乙醇	78	5.95	0.12	0.23	0.23～44.96	$Y=2.4836X-0.4306$	0.9998
乙醚	35	6.14	0.02	0.05	0.05～8.06	$Y=6.0417X-0.2432$	0.9992
丙酮	56	6.56	0.06	0.12	0.12～46.06	$Y=2.4467X-0.8473$	0.9980
异丙醇	82	6.80	0.11	0.23	0.23～43.94	$Y=0.6645X+0.0122$	0.9999

❶ 1 psi=6.895 kPa。

分析物	沸点/℃	保留时间/min	检出限/(μg/g)	定量限/(μg/g)	线性范围/(μg/g)	线性方程	线性系数 R^2
乙腈	82	6.92	0.24	0.60	0.60~46.06	$Y=0.6645X+0.0122$	0.9994
二氯甲烷	40	7.16	0.23	0.58	0.58~44.62	$Y=0.5005X-0.0522$	0.9992
正己烷	69	7.88	0.01	0.02	0.02~3.98	$Y=6.2748X+3.0491$	0.9966
乙酸乙酯	77	8.73	0.12	0.24	0.24~46.81	$Y=1.8539X-0.4625$	0.9988
氯仿	61	8.95	0.58	1.17	0.58~44.76	$Y=0.1487X+0.0238$	0.9999

3.8.2 鸡蛋中氟虫腈残留物的检测

氟虫腈是苯吡唑类的一种广谱杀虫剂，因其对无脊椎动物的高毒性及持久的作用效果，在农业和室内害虫控制中得到了广泛应用。据报道，氟虫腈可降解为三种主要产物，其中一些产物的毒性比母体还强，包括光解产生的氟甲腈、还原产生的氟虫腈硫醚、氧化产生的氟虫腈砜。2017年6月，欧洲被曝出氟虫腈污染毒鸡蛋的新闻，几十万枚鸡蛋流入市场，欧盟15个成员国都未能幸免。后来，我国和韩国的鸡蛋均有报道受到氟虫腈污染，全球大面积鸡蛋被污染引起极大的恐慌。而当时我国食品安全国家标准中既未规定鸡蛋中氟虫腈的限量标准，也未制定相关的检测方法标准，且缺乏相应的基体标准物质。

阅读材料3-1
基于气相色谱-质谱技术检测鸡蛋中氟虫腈及其代谢物

为了保障食品安全和人民身体健康，亟待建立一种快速、精密、可靠的检测鸡蛋中氟虫腈及其代谢物的方法。中国计量科学研究院食品安全计量研究室研究团队第一时间启动了应急响应，开发了一种基于GC-MS/MS分析的可靠耐用的前处理方法，用于富集鸡蛋中的氟虫腈和3种代谢物。采用的仪器为Agilent公司的6890-7000B，色谱柱为DB-5MS。在经过蛋白质沉淀、液相萃取、液液反萃取和固相萃取后，分析物通过气相色谱分离，质谱多反应监测模式测定。这一鸡蛋中氟虫腈和代谢物检测的基于电子轰击源的气质检测方法，应用于氟虫腈硫醚和氟虫腈分析，可在15min内实现基线分离（R=2.45，图3-10）。

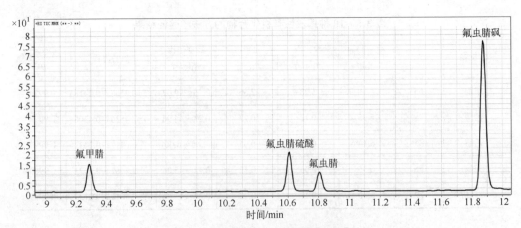

图3-10 氟虫腈及3种代谢物的气相色谱图

【本章小结】

Summary　This chapter introduces the concept, hardware, characteristics, and development history of gas chromatography. Gas chromatography is a form of chromatography in which gas is the moving phase and separation is realized with different distribution coefficients of volatile components between the stationary and the mobile phases. Since its invention in 1952 by Martin and Synge, gas chromatography technology has undergone fast development and progress, with milestones including the flame ionization detector, capillary column, column heating, fused-silica column, comprehensive gas chromatography and so on. Gas chromatography boasts high efficiency, sensitivity, and speed, enabling simultaneous separation and analysis. It is especially suitable for complex field analysis, including petrochemicals, pharmaceuticals, and food, among others, and has become one of the most crucial branches in analytical chemistry. Through studying this chapter, we can comprehend the principles and classifications of gas chromatography and its applications in various fields, laying a solid foundation for further in-depth study of gas chromatographic techniques.

 【复习题】

1. 常见的气相色谱检测器有哪些？它们的特点是什么？
2. 典型弱极性、中等极性和强极性色谱柱有哪些？
3. 全二维气相色谱法的优势是什么？缺点有哪些？

 【讨论题】

1. 偶氮苯、四氯化碳、马拉硫磷更适合用哪些检测器？
2. GC 法开发中最常用的色谱柱采用哪种固定液？

团队协作项目

气相色谱法在农药残留检测中的应用

【项目目标】　通过团队合作，以食品安全国家标准 GB 23200 系列为例，深入了解气相色谱分析技术在农药残留分析中的应用，探索气相色谱技术在解决实际食品检测问题中的具体应用。例如，哪些标准方法使用了气相色谱技术？哪些农药检测方法使用了气相色谱技术？哪种色谱柱使用频率高？哪种检测器使用频率高？

【团队构成】　4 个小组，每组 3～5 名学生。

【小组任务分配】

1. 气相色谱技术在国家标准 GB 23200 系列中的应用研究小组（任务内容：了解食品安全国家标准体系构成；统计和总结 GB 23200 系列标准中使用气相色谱技术的清单）。

2. 国家标准 GB 23200 系列中农药种类研究小组（任务内容：统计 GB 23200 系列标准中使用气相色谱技术进行检测的农药清单；根据农药清单进行分类，气相色谱技术适合哪些种类农药的检测？）。

3. 国家标准 GB 23200 系列中气相色谱柱研究小组（任务内容：统计 GB 23200 系列标准中使用气相色谱柱种类的清单；根据使用频率，并将气相色谱柱排序）。

4. 国家标准 GB 23200 系列中气相色谱检测器研究小组（任务内容：统计 GB 23200 系列标准中使用气相色谱检测器种类的清单；根据使用频率，并将检测器排序）。

【成果展示】 各小组分别准备一份报告，总结统计和分析结果，并在团队会议上进行展示。

【团队讨论】 团队对各小组的研究成果进行讨论，形成最终的合作报告，并提出气相色谱技术在农药残留检测中的优势和局限性。

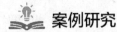 案例研究

揭秘泥土的清香

阵雨之后，我们总能在空气中闻到一股沁人心脾的"泥土的芬芳"，这个味道清新自然，让人总是忍不住多呼吸两口。那么，"香味"到底是什么物质呢？请团队利用所学的气相色谱知识，设计实验方案进行揭秘。

案例分析：

1. 泥土可以采用哪种进样方式？
2. 色谱柱优先选用哪种固定液？
3. 选用哪种检测器有更好的定性能力？

参考文献

[1] 刘虎威.气相色谱方法及应用[M]. 3 版. 北京：化学工业出版社，2023.

[2] Harold M M, James M M, Nicholas H S. Basic gas chromatography [M]. 3th ed. New York: Wiley, 2019.

[3] Colin F P. Gas chromatography [M]. 2th ed. Amsterdam: Elsevier , 2021.

[4] Wang J, Lu X G, Zhang Z X, et al. Application of chemical attribution in matching OPNAs-exposed biological samples with exposure sources- based on the impurity profiles via GC ×GC-TOFMS analysis [J]. J Chromatogr A, 2024, 1718: 464718.

[5] Lia X J, Lia H M, Ma W, et al. Development of precise GC-EI-MS method to determine the residual fipronil and its metabolites in chicken egg [J]. Food Chem, 2019, 281: 85-90.

（李先江　编写）

第4章　高效及超高效液相色谱法

学习目标

掌握：化学键合固定相、流动相种类及选择、梯度洗脱、常用检测器及工作原理；

熟悉：仪器装置、常用固定相类型与分离模式、仪器日常维护、高效液相色谱法与超高效液相色谱法的差异；

了解：高效液相色谱法发展简史、特点，各种新型色谱固定相及检测器；

能力：根据不同复杂样品的特性，建立 HPLC 分析方法，并对结果进行优化和计算。

开篇案例

净土重生：高效液相色谱法助力土壤污染防治

在这片广阔的土地上，土壤孕育着无数生命的奇迹支撑着一个生生不息的世界。然而，随着人类工业化进程的加速，土壤的宁静被打破。污染物的持续入侵让这片曾经肥沃的土地承受了不该有的重负。在追求丰收的渴望中，农户们大量喷洒农药防治病虫害，希望借此守护作物的成长。但过度的使用却带来了意想不到的后果，草甘膦等农药残留悄然渗透进土壤的每一寸肌理，不仅影响了土壤的健康，也给我们的健康埋下了隐患。近些年来，草甘膦被国际癌症研究机构列为 2A 类致癌物。因此，国家及时出台了相应的检测方法——中华人民共和国国家环境保护标准中的《土壤和沉积物　草甘膦的测定　高效液相色谱法》。这是一场对土壤的救赎之旅，科学家们用精密的仪器和巧妙的方法，提取、净化、衍生化，最终在高效液相色谱荧光检测器的帮助下，准确地捕捉到了草甘膦的踪迹。这个故事不仅展现了科学的力量，更是一个关于守护与恢复的动人篇章，它告诉我们，只要我们行动起来，土壤的明天依然可以充满希望。

4.1　概述

4.1.1　高效液相色谱法发展简史

高效液相色谱法（high performance liquid chromatography, HPLC）又称为高压液相色谱

法或高速液相色谱法，是 20 世纪 60 年代在经典液相色谱法和气相色谱法基础上发展起来的一种实用分离分析技术。

从 20 世纪初期俄国植物学家 Tswett 提出色谱法后，相当长的时间内，液相色谱法进展缓慢，这主要是柱内填料颗粒过大、分离效能欠佳、重复性差、分析时间长等因素所致。如何解决这些难题是当时人们面临的主要挑战。直到 20 世纪 50 年代，色谱技术才迎来转机。首先，气相色谱法在色谱理论和实验技术上迅速崛起，20 世纪 60 年代末，科研人员把气相色谱中的系统理论与实践经验应用于液相色谱，成功研制了细粒径固定相的高效能液相色谱柱，极大提高了分离能力。其次，采用高压泵替代传统重力作用输送流动相，显著提高了分析速度和效率。再次，光学检测器的利用，使色谱法由最初以分离为主要目的，发展成为可同时完成分离和分析的重要技术手段。此外，六通进样阀应用于高效液相色谱法后，重现性取得了突破。通过改变样品定量环尺寸，进样体积更加灵活，这也促进了后来进样器的自动化程度。20 世纪 70 年代中期，HPLC 越来越多地被用于各个领域，用户对高通量分析的需求日益增长，手动进样方式越来越不能满足需求。因此，第一台市场化的 HPLC 自动进样器应运而生，它使用旋转托盘中的管状小瓶，通过一根针刺穿瓶盖，同时用一个套环将瓶盖向下推入小瓶，从而将样品送入进样环中。该系统可对小瓶进行 1~3 次取样。20 世纪 70 年代末，多数主要供应商都推出了自己的自动进样器。

随着 HPLC 在分析领域越来越受到重视，仪器公司均形成了各自的优势，因此早期的许多色谱用户希望将这些优势整合起来：将最好的泵与最好的进样器、最好的检测器等集成在一起，目的是构建一个具备快速可互换（或可升级）模块的高级系统，也就是模块化概念。为了满足这一需求，一些制造商决定开发可优化性能的独立模块。其中，Milton Roy 公司成为许多 HPLC 公司和个人用户的模块供应商。但随着 HPLC 的进一步发展和普及，仪器设备的中央控制则变得更有意义，模块化概念慢慢失去市场，一个主要原因是模块之间无法相互通信，另一个驱动因素是用户发现梯度洗脱是必不可少的操作，而这是推动中央控制系统发展的又一重要因素。1978 年，第一款集成的高效液相色谱系统问世，它将低压单泵梯度功能、微处理器控制、用于设置方法的键盘和显示器整合到一个单元中，标志着高效液相色谱法进入了集成时代。

随着技术的不断进步，HPLC 从 20 世纪 90 年代开始成为最常用的分离和检测手段之一，在化学化工、医药卫生、食品科学、环境监测等诸多领域都有广泛应用。复杂分离分析问题的不断提出，促进了 HPLC 新型固定相、检测技术、数据处理技术及色谱理论的持续发展。

2004 年初，科研人员研发了更小粒径（小于 2 μm）填料的色谱柱，与常规的色谱柱（5 μm）相比，死体积更小，分离效果更好。然而，为了发挥小粒径色谱柱的优势，配套设施也需要更新，如超高压输液泵、降低死体积的自动进样器、高速检测器等，否则普通高效液相色谱仪中较大的扩散体积将限制小粒径色谱柱的性能。因此，各大公司开始推出超高效液相色谱系统。填料的合成技术、颗粒的筛分技术、筛板及色谱柱硬件技术的提高，确保了在更高的压力下装填色谱柱的质量与性能。超高压输液泵主要解决的问题是超高压下溶剂的压缩性及绝热升温；自动进样器主要解决死体积和减少交叉污染问题；高速检测器需要在更短的时间内对更多色谱峰进行采集，频率至少应在 10 Hz，还需要降低样品在检测池内的驻留时间。当然，更高的信噪比也是新型检测器追求的目标。目前，超高效液相色谱法仍在迅猛发展。

当下，无论是高效液相色谱技术还是超高效液相色谱技术，研究热点主要集中在几个方面：新型固定相和检测器；多维色谱；仪器的自动化、智能化及联用。如通过与质谱联用、梯度洗脱、柱切换技术、与分子生物学相结合等，在分析检测中发挥重要作用。而多维高效液相色谱法，除具有改变流动相种类和浓度的优点外，还可改变固定相种类、键合度、粒径、柱长及柱径等。这些技术都使高效液相色谱法有了长足的进步，为其开拓了更广阔的应用领域。

4.1.2　高效液相色谱法的特点

（1）**分离效能高**　一根普通高效液相色谱柱可分离十几种物质；同时柱效也高，以理论塔板数计算，柱效可达到 5000 以上。

（2）**速度快，压力高**　一般情况下，分析在一小时内即可完成，最快的甚至只需几分钟；色谱柱入口压力在 15～30 MPa，甚至可达 45～50 MPa。

（3）**重复性好**　因为样品运行参数是自动化执行的，因此不同的运行会产生非常相似的结果，这样就可保证分析结果的稳定性和可靠性，结果误差能控制在 2%以内。

（4）**灵敏度高**　微升数量级的样品量就足以进行全分析。

4.1.3　高效液相色谱法的类型、应用范围与局限性

依据分离机制的不同，高效液相色谱法可分为液-液色谱法、液-固色谱法、离子对色谱法、离子交换色谱法、体积排阻色谱法等。

（1）**液-液色谱法**　流动相为液体，固定相是硅胶或其他载体上的液膜。待分析组分随流动相进入色谱柱后，通过在两相之间反复分配，达到最终分离。两种液相的极性需有差别，如流动相的极性小于固定液的极性（正相液-液色谱法）时，适用于分离极性化合物，极性越小的物质，流出色谱柱越快；当流动相的极性大于固定液的极性（反相液-液色谱法）时，主要分离非极性或弱极性化合物，极性越大的物质，流出速度越快。在使用过程中色谱柱被大量流动相冲洗，固定液流失不可避免，进而导致保留值减小、选择性变差。为了减少固定液的流失，除了选择对固定相溶解度小的流动相外，还应在使用前对固定相进行饱和处理，并控制流速不宜过快，保持柱温稳定及选择适当的进样量。即便如此，完全避免固定液的流失也是不可能的。因此，近年来，涂覆的固定相逐渐被键合固定相所取代。

（2）**液-固色谱法**　它是以固体吸附剂为固定相，通过待分析组分在固定相上的吸附能力不同实现分离的色谱方法。常用固体吸附剂主要包括硅胶、氧化铝、分子筛和活性炭等。这种色谱法适合分离能溶于有机溶剂且具有中等分子量的组分。在分离异构体方面，液-固

色谱比其他液相色谱具有更高的选择性，但对于同系物或某些烷基取代物，其分离能力较弱，且由于非线性等温吸附的影响，常出现峰拖尾现象。

（3）**离子对色谱法**　它是在流动相中加入一种与组分离子电荷相反的离子，使其与组分离子形成离子对，进而产生一定保留值的色谱方法。该方法也可分为正相离子对色谱法和反相离子对色谱法，其中反相离子对色谱法应用较为广泛，通常以含低浓度反离子的水溶液或水溶性缓冲液为流动相，以非极性的烷基键合相为固定相，用于分离极性较小的样品。这种方法不仅能分离离子型及可解离的化合物，而且能在同一色谱条件下，同时分离离子型和非离子型两类化合物。影响离子对色谱法分离效果的主要因素包括离子对试剂的种类和浓度、pH值、冲洗溶剂种类与浓度、体系中无机盐的浓度与离子强度。此外，固定相的种类和温度也会影响离子对色谱法的保留。

（4）**离子交换色谱法**　该方法是基于离子交换树脂上可发生电离的离子与流动相中相同电荷的组分发生可逆交换，根据交换能力的不同，从而产生分离。它主要用于分离可解离的化合物，不仅适用于无机离子的分离，还可用于有机物的分离，多用于核酸、氨基酸和蛋白质等的分离。虽然离子交换色谱具有较高的分离效率，但由于使用的淋洗液几乎都是高电导的物质，因此难以用电导检测法区分淋洗离子和待测离子，一般只能采用紫外-可见分光光度法进行检测。由此可知，它仅限于测定在单个紫外光区或可见光区有吸收的离子，或通过适当衍生化生成在此区间有吸收的离子，不能同时测定多个成分。

（5）**体积排阻色谱法**　又称凝胶色谱法，它是根据试样中各组分的大小和形状不同进行分离的。之所以称为凝胶，是因为其固定相是含有不同尺寸的孔穴和立体网状结构，且化学性质十分稳定的物质。该方法适用于分离分子量大的分子，如蛋白质等，可快速测定高聚物的分子量分布和各种平均分子量，也可用于较小分子量混合物的分离，在蛋白质的分离纯化方面表现出色。但体积排阻色谱法的峰容量有限，一般色谱图只能容纳 10~12 个峰，而不像其他液相色谱法那样可同时分离几十个化合物。另外，该方法也不能用于分析分子大小组成相似的组分，如同分异构体。只有当待分析物和填料表面之间没有任何相互作用时，体积排阻色谱法才能严格按照分子的大小进行分离，如果出现吸附等现象，则可能导致非理想状态的分离结果。

目前，HPLC广泛用于药品有效成分分析、杂质检测、药物代谢和药代动力学研究，毒品与毒物分析等法医学检测，食品添加剂、污染物、营养成分等检测，水、土壤和空气中的污染物等环境监测分析，以及蛋白质、核酸和其他生物大分子的分离和分析。此外，在汽油、柴油等石油化工产品的各种组分分析中也较为常用。但该方法也存在一定的局限性，如许多样品在分析前需要复杂的样品制备过程；不同检测器对不同类型的化合物有不同的灵敏度，可能需要配备多种检测器；HPLC设备昂贵，运行和维护成本较高；尽管HPLC比传统的液相色谱快，但某些复杂样品的分析时间仍然较长；流动相中使用的有机溶剂对环境有污染等。

4.1.4　高效液相色谱法与其他色谱方法的比较

与 GC 相比，HPLC 不受样品的热稳定性影响，尤其适合分离和分析大分子、离子型化合物及热不稳定化合物等。在 HPLC 法中，样品在流动相和固定相中均发生选择性的保留，而在 GC 中只有固定相有选择性，因此，在 GC 中难分离的化合物，在 HPLC 中可能更容易实现分离。此外，HPLC 中的固定相种类多于 GC，HPLC 的分离温度也低于 GC，HPLC 还能提供 GC 中无法使用的检测器，如紫外检测器、荧光检测器、电导检测器等。此外，HPLC 对于样品的回收也比 GC 容易。

与毛细管电泳法依靠电场驱动携带样品相比，HPLC 靠高压泵输送流动相携带样品。HPLC 适用于小分子、药物、代谢物等的分析，而毛细管电泳法更适用于大分子和手性分子的分离。两种技术相比，HPLC 具有灵敏度高、重复性好等优点，但对样品的前处理工作比较烦琐，而毛细管电泳法具有样品需求量少、分离效率高、分析速度快等优点，但重复性和灵敏度不如 HPLC。总的来说，HPLC 和毛细管电泳法具有各自的优点和适用范围，选择哪种技术取决于分析样品的性质、分离和检测要求及实验室的设备条件等因素。

4.2　高效液相色谱仪的组成部分

高效液相色谱仪由输液系统（泵）、进样系统（进样器）、分离系统（色谱柱）、检测系统和数据记录系统等组成，有些资料将检测系统和数据记录系统归为一体，统称检测系统。

4.2.1　输液系统

输液系统由储液瓶、过滤脱气装置、高压输液泵、梯度洗脱装置组成。

（1）储液瓶　用于存放洗脱液的容器称为储液瓶，高效液相色谱仪一般配备 2～4 个储液瓶，其容积为 0.5～2 L，材质应耐腐蚀，常用玻璃、不锈钢或表面喷涂聚四氟乙烯的不锈钢储液瓶。在制备型 HPLC 中，储液瓶的容积会更大。储液瓶放置位置应高于泵体，以保持一定的静压差。使用过程中，储液瓶应保持密闭，一是防止溶剂蒸发引起流动相组成变化，二是防止空气中的氧气、二氧化碳等溶解到已脱气的流动相中。

（2）过滤脱气装置　流动相中不可避免地含有微小固体颗粒，肉眼难以察觉，它的存在会造成活塞和单向阀损耗，流进色谱柱后还会造成柱头垫片微孔的堵塞，从而降低柱效，缩短色谱柱寿命。因此，所有溶剂在使用前必须经 0.45 μm 或者更小孔径的滤膜过滤，以除去杂质。过滤用的装置是 G4 微孔玻璃漏斗，漏斗上覆一片微孔滤膜。滤膜的材质和孔径有多种，可根据流动相选择。过滤脱气装置兼具过滤和脱气双重功效，又称减压抽滤装置，一般由 300 mL 过滤杯（上杯）、放置直径 50 mm 微孔滤膜的过滤基座（中杯）、1000 mL 抽滤瓶（下杯）和减压抽滤泵组成（图 4-1）。

图 4-1　减压抽滤装置

　　流动相进入高压泵前还应预先除去溶解在其中的气体，因为柱后压力的骤然下降会迫使溶解在流动相中的空气形成气泡，进而干扰检测信号。此外，氧气在低波长处有紫外吸收，会造成 190～220 nm 附近的基线波动。常用脱气方法有真空脱气法和超声脱气法。

　　① 真空脱气法。真空脱气机由一个四通道（4 个管状半透膜）真空箱配合一个真空泵构成（图 4-2）。真空脱气机运行后，可使真空箱内产生一定真空，流动相在流过真空箱中的管状半透膜时，溶剂中溶解的气体将透过半透膜，自动进入真空箱，达到脱气目的。真空度可通过压力传感器测定，真空脱气机根据压力传感器的信号选择运行或关闭以维持真空状态。

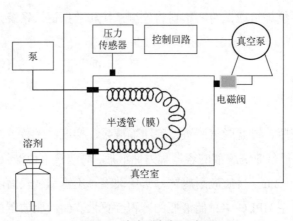

图 4-2　真空脱气机示意图

　　② 超声脱气法。将装有流动相的储液瓶置于超声波清洗器中，以水为媒介进行超声脱气。该方法简单易行，但仅对甲醇和水的混合流动相脱气效果较好，若是乙腈和水的混合物，则脱气效果不明显。因此，目前仍主要采用在线真空脱气法。

　　（3）高压输液泵　由于色谱柱均采用了细粒径的填料，会产生较高的液压，因此，高压输液泵必须满足以下要求：泵体材料应耐化学腐蚀，常采用耐酸不锈钢或耐酸碱腐蚀的聚醚醚酮(PEEK)材料；应耐高压，耐压能力在 40～50 MPa/cm^2，且能连续工作 8～24 h；

输出流量宽，填充柱 0.1～10 mL/min（分析型）、1～100 mL/min（制备型），微孔柱 10～1000 μL/min（分析型）、1～9900 μL/min（制备型）；输出流量稳定、重复性高，流量控制的精密度应不大于 1%，最佳为 0.5%。

① 往复式柱塞泵。它由液缸、柱塞、单向阀和驱动器等组成。驱动器（减速器、马达、驱动凸轮）带动小柱塞，在密封环封闭的液缸中，以一分钟几十次到一百多次的频率往复运动。当小柱塞自液缸内抽出时，出口单向阀因管路中流动相的压力关闭，流动相自入口单向阀吸入液缸；当小柱塞被推入时，入口单向阀锁死，流动相经压缩从出口单向阀流出，如此重复，压力逐渐提高至平稳。泵的输出流量，可借助柱塞往复运动的距离或马达的速度进行控制。柱塞这样的往复运动特性，对密封环的耐磨性及单向阀的精度和刚度均有较高要求。密封环通常由聚四氟乙烯加各种添加剂制造而成，而单向阀的球、阀座及柱塞杆由红宝石制成。往复式柱塞泵分为单、双、三及多头柱塞型，柱塞越多，流速越稳定，但随之带来的故障和维修问题也会增加，因此，目前常用双柱塞往复泵。因为往复式柱塞泵的液缸容积不大，便于维护和保养，适合梯度洗脱，所以被广泛应用于高效液相色谱仪中。

② 注射型泵。又称为电动螺旋泵或螺旋注射泵，是利用步进电动机通过齿轮螺旋杆转动，带动活塞匀速移动，从而输出恒量的流动相。其优点是无脉冲，不受外力影响，密封环磨损小；缺点是液缸大，一旦需换流动相，清洗麻烦，不适合梯度洗脱，已较少采用。

（4）梯度洗脱装置　流动相注入液相色谱仪的方式（洗脱方式）分为等度洗脱和梯度洗脱。等度洗脱是在同一分析周期内流动相的组成和配比保持不变，一般用于分析组分较少或性质相似的样品。梯度洗脱是在一个分析周期内通过程序控制流动相的配比或组成，如溶剂的极性、离子强度和 pH 等，适用于分析组分较多或性质复杂的样品。梯度洗脱与 GC 的程序升温相似，都是为了改善组分之间的分离度、缩短分析周期、改善峰形、提高灵敏度而制定的策略。根据流动相的混合点是在高压泵之前还是高压泵之后，梯度洗脱装置可分为低压梯度和高压梯度洗脱装置。

① 低压梯度洗脱装置。它是在常压下先将溶剂按程序混合，再用高压输送至柱系统。优点是简单、经济，只需使用一个输液泵，所用溶剂的通道数无限制；缺点是驻留体积较大，下次分离前需较长时间平衡，不适用于低流速梯度洗脱，同时也容易在混合时产生气泡。

② 高压梯度洗脱装置。由两个或三个高压输液泵组成，每台泵输送一种溶剂。溶剂在混合室混匀后，再输入色谱柱。优点是驻留体积小、精密度高，能有效获得陡峭的梯度；缺点是泵的个数多，成本高。

4.2.2　进样系统

进样系统是高效液相色谱仪的重要组成部分，它要求样品能以尽量小的体积出现在柱头中心，且不能有空气进入，密封性要好、死体积小、重复性高、进样过程中对色谱体系的液压和流量几乎无影响。如果进样系统性能不佳，柱效再高的色谱柱也不可能获得合格的分离效果。目前常用的进样方式有六通进样阀和自动进样器两种。

（1）六通进样阀 由固定底座和圆形密封垫组成（图4-3）。当六通阀处于充样"load"位置时，用微量注射器将试样注入定量环，手动转动六通阀至进样"inject"位置，样品处于进样状态，定量环内的样品被流动相带入色谱柱。整个进样过程中，流动相是经过定量环的，且按照样品进入六通阀相反的方向流过定量环，减少了柱外的谱带展宽。该进样方式的注射器需手动注射，注射器为平头，可紧贴进样阀的进样通道内，密封性良好。然而，转动转子时会出现短暂的流动暂停，不可避免地增大了流路中的压力。因此，转动的过程要快，不能有中间停留，防止高压对柱头造成破坏。圆形密封垫常见的材料为聚醚醚酮和聚四氟乙烯复合材料。进样体积由定量环控制，分部分装液和完全装液两种情况。部分装液时，进样量最多为定量环容积的一半，如 50 μL 的定量环最多上样 25 μL 样品。这是由于液体黏度的影响，定量环中心的流速高于靠近环壁的流速，进样量太大，容易导致样品流失而不准确。完全装液时，考虑到样品进入定量环时，不可能立即完全取代原有溶液，进而造成误差，因此，为了保证样品的进样量准确，需要进样超过定量环 3~5 倍的容积，如 50 μL 的定量环需要 150~250 μL 的样品溶液，尤其是外标法测定时，更需要如此操作。此外，为了保证两次进样间互不干扰，上样前，需要用 1 mL 的流动相冲洗定量环。最后，考虑到死体积的影响，应根据分析需要随时更换合格的定量环。

视频4-1
进样器

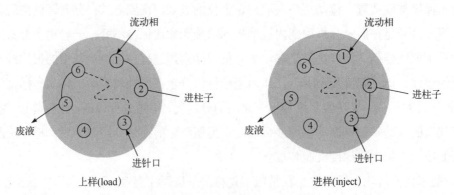

图 4-3　六通进样阀工作示意图

（2）自动进样器 为了提高进样重复性，在大量样品分析时节省人力，实现自动化，自动进样器应运而生。它由计算机自动控制定量阀，按照预先编制的程序完成取样、进样、复位、清洗管路等操作，一次可进行几十个甚至上百个样品的连续分析，进样量也可连续调节。其核心仍是六通进样阀，主要有以下三种进样设计：①吸取进样，将样品抽取到定量环中，然后通过阀切换将样品注入色谱柱，这种方式设计简单，但进样瓶和定量环之间存在连接管路，因此需要一定的样品量保证定量准确性；②推注进样，样品进入注射器后，经低压密封口到达定量环，无多余的样品损失；③内置进样，定量环的连接管路会在样品瓶和六通阀的高压密封口之间进行切换，既不损失样品也不会有残留。

无论是手动进样还是自动进样，进样器都是整个色谱系统的重要组成部分，因此，当定量环体积发生变化时，如果是梯度洗脱，应考虑是否更正梯度程序以适应驻留体积的变化。

4.2.3 分离系统

分离系统的核心是色谱柱，它也是高效液相色谱仪的核心部件，要求分离度高、柱容量大、分析速度快，这些性能主要受色谱柱中固定相的结构、填充和使用技术影响。色谱柱由柱管和固定相组成。柱管材料包括不锈钢、玻璃、铝、铜和内衬光滑的聚合材料等，其中以不锈钢管最多。柱长一般为 5～30 cm，内径为 4～5 mm。制备柱的内径更大，一般为 25 mm 以上。有时，为了保护色谱柱，延长其使用寿命，在色谱柱之前会设置一个保护柱，其内容物与色谱柱完全一样，这样可使流动相在保护柱中已被固定相饱和，再流经色谱柱时，就不会洗脱固定相了，从而保证分离效能。固定相的发展趋势是填料粒度更小、柱内径更小。另外，固定相的装填技术也很关键，对于粒度小于 20 μm 的固定相，一般采用匀浆填充法装柱：将固定相调成匀浆，然后在高压泵的压力下，快速压入装有洗脱液的色谱柱柱管内，冲洗之后，即得。

高效液相色谱柱大致分为 3 类：制备柱（内径>5 mm）、常规柱（内径 2～5 mm）、细管径柱（内径<2 mm）。制备型的柱长一般为 10～30 cm，内径为 20～40 mm；分析型的柱长一般为 100～300 mm，内径有 4.6 mm、5 mm 和 2 mm。

按照分离模式，高效液相色谱柱可分为反相、正相、离子交换、体积排阻、疏水、亲和及手性色谱柱。表 4-1 列出了它们的分离原理和适用对象。

表 4-1　常见高效液相色谱柱类型、分离原理及适用范围

类　型	分离原理	适用对象
反相色谱柱	固定相是疏水性的，而流动相是亲水性的，组分疏水性差异使分配系数不同而实现分离	中等至非极性有机化合物、中小分子
正相色谱柱	组分极性不同导致吸附性有差异，从而实现分离	分离极性强的化合物，样品一般应溶于有机溶剂
离子交换色谱柱	依据离子所带的电荷不同，离子与离子交换剂的静电力不同而实现分离	离子型化合物或可解离化合物、可溶于不同 pH 值和离子强度溶液的水溶性样品
体积排阻色谱柱	依据分子的大小和形状不同，分子在多孔填料体系中滞留时间产生差异实现分离	可溶于有机溶剂或水溶液的非交联型化合物
疏水色谱柱	依据组分的弱疏水性和疏水性对盐浓度的依赖性实现分离	具有弱疏水性且其疏水性随盐浓度而改变的水溶性生物大分子
亲和色谱柱	根据溶质和填料上配基间的非成键作用力而产生识别现象	蛋白质、核酸等，与生物分子产生相互作用的小分子
手性色谱柱	手性化合物与配基间的手性识别	手性化合物

（1）色谱柱的填充　液相色谱柱的填充技术主要有干法装填和湿法装填两种。填充方法与固定相填料粒径有很大关系。直径大于 20 μm 的填料可采用干法装填，即将柱管垂直于地面固定，每次向柱内加少量固定相填料，同时敲打并振动。一般情况下，加一次料，填充物高度增加几微米，这样做的目的是让填料逐层累加，达到均匀分布，才能得到有效

且可重复的填充柱。20 μm 以下的填料通常具有很高的表面能，更容易凝结，以干法装填很难获得十分均匀的填充效果，因此，演化出了湿法装填。即选择一种或多种专门配制的溶剂作悬浮分散介质，经超声处理使固定相填料在介质中呈现悬浮半透明状匀浆，随后将其转入匀浆罐中，用加压介质在高压下将匀浆压入柱管中，从而获得填充均匀紧密的色谱柱。有四个关键点需要注意：①固定相匀浆需要提前制备好；②匀浆浓度要合适；③匀浆内不能有空气；④装填压力要合适。以一根常用的分析柱为例，其尺寸为 250 mm×4.6 mm，内腔约为 4.2 mL，大概需要 3.5 g 固定相填料，考虑到装柱过程中的损失，实际需要多 15%～20%，固-液比约为 1:10，匀浆罐需要达到 40 mL。

（2）色谱柱的性能　色谱柱的性能主要考察以下四个指标：①分析速度，保留时间一般在 30 min 以内；②柱效，具有足够高的理论塔板数；③峰对称性，以拖尾因子来判断；④柱渗透性，用柱压来判断，柱压越小，渗透性越好。

（3）色谱柱的保养　色谱柱的正确使用和保养十分重要，操作不当有可能造成柱效降低等不可逆损失。因此，为了保持柱效，须对色谱柱进行仔细保养。

注意事项如下：①色谱柱内除了固定相外，不应有其他物质存留，否则会造成压力升高导致无法使用。因此，配制流动相时，须用 0.45 μm 孔径的滤膜过滤，且在流动相储液瓶与色谱柱间应有 0.45 μm 孔径的过滤器。②尽可能使用进样阀进样，少用注射器进样，这样可避免注射隔膜的碎屑堵塞柱子。③硅胶作为担体的色谱柱，流动相 pH 值应在 2～8.5，柱温也不能过高。如果色谱柱在酸性或碱性条件下使用后，应立刻先用水再用甲醇清洗。对于暂时不用，需要长时间保存的色谱柱，需用甲醇清洗保存，柱子两端要用堵头封闭。④避免色谱柱受到振动或撞击，以防填料床层产生裂缝和空隙，影响色谱峰形状。⑤柱子接入色谱仪时，一定要注意方向，防止流动相逆向流动，造成固定相位移。⑥最好使用保护柱，尤其是分析成分复杂的样品时，因为复杂的样品会有部分化学物质残留在色谱柱中，久而久之，造成柱效下降。因此，在进样阀与色谱柱之间，接入一根保护柱，可对色谱柱起到保护作用。

分离系统除了核心组件色谱柱外，还有一个附属部件——柱恒温系统，俗称柱温箱。它用于控制色谱柱温度，因为柱温升高或降低，待测组分在流动相中的扩散性会增大或减小，从而影响柱效，所以为了防止环境温度的变化影响色谱分析的重现性，一般多用比室温高 10℃ 的温度作为设定的柱温，并保持恒定。柱温不能过高，过高会加速色谱柱的损坏，特别是对以硅胶为担体的色谱柱和离子交换色谱柱。

4.2.4　检测系统

检测器的作用是将色谱柱流出物中的组分及其含量变化转化为可供检测的信号。作为液相色谱仪的关键部件之一，检测器可分为专用型检测器与通用型检测器。专用型检测器用于测量被分离样品组分某种特性的变化，这类检测器对样品中组分的某种物理或化学性质敏感，能与流动相区分开来。HPLC 最常用的专用型检测器有紫外检测器、光电二极管阵列检测器、荧光检测器、电化学检测器等。通用型检测器可连续测量色谱柱流出物（无论是流动相还是待测组分）的所有特性变化。这类检测器包括示差折光检测器、蒸发光散射检测器等。

4.2.5　记录系统

采集和分析色谱数据也是 HPLC 的重要环节，执行这项工作的元件被称为色谱工作站。它是数据采集、处理和分析的独立的计算机软件。随着计算机技术的普及与应用，对检测器原始数据的分析处理变得更加便捷和准确。如二极管阵列检测器所获得的原始数据可在计算机上建立三维谱图和进行谱图搜寻等，并提供组分的光谱定性信息。还能对一般检测器获得的数据进行分离度、选择因子、保留因子、对称因子、峰高、峰宽、峰面积等色谱参数的计算。

4.2.6　仪器操作与维护

（1）高效液相色谱仪的基本操作　所有高效液相色谱仪的基本操作流程相似，主要包括准备流动相、开机自检、样品前处理、样品检测、冲洗管路和机器关机等步骤。尽管各品牌和型号在具体操作细节和软件使用上有所不同，但这些核心步骤通常是通用的。

其操作过程概述为：首先，流动相使用前需进行脱气处理，溶剂过滤器位于储液瓶底部；然后开启电源，依次打开输液泵、柱温箱、检测器和电脑；在输液泵及检测器上设置实验所需流速和检测波长等参数（如为梯度洗脱，还需设置各溶剂比例）；打开排液阀，排净管路中的气泡，然后关闭排液阀；打开泵开关，开始用流动相流经整个系统；待检测器自检通过后，打开色谱工作站，监视基线稳定后即可进样；有自动进样器的，按照自动进样程序设置样品顺序进样，手动进样时，则需先将六通进样阀拨至"load"位置，用平头进样针进样后，转回至"inject"位置，开始采集数据；实验结束后，用合适溶剂对整个色谱系统进行冲洗，随后关闭泵、柱温箱、检测器和电脑等，并按照要求对色谱柱进行保养。

（2）样品前处理和进样器的操作　样品配制成溶液后，应使用 0.45 μm 孔径的滤膜过滤，防止微粒堵塞进样阀；配制样品溶液所用的溶剂首选流动相，如果选用其他溶剂，则进样量最好控制在 10 μL 以内，避免大体积进样造成色谱峰变形。

在使用六通进样阀时，手柄不可长时间处在上样与进样之间的位置，因为这样会暂时堵塞管道，造成压力突然升高，损毁色谱柱。对于自动进样器来说，它连接进了连续流路中，一直处于流动相的持续冲洗下，极大避免了手动进样造成的风险。此外，目前的色谱仪大都配有自动洗针装置，同时避免了前后两针之间的交叉污染。因此，为了获得最佳的分析结果，实验中装有洗涤剂的洗针瓶最好不要加盖，防止样品留在密封盖上，污染下一次进样。

（3）流动相使用的注意事项　流动相配制完成后应用 0.45 μm 滤膜过滤，一般纯水流动相或缓冲液流动相保存时间较短，含有机溶剂时，可使用久一些，每天使用前仍需要检查是否有明显的污染物出现。进液口的砂芯要经常清洗，建议每 3 个月清洗一次：先用水冲洗残留在上面的流动相，然后将过滤器放在 5%稀硝酸中超声 30 min，再分别在水和甲醇中超声 15 min，最后将砂芯装好。需注意稀硝酸不能与甲醇混合，以防爆炸。流动相的使用应注意以下几点：①更换流动相时，要防止混合后产生沉淀；②不要让水或腐蚀性溶剂滞留在泵中，腐蚀性溶剂包括但不限于碱金属卤化物、硝酸、硫酸及四氢呋喃等；③含缓冲盐的流动相使用完毕后，应先用 10%甲醇的水溶液冲洗色谱柱，再用甲醇或乙腈冲洗干净，并用甲醇或乙腈保存色谱柱，如果同时使用的还有保护柱，二者要分开清洗。

（4）色谱柱的养护　色谱柱在使用前需要确认色谱柱的类型、尺寸、出厂日期、柱内储存的溶剂，以及适合该色谱柱应用的流动相组成和流速要求。在将色谱柱接入色谱系统时，一定要确保色谱柱的进口与进样阀出口连接，出口与检测器连接。首次使用的色谱柱或长时间不用的色谱柱再次启用时，先用 10～20 倍柱体积的甲醇或乙腈进行平衡，再接入流动相。表 4-2 为不同规格色谱柱需要的平衡时间。色谱柱在使用较长时间后，柱头有很大概率会吸附一些化合物，导致柱效下降，须根据色谱柱的不同性质采用不同的溶剂清洗，一般清洗的体积是柱体积的 50 倍以上。如硅胶柱清洗采用 1～3 mL/min 流速，按以下顺序进行：四氢呋喃、甲醇、1%～5%吡啶溶液（针对酸性化合物）、1%～5%乙酸溶液（针对碱性化合物）、四氢呋喃、叔丁基甲醚、正己烷。C_{18} 等非极性柱采用 0.5～2 mL/min 流速，用水、甲醇、三氯甲烷、甲醇清洗。离子交换柱采用 0.5～2 mL/min 流速，用水、甲醇、三氯甲烷、甲醇、水清洗。

表 4-2　不同规格色谱柱的平衡时间

柱规格（长度×内径）/mm	柱体积/mL	流速/（mL/min）	平衡时间/min
50×2.0	0.11	0.25	9
150×2.0	0.33	0.25	26
250×2.0	0.55	0.25	44
50×4.6	0.58	1.00	12
100×4.6	1.16	1.00	23
150×4.6	1.74	1.00	35
250×4.6	2.91	1.00	58

（5）泵的操作和保养　输液泵是精密的零部件，最忌磨损。因此泵保养的目的是保持润滑和防止固体异物进入。①输液泵不能空转，如发现进输液泵的管路没有液体，应立即打开排液阀，确保管路充满液体后再继续运行；②实验中应密切注意压力变化，要熟知所使用仪器的正常压力波动区间，当发生异常时，应立即停泵检查；③流动相含缓冲盐时，泵不能在管路中存有缓冲盐的情况下关停，一定要用含大比例水相的冲洗液冲洗 20～30 min 才能关泵，防止盐晶体析出，造成泵磨损；④输液泵要保存在含有机相高于 10%的流动相中，防止藻类繁殖，如泵头装有自动清洗装置时，只需配制 10%异丙醇溶液即可。

（6）检测器的使用与维护　检测器打开一般是在系统平衡好之后、分析进样之前，确保检测器有足够的预热时间。分析完成后，应立即关闭检测器，以保证其使用寿命。此外，还要定期检查样品池的污染情况，通常可将测定波长设定为 250 nm，流过甲醇或水，查看样品池与参比池的能量差别，如果差别较大，则证明污染严重。可尝试用异丙醇清洗，如果效果仍不佳，则需专业人员上门维修。

（7）管路与接头 高效液相色谱仪常用的管路和接头大都是 PEEK 管路，使用此类材料的管路需要注意，它对卤代烷烃和四氢呋喃的耐受性较差，容易变脆。此外，不锈钢管可耐受 6000 psi 的压力，但 PEEK 材料只能耐受 4000 psi。

4.3 品种繁多的固定相

HPLC 的分离能力与分离效率主要取决于固定相和流动相，其中固定相的作用尤为关键。不同种类和性质的固定相有不同的分离机制和方法。

4.3.1 液-固色谱法固定相

该类固定相是具有吸附能力的吸附剂，如氧化铝、氧化镁、硅胶、硅酸镁、活性炭、高分子多孔微球及聚酰胺等，其中，硅胶应用较为广泛。

作为固定相使用的硅胶通常是由硅酸钠在酸性条件下聚合形成的稳定多孔固体，其表面含有硅醇基或硅氧烷桥。硅醇基具有一定的活性，能产生吸附作用，而硅氧烷的吸附性很弱，可忽略不计。过于活泼的硅醇基，吸附性太强，容易造成永久吸附，因此，需要进行适当的减活处理，如向硅胶中加入水、甲醇、乙腈或异丙醇等极性溶剂。

硅胶不仅依赖于其吸附特性，还因其微酸性对碱性物质有保留作用，从而造成拖尾现象。各种化合物在硅胶表面的保留顺序如下：羧酸>酰胺>亚砜>砜>胺、醇、酮、醛、酯>硝基化合物>醚>硫化物>卤代烃、芳烃>烯烃>饱和烃。硅胶作为固定相有利于不同族化合物的分离，但在分离同系物时区分不高。此外，在分离同分异构体方面，硅胶表现出显著优势，因为硅胶表面的活性中心硅醇基在空间上的排列是有规律的，若分子的结构与硅胶活性中心相适应，则保留值就大。影响硅胶性能的主要指标有线性容量、表面活性、平均孔径、比表面积、粒度分布、粒度等，这些性能直接影响硅胶的色谱保留特性。目前，常用的硅胶固定相是球形全多孔微粒硅胶，其粒度一般为 3～20 μm，具备比表面积大和柱效高的特点。

除硅胶外，高分子多孔微球也是一种广泛应用的固定相材料。它是由苯乙烯和二乙烯苯交联而成的球形填料，其表面为芳烃官能团，兼具吸附、分配和空间排阻三种作用，其优点是选择性好、峰形佳，缺点是柱效低。这种固定相一般用于分析芳烃、生物碱、杂环化合物、甾体、脂溶性维生素等样品。

4.3.2　液–液色谱法固定相

液-液色谱法是根据物质在两种互不相溶的液体中溶解度不同而实现分离。制备此类固定相的基本原理是通过在担体表面涂渍一薄层固定液，与流动相一起构成液-液两相。依据各个待测组分在两相之间的分配差异，经反复多次分配平衡，实现分离。根据流动相与固定相之间相对极性的大小，可分为两类：固定相极性大于流动相者，称为正相色谱法；流动相极性大于固定相者，称为反相色谱法。前者适用于分离强极性化合物，后者适用于分离弱极性化合物。通常，流动相极性微小的变化，都会显著影响组分的保留值。因此，固定液种类不需要太多，常用的包括 β,β'-氧二丙腈、聚乙二醇、角鲨烷、正十八烷等。正相色谱法与反相色谱法的比较见表 4-3。

表 4-3　反相色谱法与正相色谱法的对比

对比指标	反相色谱法	正相色谱法
分离对象	弱极性化合物	极性化合物
固定相	非极性	极性
流动相	中等极性-强极性	弱极性-中等极性
保留值与流动相的关系	随流动相极性增强，保留值变大	随流动相极性增强，保留值变小
出峰先后	极性高的组分先出峰	极性弱的组分先出峰

担体可分为全多孔型和表面多孔型。常用的全多孔型担体有硅胶、氧化铝和聚合物小球。其中微粒硅胶最普遍，有无定形和球形两种，其中球形的渗透性优于无定形。表面多孔型的基底是玻璃球，其表面涂覆一层聚甲基丙烯酸二乙氨基乙酯醋酸盐并经过水洗、烘干后，再涂一层硅溶胶，再水洗，即完成了一次涂层，如此反复后，缓缓升温至 725℃ 炽烧，除去聚合物，从而得到外部为多孔活性二氧化硅、内部为玻璃实心的担体。

上述制备固定相的方法均为涂布法，但长期使用时固定液易因流动相的冲洗而流失。因此，目前键合法制备的固定相逐渐取代涂布法成为主流。化学键合法是通过化学键把固定液有机分子结合到担体上的方法，这类固定相称为化学键合相，其特点包括：具有良好的热稳定性；难吸水；耐有机溶剂；不易流失；可在 pH 2～8、柱温 70℃ 下正常工作；可键合不同的官能团，灵活改变选择性，适用于梯度洗脱。目前广泛使用的化学键合固定相多是以全多孔型或薄壳型微粒硅胶为担体，此类担体抗压好、硅醇基活性高、孔结构容易控制。在键合反应前，为增加硅胶表面参与键合反应的硅醇基数量，通常用 2 mol/L 盐酸溶液浸泡硅胶 12 h，使其表面充分活化并除去表面的金属杂质。由于空间位阻的影响，硅胶表面的硅醇基不可能全部发生键合，残余的硅醇基必须封闭，否则会对键合相的分离性能产生影响。通常采用小分子硅烷化试剂（六甲基二硅胺或二甲基氯硅烷）进行封尾处理，以消除残余的硅醇基，并提高化学键合相的稳定性和色谱分离性能的重复性。

目前，非极性烷基键合相是应用最广泛的柱填料之一，尤其是十八烷基硅烷键合相

（octadecylsilyl，ODS）在反相液相色谱中发挥着重要作用，HPLC 分析任务的 70%～80% 都由其完成。反相液相色谱系统分离对象几乎遍及所有类型的有机化合物，包括极性、非极性、水溶性、脂溶性，离子型、非离子型，小分子、大分子，具有官能团差别或分子量差别的同系物。烷基键合相表面键合的碳链越长，其保留值也越大。对于 ODS 柱来说，其烷基覆盖量以硅胶表面含碳的质量百分数表示，最高可达 40%，不同厂家的固定相，其覆盖量不同，一般约为 10%（相当于每 1 m² 硅胶表面含 1 μmol ODS），覆盖量越大，对溶质的保留值也越大。苯基和酚基键合相常用于反相色谱，而氨基、氰基、芳硝基、二醇基、醚基键合相则用于正相色谱。它们主要通过氢键力与溶质相互作用，其作用力大小为：醚基<二醇基<芳硝基<氰基<氨基。

键合相的使用寿命取决于硅胶表面被键合的官能团覆盖程度，覆盖量大或呈多分子覆盖层时，稳定性更高。通常正相键合相的稳定性低于反相键合相。反相液相色谱的流动相应维持 pH 在 2～8 之间，碱性大，硅胶会溶解，酸性大，键合相有可能被水解。随着使用次数的增加，键合色谱柱的固定相将会对样品产生吸附、缔合等不可避免的反应，导致柱效下降。正相色谱柱可用甲醇-三氯甲烷（1:1）流动相进行再生；反相色谱柱可用甲醇流动相进行再生，如果仍未再生成功，可采用二甲基甲酰胺、丙酮或约 0.01 mol/L 无机酸溶液进行冲洗。

4.3.3 手性色谱法固定相

色谱法是目前手性药物分析和分离中应用最广泛、最有效的方法之一，尤其以手性高效液相色谱法较为常用。

手性固定相可分为刷型（又称 Pirkle 型）、聚合物型（如纤维素、淀粉等的衍生物）、蛋白质类、大环类（如大环抗生素）、手性冠醚及环糊精等以及手性配体和离子交换型。

（1）刷型手性固定相 刷型固定相是典型的独立型手性固定相，其研究主要归功于美国 Illinois 大学的 Pirkle W H 等人，故又被称为 Pirkle 型手性固定相。根据手性单元的不同，该类手性固定相可分为氢键型、π-酸型和 π-碱型、含多个手性中心型、直接目标设计型等。无论是何种刷型固定相，一般认为须满足三个相互作用点，才具有手性识别能力，并且其中至少有一个作用点是由立体化学决定的，这就是著名的"三点作用"理论。这种作用力可以是氢键、范德瓦耳斯力、偶极作用、包合及立体位阻等。对映体与手性识别材料之间的作用点可有两点相同，但第三点必须不同，这样才能在连续多次的相互作用后，最终达到手性分离。

在商品化的 Pirkle 型手性固定相中，最常用的四种色谱柱分别是：Whelk-01>α-Burke 1>DNBPG>萘基丙氨酸。该类手性固定相通常在正相色谱中使用，固定相起主要作用，流动相的影响较小。虽然也可用于反相色谱，但区分效果不及正相色谱。在众多的刷型固定相中，寡肽类手性固定相占据十分重要的位置，一些由脯氨酸或缬氨酸组成的寡肽制成的手性固定相，具有相当强的手性选择性，并且在多种流动相条件下，化学性质依然稳定。其出色的识别能力主要是由自身的酰胺键产生的氢键引起的，—NH 与 C＝O 都能与待分析物形成氢键从而实现拆分。合成寡肽类手性固定相的方法有多种，但经典的方法主要有两种：一种是在树脂等载体上先合成多肽，然后将多肽从树脂上移除并收集后，再与氨丙基硅胶键合，最后合成固定相；另一种则是通过羧基与氨基的反应，在氨丙基硅胶表面键合第一个氨基酸，然后利用该氨基酸的氨基与第二个氨基酸的羧基反应，以此类推，顺序键合，最终合成寡肽类手性固定相。

（2）聚合物型固定相　手性聚合物固定相包括两类不同来源的聚合物，一类是天然多糖衍生物，包括纤维素和直链淀粉，另一类是合成的高分子化合物，其中天然多糖衍生物较为常见。

纤维素和直链淀粉是 D-葡萄糖以糖苷键相连而成的线性聚合物。由于葡萄糖单元具有手性，且每个葡萄糖单元沿着纤维素主链存在一个螺旋性沟槽，待拆分药物进入沟槽后，能通过吸附和包合作用获得区分。该类聚合物天然易得，价格低廉，并且由于葡萄糖单元上的羟基易被取代和衍生化，可派生出多种该类型的手性固定相，因此广泛应用于各种手性化合物的拆分。由于它们的载样量大，其在大规模制备色谱中显示出巨大潜力。该类手性固定相大多采用将聚合物涂覆于氨丙基硅胶上制备，由于未改变聚合物的结构且担体抗压能力强，因此拆分能力强。

1973 年，Hesse 等在多相条件下制备并开发了纤维素三醋酸酯，该衍生物具有较好的手性识别能力，业界普遍认为这种识别能力来源于纤维素的晶体结构。纤维素三苯甲酸酯及其衍生物是另一大类用作手性拆分的纤维素衍生物。苯环的引入显著提高了手性识别能力，并且苯环上的取代基对手性识别的能力也有显著影响。当苯环上的取代基是极性的甲氧基、硝基、卤素时，会使拆分能力下降；当取代基距葡萄糖单元较远时，也会使拆分能力下降。然而，体积庞大的烷氧基则能显著提高手性识别能力。在这些衍生物中，纤维素-三（4-甲基苯甲酸酯）对各种外消旋体具有出色的手性识别能力（图 4-4）。这类纤维素衍生物之所以表现出优异的识别性能，与其上的羰基有关，羰基的极性能够被苯环上不同的取代基所影响，从而表现出不同的性能。手性中心附近具有羰基的消旋体能够通过偶极-偶极相互作用达到手性识别的目的，而具有羟基的消旋体则可通过氢键相互作用实现手性拆分。

手性固定相中引入氨基是增大消旋体与固定相之间氢键作用力的有效方法，研究人员合成了纤维素苯基氨基甲酸酯及其衍生物，并取得了良好的效果。这类固定相的主要吸附位点是手性糖单元附近的氨基甲酸酯残基，与待拆分化合物主要通过氢键作用达到手性识别的目的。该类纤维素衍生物之所以具有超群的手性识别能力，与其规则的高级结构有关。其中，纤维素-三（3,5-二甲基苯基氨基甲酸酯）（图 4-5）对各种外消旋体展示出了极为出众的拆分能力，大约有 60%的消旋体能在此衍生物上得到手性分离，是目前应用最为广泛的手性固定相。

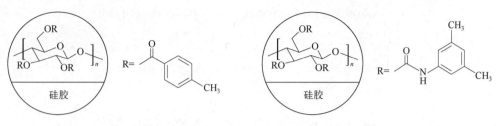

图 4-4　纤维素-三（4-甲基苯甲酸酯）　　　图 4-5　纤维素-三（3,5-二甲基苯基氨基甲酸酯）

淀粉是另外一类广泛应用于手性拆分的多糖，并且淀粉类手性固定相的衍生化方法与制备方法与纤维素类极为相似。但它的结构比纤维素类更为复杂，由直链淀粉与支链淀粉组成，对极性芳香化合物的手性拆分能力更强，一些在纤维素类手性固定相上无法拆分的化合物能在淀粉类手性固定相上得到分离。总之，与纤维素衍生物类固定相相比，淀粉类有它的独到之处，二者可相互补充。

（3）环糊精手性固定相　环糊精在外形上与纤维素极为相似，由一定数量的葡萄糖单元通过糖苷键组合而成，一般含有 6～8 个葡萄糖单元。它的优势是能与许多待拆分的手性药物分子形成稳定的包合物，客体分子进入环糊精手性空腔后，通过疏水、分子力、静电等作用力最终实现手性分离，其中使用最多的为 β-环糊精。环糊精与硅胶键合连接的方式有胺键、酰胺键和碳-氧-碳键。经典的环糊精固定相只能在反相色谱条件下使用，因为在正相色谱条件下，流动相中的非极性分子会占据环糊精内腔，从而阻碍溶质分子进入内腔，造成拆分能力严重下降。为了弥补这一不足，研究人员相继开发了氨基改性、酰基改性和异氰酸酯改性的环糊精手性固定相，增大了疏水作用和 π-π 作用，使其在正相色谱和反相色谱条件下均具备良好的手性拆分能力，这种类型的环糊精固定相又称为多模式手性固定相。通常认为，待拆分化合物应至少有一个环或多个环，一般情况下都应有个苯环。但环糊精及其衍生物的手性识别机理极为复杂，一次成功的手性拆分往往是多种作用共同作用的结果，有时分子的包合作用不一定是手性拆分的必要条件。

（4）大环抗生素手性固定相　大环抗生素手性色谱柱是近年来发展起来的一类新型手性柱，常用的大环类抗生素有万古霉素、利福霉素、替考拉宁、大环糖肽等，手性分离性能主要基于氢键、π-π 作用、离子作用、包合作用及肽键等。这类手性固定相在正相、反相及极性有机相模式下均可使用，被称为新一代手性固定相。目前万古霉素、瑞斯托菌素的手性固定相已经商品化。

将大环抗生素连接到硅胶基质上制成手性色谱柱的合成方法多种多样，但合成主要是按"载体-硅烷化试剂-间隔臂试剂-大环抗生素-衍生化试剂"的方式进行。图 4-6 为氨丙基硅胶与抗生素键合的反应过程。

大环抗生素类手性固定相在不同流动相模式下的分离机理各不相同，表 4-4 按溶剂强度减弱的顺序列出了糖肽手性固定相对三种流动相模式的可能分离机理。

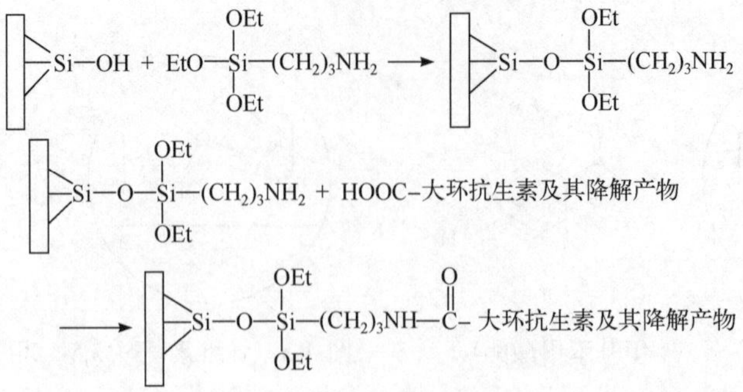

图 4-6 大环抗生素与氨基硅烷化试剂反应的合成路线

表 4-4 糖肽手性色谱柱在三种流动相中的分离机理

流动相组成模式	分离机理
极性有机相模式	离子作用
	氢键
	空间位阻
反相模式	离子作用
	疏水包合
	氢键
	空间位阻
正相模式	氢键
	π-π 作用
	偶极作用
	空间位阻

用于手性拆分的抗生素中，大环糖肽类是其中应用最为广泛的，极性有机相模式与反相模式各占 2/5，常见的正相模式仅占约 5%。与传统的反相操作不同，糖肽类手性固定相的分离效果与醇浓度的高低有很大关系：醇浓度越高，保留值越大，分离度越好。一般常采用 50%的醇浓度作为有机改性剂使用。

（5）蛋白质及糖蛋白类手性固定相 蛋白质及糖蛋白是由光学纯的氨基酸或氨基酸与糖基构成的，理论上讲，任何一种蛋白质或糖蛋白都具有成为手性固定相的潜质。但目前为止，只有极少数的蛋白质能被开发为手性固定相使用，如牛血清白蛋白（BSA）、人血清白蛋白（HSA）、α_1-酸性糖蛋白（AGP）、卵类黏蛋白（OVM）、纤维二糖水解酶（CBH）、胃蛋白酶（pepsin）等。商品化的蛋白质类手性固定相如表 4-5 所示。

表 4-5 商品化的蛋白质类手性固定相

蛋白质类型	分子量	等电点	商品柱名
BSA	66000	4.7	RESOLVOSIL BSA-7 BSA-7PX ULTRON ES-BSA CHIRAL-BSA
HSA	66500	4.7	CHIRAL-HSA
AGP	41000	2.7	CHIRAL-AGP

蛋白质类型	分子量	等电点	商品柱名
OVM	28800	3.9~4.5	ULTRON ES-OVM
CBH I	64000	3.9	CHIRAL-CBH
pepsin	34600	<1	ULTRON ES-PEPSIN

蛋白质拆分对映异构体的机理非常复杂，不同的蛋白质在手性选择性上的差别非常大，因此，目前只有少数蛋白质类手性固定相用于手性拆分。影响蛋白质类手性固定相拆分效果的因素很多：①固定化的方法、载体的种类、键合臂的长度、键合或吸附到基质上的蛋白质的量及蛋白质的获取方法等均能影响其拆分效果。②流动相的 pH 值也是一个关键因素，它不仅决定了溶质的电离，更决定了蛋白质的变性。③有机改性剂的使用。在流动相中加入少量的改性剂，如乙醇、乙腈、脂肪酸、无机离子改性剂等，能与溶质竞争固定相上的氢键结合位点或改变蛋白质的疏水性，从而影响固定相的拆分效果。④色谱柱的柱温变化主要影响蛋白质的三级结构，最终改变溶质在固定相上的手性拆分效果。一般认为，蛋白质类手性固定相大多用于反相色谱系统，用近似于生理条件的缓冲液作为流动相。

（6）配体交换手性固定相　这种固定相结合了离子交换和配体化学两个领域的特征，将配位的金属离子结合在聚合物的载体上，待分析物通过与金属离子形成非对映体的络合物从而达到分离目的。一般适用于该法分离的手性药物包括氨基酸、游离的羟基酸、二胺及其衍生物等。它们对二价铜、镍和锌离子都具有双配位基。此外，氢键、疏水作用等也在手性拆分中起到一定作用。其分离过程可概括如下：

$$[CL]_n M + L\text{-}CS \longleftrightarrow [CL]_{n-1} M[L\text{-}CS] + CL$$
$$[CL]_n M + D\text{-}CS \longleftrightarrow [CL]_{n-1} M[D\text{-}CS] + CL$$

手性配体（CL）与金属离子（M）形成复合物并与手性药物 CS 产生离子交换作用，对映体二者产生的配合物稳定性不同，导致两种配合物在流动相中的保留行为不同，从而达到分离的目的。与其他手性固定相相比，它很少需要对待拆分化合物进行柱前衍生化，并且手性选择剂种类众多。影响此类手性固定相拆分的因素很多。一方面，手性配体的立体识别能力存在巨大差异，一般环状结构优于构象可变化的配体，如脯氨酸类就优于苯丙氨酸类；另一方面，如果手性配体上带有羟基等官能团，往往可增强手性配体与分离物之间的作用力，使手性拆分更加充分。此外，配体与金属离子形成的络合物应易断裂和重新结合，以确保其作为交换色谱的有效性。流速、进样量、金属离子种类及浓度、流动相 pH 值和柱温等也是影响手性拆分的常见因素。常用的手性配体固定相制备方法分为涂覆法与键合法，其中以键合法为主。L-脯氨酸、羟脯氨酸、组氨酸、缬氨酸等都是常见的固定相种类。

（7）分子印迹手性固定相　分子印迹技术为手性拆分提供了一种具有预见性的手性识别材料，其具有三个明显特点：构效的预见性、特异识别性、广泛适用性。其原理是将要分离的目标分子与功能单体产生特定的相互作用形成复合物，在特定的化学反应条件下，进行聚合反应，形成固体的分子印迹聚合物，然后再通过物理或化学方法除去包埋在聚合物中的目标分子，得到对印迹分子的空间结构和多个作用点有记忆功能的分子印迹聚合物。分子印迹技术主要分为预组装法和自组装法两种。预组装法又称共价键法或预组织法，聚合物单体同模板分子以可逆的共价键相连接，聚合后再通过化学手段消除共价键并移除模板分子，从而得到分子印迹聚合物。这种方法对操作条件要求较高，适用对象也较少，其中最具代表性的是硼酸酯。自组装法又称为非共价法或自组织法，主要是印迹分子与功能单体通过配位作用、氢键、π-π 作用等组合成多重作用点而形成。一般通过酸性聚合物的羧酸或磺酸基与模板分子中的氨基、酰基形成氢键和静电作用，该法适用广泛，操作简单。

4.4　流动相的分类及洗脱方式

与 GC 的流动相不同，HPLC 的流动相不仅起输送样品的作用，还参与色谱分配过程，是影响分离效果的重要因素。固定相确定后，流动相对分离的影响有时比固定相还大，而且可供选择的流动相组合也很多。流动相的选择应满足以下要求：①对样品有一定溶解能力；②适用于所选检测器；③与固定相不发生化学反应，更不能造成固定相流失；④黏度合适，可避免传质减慢和柱压升高；⑤流动相的纯度应尽可能高，色谱纯最佳，便于使用完毕后清洗设备，且使用前用微孔滤膜过滤和进行脱气；⑥流动相应满足环保要求，尽量减少环境污染。

4.4.1　正相色谱流动相

在正相液相色谱中，由于固定相的极性大于流动相的极性，故增加流动相的极性，洗脱能力增大，样品保留值降低。流动相的洗脱能力用溶剂强度 ε_0 表示，常用溶剂的极性参数及其溶剂强度见表 4-6。组分的保留值随溶剂强度增大而降低。在正相液相色谱中，一般采用烷类、二甲苯、苯等为流动相，然后加入四氢呋喃、醚类等极性调节剂。如正己烷与异丙醚组成的二元流动相，通过调节异丙醚的浓度改变溶剂强度，使样品组分的保留因子在 1～10 之间。如若仍不能调节，可改用其他强溶剂，如二氯甲烷或氯仿等，还可使用三元或四元溶剂体系。混合溶剂系统的溶剂强度可随其组成连续变化，易于找出具有适宜溶剂强度的溶剂系统。混合溶剂也可保持溶剂的低黏度，从而降低柱压，提高柱效和选择性，改善分离。极性调节剂的种类和浓度可通过改变溶剂的强度从而改变分离的选择性。

表 4-6　正相色谱法常用溶剂的极性参数和溶剂强度

溶剂	溶解度/$(J/cm^3)^{1/2}$	极性	ε_0
甲醇	14.5	5.1	0.70
乙腈	12.1	5.8	0.52

溶剂	溶解度/$(J/cm^3)^{1/2}$	极性	ε_0
异丙醇	12.0	3.9	0.60
二氯甲烷	9.6	3.1	0.30
氯仿	9.3	4.1	0.26
四氢呋喃	9.1	4.1	0.53
丙酮	9.7	5.1	0.53
四氯化碳	8.6	1.6	0.11
乙酸乙酯	8.9	4.4	0.48
环己烷	8.2	0.2	0.03
乙醚	7.4	2.8	0.43
正己烷	7.3	0.1	0

4.4.2 反相色谱流动相

与正相色谱法相比,反相色谱法的应用更为广泛。这归因于反相色谱所使用的流动相,如水、甲醇、乙腈等,比正相色谱的烃类更方便和经济,且反相色谱易于改变流动相配比和实现灵活的梯度洗脱。

反相色谱法目前多以疏水理论为基础,在该理论中,样品组分作为溶质,流动相作为溶剂,烃类键合相表面覆盖一层均匀的非极性烃类配位基。理论上认为极性溶剂分子与溶质分子中的非极性部分互为排斥力,溶质与键合相的疏水缔合是为了减少受溶剂排斥的面积,即疏溶剂效应。反相色谱的流动相中存在的有机相被称为有机改善剂,如乙腈、甲醇、二氧六环、四氢呋喃等。这些有机改善剂溶剂强度比水大,但极性比水小,通过选用不同有机溶剂及改变其在流动相中的比例,可起到改变流动相特性的效果。其极性大小顺序为:四氢呋喃<二氧六环<乙腈<甲醇,溶剂强度则相反。选择合适的流动相组成可以找到合格的极性组合,从而达到分离和洗脱的目的。

在反相色谱中,流动相除了要满足最基本的要求外,还应具有较小的表面张力,并考虑介电常数。随着表面张力的增大,组分的保留值也相应增大。流动相的介电常数仅对可解离化合物的分离有影响,介电常数越低,化合物越难解离。如甲醇-水或乙腈-水的表面张力和介电常数都随甲醇或乙腈含量的增加而减小。对于可解离的化合物,控制流动相的 pH 值尤为重要,可用醋酸盐(pH 3.5～5.5,检测波长大于 204 nm)或磷酸盐(pH 相对醋酸盐比较宽泛)调节,但应避免使用对不锈钢管柱造成腐蚀的卤化物。

4.4.3 洗脱方式

HPLC 的洗脱方式有恒组成溶剂洗脱(等度洗脱)和梯度洗脱。恒组成溶剂洗脱是采用恒定配比的溶剂为流动相，是最常用的洗脱方式之一。该方式操作简便，适合组分数目较少、性质差别不大的样品。梯度洗脱又称梯度淋洗或程序洗脱，在一个分析周期内，按一定程序改变流动相的配比和性质，如极性、离子强度和 pH 值等，主要用于分析成分复杂、组分性质差别较大的样品，优点是可缩短分析周期、改善峰形、提高灵敏度，缺点是易造成基线不稳。

在反相色谱中，等度洗脱的流动相通常以水为主，有机相可能是甲醇、乙腈或四氢呋喃。随着有机相比例的升高，组分的保留因子也会降低，有机相比例增加 10%，保留因子约变为原来的 1/3～1/4。对于容量因子分布宽、多组分复杂样品而言，等度洗脱几乎不可能完成所有组分的分离，因此，梯度洗脱应运而生。

为了在短时间内取得良好的分离效果，可通过在线改变流动相组成来调整组分的保留因子，进而改变分离度，达到最佳的分离效果，这种方法称为梯度洗脱。在梯度洗脱中，两个相邻色谱峰 1 和 2 的分离度 R 的测定方法与经典的分离度计算方法几乎相同：

$$R = \frac{\sqrt{n_2}}{4} \times (\alpha_{2,1} - 1) \times \frac{\overline{k_2}}{\overline{k_2} + 1} \tag{4-1}$$

式中，用溶质 2 在梯度洗脱期间保留因子的平均值 $\overline{k_2}$ 代替等度洗脱中的 k_2，由于在梯度洗脱程序中，流动相的洗脱能力逐步增强，所以 k_2 会随着出峰时间的增加而减小。因此，对梯度洗脱中的平均容量因子进行定义：组分在色谱柱行进至一半时的瞬时 k 值。梯度洗脱的优势在于每个组分的保留值都相对等度洗脱时较小，这样可保证各组分的色谱峰宽相近，并很大程度地抑制了峰拖尾现象。此外，梯度洗脱还能增加检测的灵敏度，可使其提高两倍以上。

在梯度洗脱中，强溶剂在起始液和终止液的浓度称为梯度范围。调整这个范围对于分离很重要，基本要求是：样品组分不宜出峰过早，梯度结束时，所有峰都能出来。具体采用什么样的梯度，还需根据实际样品特性决定。一般先选择合适的甲、乙两种溶剂，二者不一定是纯溶剂，可以是各种溶剂按不同比例配制而成。二者的强度要适当，甲溶剂的洗脱能力不能太强，否则易造成多个组分重叠出峰，乙溶剂则需能洗脱所有组分，并且保留因子应在 2～10 之间。

4.5 检测器的种类及检测原理

检测器是 HPLC 最关键的零部件之一，性能优异的检测器应有以下特点：①灵敏度高，可进行痕量分析；②能响应绝大部分样品；③对温度和流量的改变不敏感；④线性范围宽；⑤死体积小，不引起展宽效应；⑥噪声低，对梯度洗脱中流动相组分的变化不敏感；⑦不破坏样品；⑧响应快，能精确地转变电信号；⑨可给出定性信息；⑩重复性好。

常用检测器分两类：一类是专用型检测器，只对某些被分离组分的化学或物理特性有响应，属于此类检测器的有紫外检测器、荧光检测器、电化学检测器等；另一类是通用型检测器，对组分和流动相的物理或化学性质都有响应，如示差折光检测器、蒸发光散射检测器、电导检测器等。

4.5.1 紫外检测器及二极管阵列检测器

在众多检测器中，紫外检测器的使用最广泛。它主要用于检测在特定波长有紫外吸收的化学物质，其浓度与吸光度的关系符合朗伯-比尔定律。它包括光源、单色器、吸收池或流通池、接收器等。紫外检测器具有灵敏度高、精密度好、对温度和流速不敏感的特点，适合梯度洗脱。目前较常用的为可变波长紫外检测器，图4-7为该检测器光路系统示意图。其光源是一个氘弧放电灯（氘灯），氘灯发出的复合光线通过透镜聚焦，再由滤光片部件（空白、遮光或氧化钬三种）滤去杂散光，通过入射狭缝至第一个球面镜（反射镜1#），经过反射到达光栅。光栅将复合光衍射色散成不同波长的单色光，其中选定的某一波长单色光经第二个球面镜（反射镜2#）反射至分光器。透过分光器后，一部分单色光通过样品流通池，被样品吸收后到达检测样品的测量光电二极管，光线则通过光电二极管转化为电信号。从分光器反射的一部分光线直接射到参比光电二极管，以获得光源波动的补偿，此时测量光电二极管和参比光电二极管的信号差，即为样品检测信号。波长的选择由步进马达驱动的旋转光栅控制，可快速改变波长。滤光片也可代替光栅作为单色光元件，以减少分光带来的光能损失。

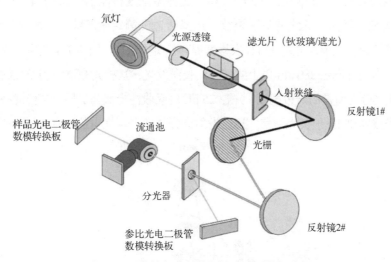

图4-7 可变波长紫外检测器光路系统示意图

二极管阵列检测器是以光电二极管阵列[或硅靶摄像管、电荷耦合检测器（CCD）阵列等]作为检测元件的紫外检测器，可实现多通道并行工作，同时检测由光栅分光后，再入射到阵列接收器上的全部波长的信号，然后对二极管阵列快速扫描采集数据，得到时间、光强度和波长的三维谱图，见图4-8。与普通紫外检测器只让特定波长的光进入流通池相比，二极管阵列检测器能让所有波长的光通过流通池，然后通过一系列分光技术，使所有波长的光在接收器上被检测。原理上，二极管阵列检测器与紫外检测器相同，其优势在于能动态同时检测所有波长的吸收，但灵敏度和重现性低于紫外检测器。

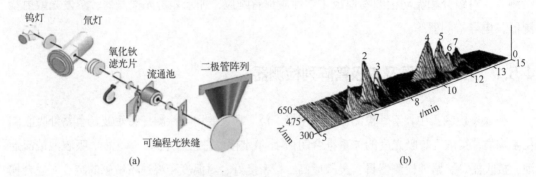

图 4-8　二极管阵列检测器工作原理示意图（a）和三维色谱图（b）
1~7：色谱峰

4.5.2　荧光检测器

这种检测器的检测对象是具有光致发光性质的化合物。当这些化合物受特定波长的光线照射后，能发射荧光。利用这一性质，可对其进行检测。如果待测物质不能产生荧光，则需要通过衍生化法进行前处理，即让该物质与荧光试剂反应，生成可发出荧光的物质后再进行检测。目前，可检测的物质包括甾类化合物、氨基酸、卟啉类化合物、黄曲霉素、维生素 B、多环芳烃等。虽然可检测对象不如紫外检测器种类多，但其灵敏度比紫外检测器高 2~3 个数量级，检测限可达 pg 级，属于选择型浓度检测器，特别适合痕量分析，并可用于梯度洗脱。然而，其线性范围较窄。选择合适的测定激发波长和发射波长，对检测灵敏度和选择性都很重要，尤其是可较大程度提高检测灵敏度。图 4-9 是典型的直角型荧光检测器示意图。卤钨灯产生 280 nm 以上的连续波长激发光，这些光被透镜和激发滤光片聚集在一起，然后被其分为所需的谱带宽度，并在 25 μL 的吸收池上聚焦。另一个棱镜将从该池中出来的与激发光成 90° 的发射荧光聚焦，透过发射滤光片照射到光电倍增管上进行检测。

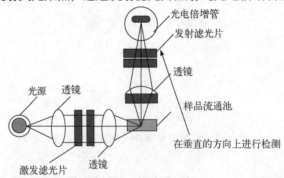

图 4-9　直角型荧光检测器示意图

4.5.3　示差折光检测器

示差折光检测器的原理是根据不同物质有不同的折射率来检测的。当流经参比池和样品池中的流动相存在折射率差别时，差值越大，提示样品浓度越大，示差折光检测器的响应信号由下式表达：

$$R = Z(n - n_0) \qquad n = c_0 n_0 + c_i n_i \tag{4-2}$$

式中，Z 为仪器常数；n 为溶液的折射率；n_0 为溶剂的折射率，溶液的折射率等于溶剂和溶质各自的折射率乘以各自物质的量的和。示差折光检测器根据其设计原理又可分为反射式（图 4-10）和偏转式（图 4-11）。由于示差折光检测器对所有的物质均有响应，且大多数物质的折射率与流动相都有差异，因此该检测器属于通用型检测器。然而，该检测器的灵敏度不高，低于紫外检测器，且对温度敏感，不能用于梯度洗脱。虽然存在这些不足，但对于那些无紫外吸收的有机物，如脂肪烷烃、高分子化合物、糖类等，示差折光检测器却是理想的选择。在凝胶色谱中，示差折光检测器更是不可或缺的组成部分。

（1）**反射式**　钨灯发出的光，经过遮光板、红外滤光片等组件后形成两束能量相等、窄而细的平行光束，再由透镜准直，投射到样品池与参比池上。透过空气-棱镜和棱镜-液膜（流动相）界面的光线由池底板镜面反射，经过透镜聚焦于双光电检测器（光电管）上。当样品池和参比池溶剂相同时，系统的输出为零；当样品池中含有待测样品时，系统会输出信号，即可测量样品池与参比池的差值。由于反射式检测器是根据光的能量来测量样品的含量，故对可能引起光能量变化的干扰因素非常敏感，如池内镜面污染、颗粒、气泡等。但该类型检测器的池体积较小，只有 $3\sim5\ \mu L$，因此具有较高的灵敏度，适合与高效柱一起使用。

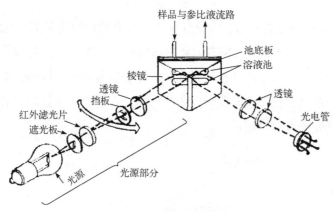

图 4-10　反射式示差折光检测器光路图

（2）**偏转式**　这类检测器的工作原理是基于溶液折射率的改变引起折射光偏转角发生变化。偏转角的大小和样品池与参比池之间的折射率差值成正比，通过测量偏转角来测量检测器的输出信号。光源发出的光经狭缝和透镜后成为平行光进入样品池和参比池，然后经反射镜再将光反射回来，再次产生偏转。光经透镜聚焦后照射到光敏元件上，根据光偏转的程度产生大小不一的信号，达到检测目的。样品不同，折射率也不同。该检测器是测量样品池与参比池之间折射率差值引起的光偏转角度，跟光能量关系不大，因此，对于气泡或污染变化不敏感，不需要时刻关注样品池与参比池的清洁问题，使用的温度也可达150℃，但结构比反射式复杂，灵敏度也相对较低。

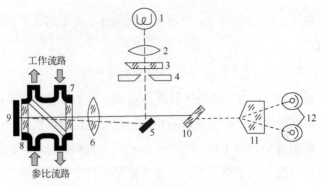

图 4-11　偏转式示差折光检测器光路图

1—钨灯；2—聚光透镜；3—滤光片；4—遮光板；5—反射镜；6—透镜；7—检测池；8—参比池；
9—平面反射镜；10—平面细调透镜；11—棱镜；12—光电管

4.5.4　蒸发光散射检测器

该检测器属于通用型检测器，于 20 世纪 90 年代出现，其为无紫外吸收的样品组分检测提供了新的分析方法。其工作原理（图 4-12）为：样品从色谱柱流出后进入雾化器形成微小液滴，与通入的气体（如氮气）混合，共同经过加热的漂移管，此时流动相被蒸发（因此流动相中不能含有不挥发性的盐），样品组分成为气溶胶。气溶胶被激光照射后，产生光散射，最后被光电二极管检测。散射光的强度（I）与组分的质量（m）的关系如下式：

$$\lg I = b \times \lg m + \lg k \tag{4-3}$$

式中，k 和 b 是与漂移管温度、雾化气体压力及流动相性质等实验条件有关的常数。

蒸发光散射检测器（ELSD）对所有固体物质均有近乎等同的响应，检测限通常为 10 ng 左右，常用于测定挥发性低于流动相的样品，但对于有紫外吸收的组分检测灵敏度不高。可用于梯度洗脱，特别适用于没有紫外吸收的样品。在糖类、高级脂肪酸和高分子化合物检测中，常用到蒸发光散射检测器。

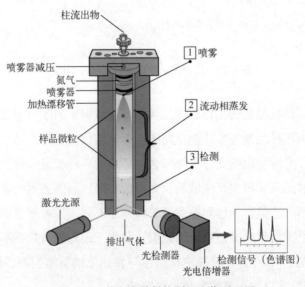

图 4-12　蒸发光散射检测器工作原理图

4.5.5　其他检测器

电化学检测器适用于测定具有电化学氧化还原性质的化合物，对酚类、胺类、微生物等表现出相当好的灵敏度。在这类检测器中，安培检测器与电导检测器使用最为频繁。安培检测器是一个选择型检测器，适用于测定所有在工作电压之内发生氧化或还原的物质，在生化类样品分析中应用较多，检测限可达到 10^{-15} mol/L。电导检测器根据物质在某些介质中电离后所产生的电导变化测定电离含量。物质浓度越高，离子浓度越高，电导率变化就越大。电导检测器对温度较敏感，因此，实验中要严格控温，且不适合梯度淋洗。

小角度激光散射检测器是近些年来高效液相色谱领域中出现的一种新型检测器。从柱子中流出的高分子溶液，如右旋糖酐等，被光线通过时，除产生正常的光学作用外，还会因分子的热运动而使分子内部发生局部密度变化，从而向各方向发射散射光，即分子散射。通过光散射公式和仪器的测定参数，可求出高分子的分子量。目前，该技术在蛋白质药物研究中得到了广泛应用，且无须依赖标准品或外标。

随着技术的进步，旋光设备也被作为检测器应用于高效液相色谱仪，它在手性化合物鉴定方面具有相当大的优势。除了旋光检测器，圆二色谱检测器也是常用的手性检测器之一，其响应值正比于旋光物质对左、右圆偏振光的吸收差。圆二色谱可用于手性分子的测定、判断分子的绝对构型、获取对映体的洗脱顺序等，常用于核酸、糖等的构象研究中。然而，圆二色谱的扫描过程耗时较长。

4.6　色谱分离条件的优化

在色谱分析中，优化色谱条件至关重要。面对峰型差异、杂质分离度不足、峰面积大小不一等问题时，需要对分析方法进行精细调整：①更换色谱柱。针对不同的化合物结构，选择合适的色谱柱能大大提升分离的选择性。如尝试将 C_{18} 柱换成苯基柱，会产生不一样的分离效果。②变更流动相。水相方面，可调整 pH 值，尝试高氯酸、磷酸等不同酸性的水溶液。有机相乙腈、甲醇、四氢呋喃等都是不错的选择。使用混合有机相，如乙腈与甲醇的 1:1 混合，可能带来更为良好的分离效果。③调整梯度。通过改变梯度变化速率，让不同化合物在流动相极性变化中展现不同的敏感度，从而优化分离效果。④选择更适合的检测器。有些化合物由于浓度较低，可能在紫外检测器上得不到良好的线性关系，可更换为质谱检测器。总之，优化色谱条件时，要时刻观察是否有优化的趋势，如果调整方向正确，显示积极的变化，就可继续进行探索和优化。

4.6.1　色谱柱及柱温的选择

（1）填料粒度的选择　目前，商品化的色谱柱填料粒度从 1 μm 到超过 30 μm 不等，而普通 HPLC 色谱柱主要用 3 μm、5 μm 和 10 μm 填料。填料的粒度对柱效和柱压影响较大。粒度越小，柱效越高，在相同选择性条件下，提高柱效可增加分离度，但这不是唯一的影响因素。若固定相选择正确但分离度不够，选择更小粒度的填料会非常有效。如 3 μm 填料填充柱的柱效比相同条件下的 5 μm 填料提高了超过三分之一。然而，3 μm 的柱压却是 5 μm 的 2 倍左右。与此同时，柱效提高意味着在相同条件下可选择更短的色谱柱，以缩短分析时间。

（2）**固定相的选择**　在反相键合相色谱中，常选用非极性键合相，用于分离分子型化合物，也可分离离子型或可离子化的化合物。十八烷基硅烷键合硅胶是应用最广泛的非极性固定相，对于各种类型的化合物都有很强的适应能力。此外，短链烷基键合相适用于极性化合物的分离，苯基键合相适用于分离芳香化合物。在正相键合色谱法中，常用极性的氨基和氰基键合相。氨基键合相对双键异构体或含双键数不等的环状化合物有较好的分离选择性，由于其较强的氢键结合能力，其对某些多基团化合物，如甾体、强心苷等，有较好的分离能力。氨基键合相上的氨基能与糖类分子中的羟基产生选择性相互作用，被广泛用于糖类分析。

（3）**保护柱的选择**　怎样选择保护柱，又不影响分离分析？这是色谱工作者经常提出的一个问题。通常，在选择保护柱之前首先要考虑的是样品是否清洁。保护柱越长，所装填的色谱填料就越多，从而更能避免污染物进入分析色谱柱。但是，随着保护柱的长度加长，样品的保留时间也会相应增加。一般来说，保护柱的内径与分析色谱柱的内径相同或相当即可。保护柱的填料装填方式也很重要。目前采用薄膜装填法的保护柱，使用过程简单方便，而且可在实验室中干法装填，但其最大的缺点是一次性使用的相对成本较高。另外，薄膜装填法的保护柱所装填的色谱填料有限，只能提供有限的保护作用，但由于装填的填料较少，保护柱的长度也较短，对分析样品的保留时间影响较小。另一种保护柱结构是缩短了的色谱分析柱，设计方式上有直连式、手紧式或整体式。整体式设计是由色谱柱的生产厂商直接安装在色谱分析柱上的，必须与色谱分析柱一同订货，使用方便，但不能修改。直连式结构设计可由色谱工作者随时安装连接，可与任何品牌的色谱分析柱连接使用，而且还可以根据样品的相关情况选择不同的保护柱长度，安装时徒手拧紧即可。另外，从经济角度考虑，有些保护柱是可更换柱芯的，这可降低保护柱的使用成本。大多数人是根据色谱分析柱的填料选择保护柱的填料，正常情况下可选择与分析色谱柱一样的填料。但是，根据实际的分析工作，也可不必与分析色谱柱的填料完全相匹配。选择保护柱的原则是在满足分离分析要求的前提条件下，尽可能选择较短的保护柱，对分离样品保留性较小的填料。

（4）**柱温的选择**　柱温是直接影响色谱过程的热力学和动力学因素，主要通过影响固定相表面的反应速率，进而影响分离效果和峰形。通常，提高柱温可加快反应速率，增大分离效果的理论板数和分离度，然而，过高的柱温则会导致某些热敏性样品的降解或化学反应，进而影响分离效果。此外，高柱温会加速柱材料的老化，从而降低柱子的使用效能和寿命，尤其是对一些温度敏感的柱材料。

选择柱温时要综合考虑以下几个方面：①考虑固定相的最高和最低使用温度，确保柱温在固定相的耐受区间内，避免固定相的流失和老化。②选择能使难分离的组分达到良好分离效果的柱温。③在满足分离效果的前提下，尽可能缩短分析时间。④考虑样品的热敏性和挥发性，避免因高温导致的降解或挥发。总之，柱温的选择和优化对于实现良好分离、缩短分析时间及延长色谱柱寿命非常重要，在使用中应综合考虑和灵活运用。

4.6.2　流动相的选择

（1）正相键合相色谱的流动相　通常采用烷烃加适量极性调节剂，使试样组分的 k 值在1～l0 范围内。首选由正己烷和异丙醇组成的混合溶剂。正己烷-异丙醇不仅在低紫外波长区吸收较弱，还可提供较宽的溶剂强度区间，适合分离极性差异较大的样品。除正己烷外，溶解性较好的1,1,2-三氟乙烷也可作为混合溶剂中的一种替代正己烷，但由于其在短波长下吸收较大，只能用于 235 nm 以上的检测，并且其破坏臭氧，这也限制了其使用。异丙醇的替代品包括二氯甲烷、甲基叔丁醚、乙酸乙酯、乙腈等，其中异丙醇适合短波长（<215 nm）检测条件下极性样品的分离；二氯甲烷在波长大于 235 nm 检测条件下是首选，但洗脱能力不强；甲基叔丁醚和乙酸乙酯可在 225 nm 以上波长使用，加入后可改变分离因子；乙腈也有同样的效果，且在 195 nm 以上波长无明显紫外吸收，但乙腈与正己烷混合性不好，需要加入共溶剂。流动相的优化过程如下：可采用 0%～100%异丙醇-正己烷初始梯度在正相色谱柱上进行初始条件分离，根据结果调整梯度洗脱程序。为调节分离选择性，可改变流动相种类，若还不理想，可考虑更换色谱柱类型。

（2）反相键合相色谱的流动相　一般以极性最大的水为主体，加入极性调节剂，如甲醇、乙腈等。按照传统，流动相 A 为弱的水相，B 代表反相液相色谱中的强流动相（有机溶剂）。目前反相液相色谱中最常用的有机溶剂是乙腈和甲醇，少数用到四氢呋喃。洗脱强度顺序是甲醇<乙腈<四氢呋喃，这三种溶剂在质子接受能力、质子贡献能力、偶极作用方面有显著差异，在等度分离条件优化时可被有效利用。乙腈是一种非质子性溶剂，也是一个带有 π-π 作用的质子受体，截止波长较低（190 nm），有着较强的洗脱强度和较低的黏度，可带来更高的柱效；甲醇是一种质子性溶剂，可同时作为质子受体和质子供体，价格比乙腈更便宜，但会产生更高的柱压，特别是和水混合时（甲醇:水=50:50 时，压力最高），甲醇的截止波长为 210 nm；四氢呋喃在反相色谱中很少用到，除非需要利用其强溶解能力和洗脱强度，毒性和安全性问题（会形成过氧化物）让它在使用时非常受限。因此，对于流动相 B，一般在甲醇和乙腈两者之间选择。甲基叔丁醚可作为四氢呋喃在低浓度使用时的替代品，因为它在水中的溶解度有限，同时也不会形成过氧化物。由于黏度过高，有些脂肪醇比如乙醇、丙醇和丁醇在反相色谱中很少使用。

流动相 A 中主要成分是水，通常会加入少量的改性剂、缓冲盐控制 pH 和离子强度，纯水通常被用于分离中性分子。在药物分析中，绝大多数药物是可离子化的，也就是酸性、碱性或两性离子。因此，调节流动相 A 的 pH 至关重要，因为它对分析物的保留有较大影响。可离子化的分析物在不同 pH 条件下以离子化或非离子化形式存在，而在反相色谱中，离子态的保留通常比分子态要弱得多。另外，在药物分析中，pH 常设在 2～4 的酸性范围内，因为这个范围的 pH 可抑制弱酸性分析物的电离，从而获得更好的保留。碱性分析物在低的 pH 值下虽然会离子化，但绝大多数的碱性药物都有足够强的疏水性，在离子态下依然有足够的保留。同时酸性 pH 值也可抑制色谱柱上残留硅醇基的电离，减少碱性分析物与这些硅醇基的二级作用，从而避免拖尾现象。常用的酸是三氟乙酸、甲酸和乙酸，体积分数为 0.05%～0.1%。0.1%三氟乙酸（2.1），0.1%甲酸（2.8），0.1%乙酸（3.2）三种溶液的 pH 值依次为 2.1、2.8、3.2。HPLC 中最常用的缓冲盐是磷酸盐。因为磷酸有三个可电离的氢，磷酸盐在 pH 2、7 和 10 时都是有效的。它的截止波长是 200 nm，但由于其具有不可挥发性，不适用于蒸发光散射检测器。此外，磷酸盐在乙腈中的溶解性较差，特别是在高浓度时，可能会在泵混合过程中析出，因此挥发性酸的铵盐常被用来替代磷酸盐。常见的兼容缓冲盐体系是 20 mmol/L 的甲酸铵，用甲酸调节其 pH 至 3.7。这种流动相条件可使多数碱性药物和多肽在色谱柱上有优异的峰形，特别是当载样量增加时，有助于保留很多碱性和两性离子分析物。

此外，在反相色谱法中，离子抑制色谱法和反相离子对色谱法的流动相选择各具特点：①离子抑制色谱法是在反相键合相色谱法的流动相中加入少量弱酸（常用醋酸、磷酸）、弱碱（常用氨水）或缓冲溶液（常用醋酸盐或磷酸盐），调节流动相的 pH，抑制组分的解离，增加组分在固定相中的溶解度，达到改善峰形或分离的目的。其流动相的 pH 一般需在 2～8 之间，超出此范围可能导致化学键合相的化学键断裂或硅胶溶解（新型固定相如以硅碳杂化硅胶为基质的键合相可用于宽 pH 范围 2～12）。在流动相中加入 0.1%～1% 醋酸盐、磷酸盐等可调节流动相的离子强度，减弱固定相表面残余硅醇基的吸附作用，减少峰拖尾，改善分离效果。②在反相离子对色谱法中，影响组分保留和分离选择性的主要因素有离子对试剂的性质和浓度、流动相 pH 及流动相中的有机溶剂种类、比例等。离子对试剂应带有与试样离子相反的电荷。如分析酸类或带负电荷的物质时，一般以烷基季铵盐为离子对试剂；分析碱类或带正电荷的物质时，常用烷基磺酸盐或硫酸盐；离子对试剂的浓度常在 3～10 mmol/L。离子对的形成依赖于组分的解离程度，当组分与离子对试剂全部离子化时，最有利于离子对形成，组分保留也最大，但对于强酸强碱影响甚微，因此流动相 pH 一般在 2～8。在反相离子对色谱法中，有机溶剂的比例越高，组分的保留时间越短。这是因为有机溶剂的增加降低了流动相的极性，从而减少组分与固定相的相互作用。

4.6.3 洗脱方式的选择

HPLC 中等度洗脱适用于分离性质相似、保留时间接近的化合物，而梯度洗脱更适用于分离性质差异大、保留时间范围广的化合物。实际应用中，可根据需求灵活选择洗脱方式，以达到最佳分离效果。

（1）等度洗脱 等度洗脱流动相组成稳定，各组分在色谱柱中的分配系数相对固定，因此分离效果较为稳定。等度洗脱操作简单，重现性好，特别适用于批量样品的快速分析。然而，对于性质差异大、保留时间范围广的化合物，等度洗脱往往分离效果不佳，峰形重叠或拖尾严重。

（2）梯度洗脱 梯度洗脱更适用于分离性质差异大、保留时间范围广的化合物。通过调整流动相的组成和梯度程序，可优化分离效果，提高分辨率和峰形对称性。梯度洗脱具有更高的灵活性和适应性，特别适用于复杂样品分析和分离条件的优化。然而，梯度洗脱操作相对复杂，需要精确控制流动相的组成和变化速率，确保分离结果的稳定性和可靠性。

综上所述，HPLC 中不同洗脱方式的选择取决于化合物的性质、分析目的和色谱条件。应根据具体需求灵活选择等度洗脱或梯度洗脱方式，达到最佳分离效果和分析准确性。

4.7 超高效液相色谱法

4.7.1 基本原理

随着科技的进步，人们对 HPLC 的要求也不断提高，需要更快、更好的结果。Jorgensen 博士和杨百翰大学的 M. Lee 博士发表了关于色谱实验室未来分析范围的研究，提出"采用比以前小得多的颗粒，可使分离过程达到新高度"的观点。因此超高效液相色谱法[ultra performance liquid chromatography（UPLC）或 ultra-high performance liquid chromatography（UHPLC）]的概念应运而生。超高效液相色谱法是在液相及高效液相色谱法基础上发展起来的，目前还属于一个科学研究新领域。UPLC 引入了小颗粒填料、低系统体积及快速、灵敏检测器等技术手段，显著提升了分析通量、检测器灵敏度及色谱峰容量等。

根据范第姆特方程可知：①微粒的粒度越小，色谱柱的柱效越高；②不同微粒的粒度尺寸对应有最佳流速；③微粒的粒度越小，最高柱效对应的流速会向更高流速方向移动；④越小的粒度具有越宽的线速度范围。因此，通过降低微粒的大小，不仅可提高色谱柱柱效，还可提高分析速度。研究发现，一旦填料的颗粒大小低于 2 μm，色谱技术就能达到一个新水平，不仅柱效更高，而且随着流速的提高，柱效不会降低。

与 HPLC 相比，UPLC 的速度、灵敏度及分离度均大幅提高：①分离度更高。分离度与微粒粒径的平方根成反比，所以粒径小于 2 μm 甚至到 1.7 μm 时，分离度增大，柱效显著提高。研究表明，粒径 1.7 μm 比 5 μm 的固定相柱效提高了 3 倍，其分离度提高了 70%。②分析速度更快。UPLC 采用粒径为 1.7 μm 的颗粒，其色谱柱柱长是粒径为 5 μm 颗粒的柱长 1/3，同时保持柱效不变，使样品分离速度提高了 3 倍且分离度保持不变。③灵敏度更高。以往主要采用高灵敏度检测器提高检测灵敏度，而 UPLC 系统主要通过减小微粒的粒径，使色谱峰变得更窄，从而实现检测灵敏度的提高。此外，超高效液相色谱技术比高效液相色谱技术的分离度也有很大提升，更加有利于对样品化合物进行离子化，有助于与其样品的基质杂质进行分离，通过降低基质效应，提高检测灵敏度。

尽管 UPLC 具有上述优点，但也存在一些不足：①实验中仪器内部压力过大，会导致泵的使用寿命降低，仪器连接部位老化速度加快，以及单向阀等零件容易出现问题；②仪器价格较普通高效液相色谱仪高，限制了其发展和应用；③由于生产技术要求高，只有少数厂家能生产这种仪器；④填充色谱柱的颗粒极细，为了防止柱子堵塞，对样品的前处理要求也相应提高。随着技术的不断发展，相信这些问题会被逐渐解决。

4.7.2　与高效液相色谱法的不同

（1）**高效色谱柱**　UPLC 色谱柱常采用全多孔球形 1.7 μm 反相固定相，它是应用杂化颗粒技术合成的。这使得在常规 HPLC 中需要几十分钟完成的分析任务，在 UPLC 中缩短为几分钟，并拥有每米 20 万块理论塔板数的超高柱效，从而提高了分离度，加快了分离进程，实现了更窄的色谱峰和更高的峰容量。

（2）**超高压输液泵**　由于色谱柱粒径减小，其所产生的压力也自然成倍增大，故输液泵也需相应改变为超高压输液泵。超高压输液泵装备了独立柱塞驱动，通常是可进行四种溶剂切换的二元高压梯度泵。对于柱长 10 cm、填充 1.7 μm 固定相的色谱柱，为了达到最佳柱效，流速为 1 mL/min，可耐受压力高达 105 MPa（15000 psi）。溶剂输送系统可在很宽的压力范围内补偿溶剂压缩的变化，从而在等度或梯度洗脱下保持流速的稳定性和重现性。此外，集成改进的真空脱气技术，可使流动相和洗针溶剂同时得到良好的脱气处理。

（3）**高速检测器**　UPLC 中使用的 1.7 μm 固定相能实现极高的分离效率，使色谱峰半峰宽小于 1 s。这样的窄峰要求检测系统具有更快的采样速度。如 ACQUITY UPLC 系列的仪器，采样速度达到了每秒 40 个数据点，并且使用了新型光导纤维传导的流通池，池体积仅为 500 nL（约为 HPLC 池体积的 1/20）。当光束通过光导纤维进入流通池后，聚四氟乙烯池壁的全折射特征确保了光束不损失光能量，从而使检测灵敏度比 HPLC 增加 2~3 倍，光源可使用可变波长的紫外检测器或二极管阵列系统。

（4）**自动化系统**　常规手动进样阀和自动进样阀不能满足 UPLC 的需求。为保护色谱柱不受极端高压波动的影响，进样过程应相对无压力波动，进样系统的死体积必须足够小，以降低样品谱带的扩展。因此，UPLC 的自动化进样器设计实现了以下创新：针内针进样探头为高速进样机械装置，可快速进样。针内针是使用液相色谱管路充当进样针，以减少死体积，而"外针"是一小段硬管，用来扎破样品瓶盖；压力辅助进样可降低进样时的交叉污染；采用一强一弱的双溶剂（强溶剂一般用 50% 以上的甲醇或乙腈，弱溶剂常用 10%~20% 的甲醇或乙腈）进样针清洗步骤，这两种洗针溶剂需同时得到良好脱气，此技术可保证可靠、重现的进样；在自动进样器内，可安置 96 位或 384 位样品盘，每个位置可放置 2 mL 或 4 mL 样品瓶，新型样品组织器可接受 21 个样品盘。

4.8 高效液相色谱法的新进展

4.8.1 新填料与新技术

长期以来，科研人员为了达到优化分析的目的，致力于改变色谱柱，如微型化、小内径和快速型。这些改进对经常分析大量样本的医药产业、质控等部门十分重要。此外，色谱柱填料也经历了多样化的研发，既有适用于多种分析物的通用型填料，也有针对特定分析物设计的专属填料。如担体除了常用的硅胶外，衍生出了氧化物、炭类、聚合树脂、羟基磷灰石小球和醇脂糖，填料尺寸也较广。针对手性化合物、大分子和生物活性大分子分析研发了专门填料，甚至还有用于具有许多种官能团化合物的混合床填料。

（1）亚 2 μm 填料 根据速率理论，色谱柱填料粒径越小，柱效越高。当粒径小于 2 μm（亚 2 μm）时，即使提高线速度，分离度也不再降低，这也正是小粒径填料的优势所在。但随着粒径减小，柱压会急剧升高。因此，亚 2 μm 的细粒径填料对系统的耐压性要求很高，很长一段时间内，材料和工艺无法满足亚 2 μm 填料对系统的耐压性要求。随着材料科技的进步，沃特世、安捷伦、赛默飞、岛津、日立、珀金埃尔默等公司推出了亚 2 μm 填料新技术。代表性的是基于 UPLC 的 200 Å[❶] 孔径的体积排阻色谱柱，该柱由亚 2 μm 的亚乙基桥杂化颗粒组成，化学结构和性质比纯硅胶基质颗粒更稳定。其具有小颗粒和窄内径的特点，并不适用于普通液相色谱系统，因此，科研人员又推出了 3.5 μm 亚乙基桥杂化颗粒，孔径为 200 Å 或 450 Å，并用于蛋白质分析。

（2）核壳型填料 核壳型填料是在坚实的硅胶核心上生成一个均匀的多孔外壳，因核心是实心的，样品在通过色谱柱时，只需花费少量时间，便能从硅球表面的颗粒孔扩散出来。这种设计的优点在于能实现快速的扩散和传质，与普通色谱柱相比，缩短了分析时间，提高了柱效，并且使用时不会对系统造成高压，这种填料也可在常规 HPLC 上运行。

（3）硅胶表面涂覆或键合新型聚合物 这种新类型的填料很多，如聚丁二烯马来酸及聚乙烯咪唑、聚胺、聚乙烯亚胺、聚乙烯、聚乙烯吡咯烷酮、烷基聚硅氧烷、聚烷基天冬酰胺等。与常规 C_{18} 柱相比，其化学稳定性和选择性有所提高。

（4）其他氧化物替代传统硅胶 硅胶对某些流动相不太稳定，从而限制了流动相的选择。近些年来，研发人员以二氧化锆和三氧化二铝为基质，在其表面涂覆聚合物作为新填料。如将聚乙二烯涂覆三氧化二铝作为反相色谱填料，可用于分析蛋白质；将多孔二氧化钛和二氧化锆键合十八烷基为填料，可用于分析多环芳烃、烷基苯、低聚糖、单磺酰化氨基酸、蛋白质等；将聚丁二烯涂覆在二氧化锆上作为填料，可进行反相色谱分析。

（5）无孔单分散填料 为了分离大分子化合物，以高分子聚合物或硅胶制成的无孔球被开发成填料。大分子化合物流经小球之间的缝隙时，与小球表面相互作用，提高了选择

[❶] 1 Å=10⁻¹⁰ m。

性。这种填料成功分离了多种蛋白质。在分析小分子时，也有显著效果，如 30 s 内即可分离苯、联苯和芴，并获得了高于常规分析的柱效。此外，还有以树脂为材料的无孔亲水性填料，也可用于分析生物大分子。近年，用三氧化锆作基质制备无孔反相液相色谱填料的研究也获得迅速发展。

（6）灌注色谱填料 该技术是为克服全多孔型硅胶孔径狭小的缺点而设计的，又称流通粒子。其内部孔径有两种：一种较大，叫"流通孔"；另一种较小，称"扩散孔"。二者相连，用于生物大分子的分离纯化，可适应高流速，曾在 12 s 内分离出 5 个蛋白质。

（7）聚合物填料 尽管 HPLC 的填料仍以无机物为主，但以聚合物作为基质的填料也在慢慢发展，如苯乙烯-二乙烯基苯共聚物，它是一种疏水性基质，具有价格低、稳定性好等优点。研究表明，它可代替硅胶作为反相色谱填料，在分析生物大分子方面表现出色。目前，科研人员正在对其进行各种改性，以适应不同的液相色谱模式。

4.8.2　整体柱

整体柱，又称棒状柱、连续床层，是一种用有机或无机聚合的方法，在色谱柱内进行原位聚合的连续床固定相。色谱整体柱的空隙由高聚物颗粒内部的空隙和颗粒间的缝隙组成，通过控制聚合条件可获得具有理想孔径分布的整体色谱柱。作为继多聚糖、交联与涂渍、单分散技术之后的第四代分离介质，它具有合理的孔径分布和较大的比表面积，具有通透性好、柱前压低及活性位点利用率高等优点。当被分离样品流经色谱整体柱时，可减少涡流扩散和纵向扩散，提高柱效，同时可显著缩短分析时间。整体柱制备简便、重现性佳、多孔性优越，能实现快速且高效的分离。目前，多应用于对生物大分子进行快速分离分析，是近年来极具应用潜力的新型色谱柱。

整体柱按其制备方法，可分为硅胶整体柱和有机聚合物整体柱。

（1）硅胶整体柱 以填充物为基础的硅胶整体柱，是先将填料填充到柱管中，再通过其他技术，如溶胶-凝胶技术、聚合技术或高温烧结技术等将填料固定并形成整体柱。例如，应用超临界 CO_2 将以硅胶为基质的 ODS 微球填充到毛细管柱中，然后经溶胶-凝胶化过程制备整体柱。这种柱子的大孔硅胶之间及其与毛细管柱内壁的交联状况良好，并在毛细管电色谱法（CEC）模式下发现硫脲的传质阻力显著减小。

（2）有机聚合物整体柱 有机聚合物整体柱是先将单体混合物及致孔剂注入柱管中，经热、紫外光或 γ-射线引发，使单体混合物在柱管内聚合，然后用适当溶剂除去柱体内的致孔剂和残留单体。在聚合物中加入特定的单体，或在聚合物后进行化学修饰，可改善色谱柱的选择性。这类整体柱和其他硅胶整体柱相比，具有选材广泛、pH 应用范围宽及制备简单等优势。

聚合物整体柱根据材料和功能分类，主要包括分子印迹整体柱、聚丙烯酸酯类整体柱、聚苯乙烯类整体柱和聚丙烯酰胺类整体柱等。

① 分子印迹整体柱：应用分子印迹技术，使聚合物的作用点对目标物具有一定的识别

选择性。分子印迹整体柱要求单体能提供共价键或非共价键，目前多采用甲基丙烯酸。例如，以苯乙烯、甲基丙烯酸缩水甘油酯、甲基丙烯酸为主体，二乙烯基苯、三丙基异氰脲为交联剂，以神经酰胺Ⅲ为模板分子，通过原位聚合制备了分子印迹整体柱，以神经酰胺Ⅲ为模板分子制备的整体柱孔径更小，对模板分子的分离度更好，但柱前压有所升高。

② 聚丙烯酸酯类整体柱：以甲基丙烯酸酯、2-丙烯酰胺-2-甲基丙烷-1-磺酸、甲基丙烯酸缩水甘油酯为单体，1-丙醇、1,4-丁二醇、甲醇、环己醇等为致孔剂制备。在聚合过程中，致孔剂的加入比例和反应单体的种类对整体柱的性能有较大影响。部分聚丙烯酸酯类整体柱表面具有环氧结构，可进一步修饰，使之具有不同的选择性，而且可在 pH 2～12 范围内使用，扩大了应用范围。如以甲基丙烯酸缩水甘油酯为单体的聚合物易于引入离子基团而制备离子交换色谱柱，同时，衍生化试剂的选择范围也大大扩展。

③ 聚苯乙烯类整体柱：聚苯乙烯固定相由 sp^3 碳连接的苯环构成，具有理想的疏水性，可直接用于反相色谱。通过引入不同的功能单体进行化学修饰的聚苯乙烯整体柱可以扩大应用范围，具有良好的发展前景。例如，利用所制的聚苯乙烯整体柱，研究了柱上沉淀-再溶色谱，并分离了苯乙烯的寡聚物和高聚物。

④ 聚丙烯酰胺类整体柱：与其相关研究相对较少，主要集中在有机相中制备聚丙烯酰胺整体柱。聚丙烯酰胺体系是典型的水相体系，其特点是单体易溶于水，有良好的生物兼容性，适合分离生物大分子；柱中的硅胶颗粒上虽然没有孔结构增加传质，但其直径小，表面粗糙，故表面积大，结合位点多；凝胶颗粒间靠共价键结合，流动阻力小；可通过压紧柱子降低孔隙体积以提高分离效果；分离效果往往随流速提高而提高。

随着整体柱技术的发展和完善，整体柱可用于不同的色谱系统，根据柱径可分为微系统和常规系统。由于整体柱可实现高流速、低压降的快速分离，其在制备色谱法中的应用也备受关注。例如，将整体柱与连续进样装置联用，从而避免使用常规色谱法设备，降低应用成本。固相萃取作为样品前处理技术已受到广泛重视，整体柱作为固相萃取分离介质，在生物样品的分离纯化和药物代谢研究中具有巨大的发展潜力。

4.8.3 多维液相色谱法

多维液相色谱法（multi-dimensional liquid chromatography，MDLC）是一种新型分离技术，又称为色谱-色谱联用技术，是采用匹配的接口将不同分离性能或特点的色谱柱连接使用，实现多级分离。第一级色谱中未分离开或需要进一步分离富集的组分由接口转移到第二级色谱中，如果第二级色谱中的组分仍需进一步分离或分离富集，也可以继续通过接口转移到第三级色谱中。理论上，可通过接口将任意级色谱串联或并联起来，直至将混合物样品中所有难分离、需富集的组分都实现分离或富集。但实际上，一般只要选用两个合适的色谱联用就可满足对绝大多数难分离混合物样品的分离或富集要求。因此，色谱-色谱联用都是二级，即二维色谱。将两种或多种不同色谱分离模式联用，就可显著提高色谱过程的峰容量。当一个复杂组分经由相似的色谱柱分离后，最大峰容量等于单个色谱柱的峰容量的乘积。为了获得如此高的峰容量，两种色谱模式需要完全正交，即两种色谱模式应基于两种不同的原理实现分离。

二维液相色谱法通常采用不同的机制分析样品，即利用不同样品的不同性质，如分子量、等电点、亲水性、特殊分子间作用等，将复杂混合物进行分离。在二维色谱术语中，1D 和 2D 分别指一维和二维，而 ^{1}D 和 ^{2}D 则分别代表第一维和第二维。影响多维色谱模式分离的因素很多，峰展宽效应、不同维色谱柱的相对分离速率及色谱模式之间的相容性是影响多维色谱分离最主要的三个因素。当样品组分经过第一维色谱分离后，假设样品没有被流动相稀释而直接进样，则经过第二维色谱柱分离后的色谱峰展宽较小，色谱分离的灵敏度和分离度很高。但实际情况是，第一维色谱分离后的组分已经被流动相稀释了，进而导致第二维色谱柱的样品组分在进样时明显展宽，严重影响了第二维色谱分离的灵敏度和分离度。若能将待分析组分流出第一维色谱之后进行聚集，凝成一个窄的谱带，然后再进入第二维色谱柱，分离度和灵敏度将会极大改善。

二维液相色谱分为中心切割式二维色谱和全二维色谱。中心切割式二维色谱是通过接口将前一级色谱中某一（些）组分传递到后一级色谱中继续分离，一般用"LC-LC"或"LC+LC"表示；全二维色谱是通过接口将前一级色谱中的全部组分连续地传递到后一级色谱中进行分离，一般用"LC×LC"表示。

"LC-LC"或"LC×LC"两种二维色谱可以是相同的分离模式和类型，也可以是不同的分离模式和类型。接口技术是实现二维色谱分离的关键之一，原则上，只要有匹配的接口，任何模式和类型的色谱都可联用。与一维色谱一样，二维色谱也可和质谱、红外光谱和核磁共振波谱等联用。二维液相色谱应用的领域较为广泛，尤其是在复杂混合物的分离和分析方面具有明显优势，在食品、医药、环境监测等领域也得到了广泛的应用。

阅读材料4-1
二维液相色谱法
同时兼容两种
分离模式

4.9 高效液相色谱法应用案例

4.9.1 化妆品分析应用案例

社会上对于化妆品产品功效和安全性的要求不断提高，既要实现美白防晒，又要具备祛斑祛痘的功能，还不能伤害皮肤，因此化妆品成分越来越复杂。任何成分出现问题都可能引发人身伤害，因此，多组分分析测定是化妆品质量控制的重要环节，而这正是高效液相色谱法的优势。例如，化妆品中添加防腐剂能抑制微生物的生长，确保化妆品质量稳定。有研究表明，部分防腐剂有致敏风险。为保证化妆品产品质量安全，2015 年版《化妆品安全技术规范》明确规定了准用防腐剂的中英文名称、最大允许浓度等。按照 2015 年版《化妆品安全技术规范》对某省内市售的若干批次洗发护发和清洁沐浴类化妆品进行 HPLC 测定，根据检测结果对防腐剂使用情况进行评估。7 种待测防腐剂分别为苯甲酸甲酯、碘丙炔醇丁基氨基甲酸酯、对氯间甲酚、2,4-二氯苯甲醇、邻苯基苯酚、氯咪巴唑、吡罗克酮乙醇胺盐。色谱条件：色谱柱为 C_{18} 柱（250 mm×4.6 mm，5 μm）；梯度洗脱程序见表 4-7；流动相 A 为磷酸二氢钠溶液（pH=3.80），B 为甲醇；流速为 1.0 mL/min；柱温 30℃；检测波长 230 nm；进样量 10 μL。

表 4-7　梯度洗脱程序

时间/min	流动相 A/%	流动相 B/%
0	70	30
5	40	60
8	40	60
20	15	85
32	30	70
33	70	30
40	70	30

由于几种防腐剂结构各不同，极性差别又很大，采用等度洗脱方式很难洗脱出来，因此，该方法采用了梯度洗脱进行分离，分析结果见图 4-13。结果显示多种防腐剂在 C_{18} 柱上得到了有效分离。

HPLC 在化妆品检测中不仅可用于防腐剂的测定，在化妆品着色剂检测、紫外线吸收物检测、美白祛斑剂检测、卤代酚及丙烯酰胺检测等方面也有广泛应用。

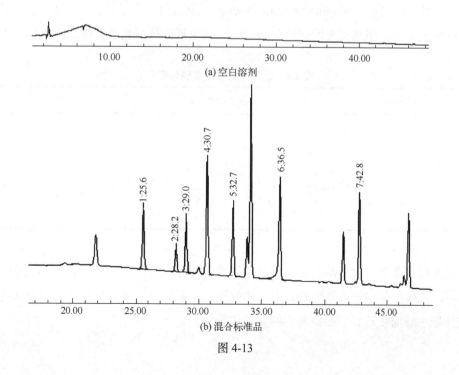

图 4-13

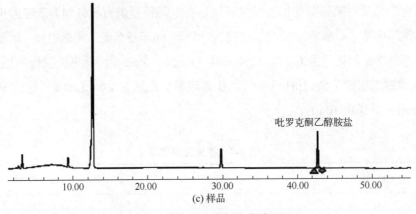

图 4-13 多种防腐剂分离结果

4.9.2 食品分析应用案例

黄芪甲苷是黄芪的主要活性成分之一，具有增强免疫力、增加能量、抗疲劳、保肝、抑制破骨细胞和清除体内自由基的作用，在国内许多保健食品中均有广泛应用。采用黄芪作为原料制成配制酒，饮用后对身体有一定的保健作用。目前，配制酒中黄芪甲苷的检测方法主要采用 HPLC 法，色谱柱为 C_{18} 柱。由于黄芪甲苷在紫外区仅有微弱的末端吸收，采用紫外检测器检测时，溶剂噪声对结果影响较大，而且对前处理要求较高，步骤烦琐，而采用蒸发光散射检测器则可最大限度避免紫外检测器的这些弊端。又由于酒中的成分较为复杂，很多物质都有可能干扰黄芪甲苷的测定，因此等度洗脱不适用于测定黄芪甲苷，为了在较短时间内完成分离分析，需选择梯度洗脱方式。

色谱条件：C_{18} 柱（250 mm×4.6 mm，5 μm）；流动相 A 为乙腈，B 为水，按表 4-8 中程序进行梯度洗脱；用蒸发光散射检测器检测。理论板数按黄芪甲苷峰计应不低于 4000。

表 4-8 配制酒的梯度洗脱程序

时间/min	流动相 A/%	流动相 B/%
0	33	67
19	33	67
21	90	10
23	90	10
25	33	67
32	33	67

分别吸取黄芪甲苷对照品溶液、供试品溶液各 20 μL，注入液相色谱仪，记录色谱图，如图 4-14 所示，在与对照品色谱峰相应的位置上，供试品溶液具有相同保留时间的色谱峰，按外标法峰面积计算，即得酒中的黄芪甲苷含量。

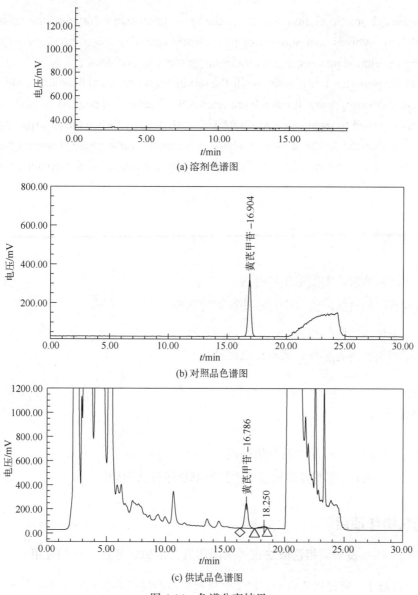

(a) 溶剂色谱图

(b) 对照品色谱图

(c) 供试品色谱图

图 4-14　色谱分离结果

 【本章小结】

Summary　High performance liquid chromatography uses liquid as the mobile phase and a high-pressure infusion system to pump mixed solvents, buffer solutions, and other mobile phases with different polarities into a chromatographic column containing a stationary phase. After each component is separated in the column, it enters the detector to generate a signal, thereby achieving analysis of the sample. The detectors that can be used for high performance liquid chromatography analysis are divided into specialized detectors (such as UV, fluorescence, etc.) and general-purpose detectors (such as differential refractive index, evaporative light scattering, etc.). High performance liquid chromatography has the characteristics of high column efficiency, fast analysis speed, high sensitivity, and high degree of automation.

High performance liquid chromatography has two elution methods: isocratic elution and gradient elution. Isocratic elution maintains the same composition ratio of the mobile phase; Gradient elution involves continuously or periodically changing the composition of the mobile phase during the elution process, and it requires a gradient elution device.

The mobile phase has low polarity while the stationary phase has high polarity, which is called normal phase chromatography. It has a large retention value for components with strong polarity and is commonly used to separate compounds with high polarity. When the polarity of the mobile phase is greater than that of the stationary phase, it is called reverse phase chromatography. It has a large retention value for components with weak polarity and is suitable for separating compounds with weak polarity.

 【复习题】

1. 高效液相色谱法的固定相有哪些?

2. 高效液相色谱法的流动相有哪些? 如何选择?

3. 什么是梯度洗脱?

4. 常用的检测器有哪些? 各有什么优缺点?

 【讨论题】

1. 比较 HPLC 与 GC 的异同与优缺点。

2. UPLC 对 HPLC 哪些方面进行了改进? 解决了什么问题?

团队协作项目

高效液相色谱法在《中国药典》（2025 年版）中的应用

【项目目标】 通过团队合作，以《中华人民共和国药典》（以下简称《中国药典》）（2025 年版）一部和二部为例，深入了解 HPLC 在两部药典分册中的使用范围，例如，含量测定项下使用该方法的药物品种有多少? 有关物质项下采用该方法的有多少品种? 采用了哪些色谱柱? 又使用了哪些检测器?

【团队构成】 4 个小组，每组 3～5 名学生。

【小组任务分配】

1. "HPLC 在药典质量控制项目中的应用"研究小组（任务内容：统计分析应用于含量测定的有多少品种，用于有关物质测定的有多少品种，用于溶出度测定的有多少品种）。

2. "固定相种类统计"研究小组（任务内容：统计分析两部药典分册中高效液相色谱法共有多少种固定相，除了 C_{18} 色谱柱外，其他类型色谱柱各涉及多少品种药物）。

3. "检测器种类统计"研究小组[任务内容：统计分析《中国药典》（2025 年版）中高效液相色谱法共使用了多少种检测器，除紫外检测器外，每种检测器涉及多少个品种药物，与药物的种类是否有关，有无共性]。

4. "梯度洗脱统计"研究小组[任务内容：统计分析《中国药典》（2025 年版）中有多少品种采用了高效液相色谱法梯度洗脱方式，并讨论为何采用梯度洗脱]。

【成果展示】 各小组分别准备一份报告，总结结果，并进行分析，在团队会议上进行展示。

【团队讨论】 团队对各小组的研究结果进行讨论，形成最终的合作报告，并总结HPLC在《中国药典》（2025年版）一部和二部中的应用。

案例研究

如何检测减肥产品中是否掺杂了违禁品

近些年，越来越多的人为了身材好看而瘦身，很多商家看到了商机，研发各种减肥产品，而有些不法商人为了更快显示瘦身效果，违法在其中加入了国家禁止使用的违禁品，给人民群众造成了很大伤害。请问如何在减肥产品中检测有无违禁品加入？

案例分析：

1. 国家明令禁止使用的减肥类违禁品有哪些？

2. 这些化学药的分子结构是什么？有无紫外吸收？如果有，最大吸收波长分别是多少？

3. 这些违禁品能否用高效液相色谱法进行分离和检测？采用什么色谱柱？什么类型的检测器？如何对分离结果进行优化？如何定性定量？

参考文献

[1] 周婕，杜斌. 药物色谱分析的理论与应用 [M]. 郑州：郑州大学出版社，2018.

[2] Kanu A B . Recent developments in sample preparation techniques combined with high-performance liquid chromatography: A critical review [J]. J Chromatogr A, 2021, 1654(7): 462444.

[3] Sagandykova G, Buszewski B. Perspectives and recent advances in quantitative structure-retention relationships for high performance liquid chromatography. How far are we? [J]. Trend Anal Chem, 2021, 141(4): 116294.

[4] Luca C D, Felletti S, Franchina F A, et al. Recent developments in the high throughput separation of biologically active chiral compounds via high performance liquid chromatography [J]. J Pharmaceut Biomed, 2024, 238(1): 115794.

[5] 段更利. 现代色谱技术[M]. 北京：人民卫生出版社，2020.

[6] 郑枫，丁黎. 药物色谱分析[M]. 北京：人民卫生出版社，2023.

[7] Eliise T, Christophe G, Chantal L, et al. Two-dimensional chromatography for the analysis of valorisable biowaste:A review[J].Anal Chim Acta, 2023,1283:341855.

（李杨　编写）

第 5 章　薄层色谱法

 学习目标

掌握：薄层板的制备、薄层色谱法操作流程、薄层色谱定性与定量方法；

熟悉：吸附剂与展开剂的选择；

了解：键合相薄层色谱法的原理和发展动态；

能力：能运用薄层色谱法分离和鉴定化合物。

📖 开篇案例

载玻片上的小发明，化学界的大突破：薄层色谱揭秘

20 世纪初期，有机化学发展迅速，产生了大量新的有机化合物。化学家们陷入了一个棘手的困境：他们需要找到一种既简单又快速的方法来分析这些复杂有机混合物，以满足实验室的日常工作需要。1938 年，苏联科学家 N. A. Izmailov 和 M. S. Shraiber 点亮了希望的火花，他们开始探索一种全新的分离技术。Izmailov 和 Shraiber 在显微镜载玻片上涂抹了薄薄一层氧化铝，然后小心翼翼地点上了待分析的样品。随后他们观察到：随着溶剂沿着这层氧化铝缓缓上升，混合物中的不同化合物因为吸附和溶解度的差异，开始以各自不同的速度"赛跑"，最终实现了分离。这一发现，就像是化学界的"哥伦布发现了新大陆"，开启了一场分析技术的新革命。这是最早的薄层色谱法，它简单、快速、成本低廉，满足了实验室日常分析的需求。不需要复杂的设备，只需一块涂抹吸附剂的薄板和一些溶剂，就能迅速将混合物中的成分分离开。它的出现，不仅在化学分析领域让科学家们眼前一亮，还在生物学研究、医药开发、环境监测等多个领域大放异彩。如今，薄层色谱法已成为实验室里不可或缺的"小助手"。

5.1　概述

薄层色谱法（thin layer chromatography，TLC）是一种简便、快速、成本低廉且灵敏度高的实验技术，通过在玻璃、金属或塑料表面涂上一层薄且均匀的固定相，待点样、展开

后，利用样品在固定相上的差速移动实现分离。TLC 以其操作简单、样品用量小、重复性好和直观性强等特点，通过改变流动相可灵活调整分离条件，在化合物的分离、鉴定和纯度检查中广泛应用。

此外，TLC 的多功能性使其不仅能用于分离和鉴定，还能进行反应监测和定量分析。尽管其分辨率不如一些更精密的色谱技术，但其在实验室中的实用性和经济性使其成为常规分析的重要工具。TLC 技术的发展包括与多种检测器的联用，如红外光谱、拉曼光谱、质谱等，以及与生物技术的结合，形成了效应导向分析（生物自显影），这使得 TLC 在食品、医药卫生、刑侦与消防、工业工艺和环境监测等多个领域都有广泛的应用。

5.1.1 薄层色谱法的发展简史

薄层色谱法的发展经历了三个阶段：起源与基础探索阶段、技术改进与标准化阶段以及高性能化与广泛应用阶段。

（1）起源与基础探索阶段（19 世纪 80 年代—20 世纪 30 年代） 薄层色谱法的早期探索可以追溯到 19 世纪末。1889 年，荷兰生物学家贝耶林克（Beyerinck）通过明胶层研究酸扩散现象，为 TLC 奠定了最初的实验基础。他展示了盐酸和硫酸在明胶中的扩散差异，并通过反应试剂（如硝酸银和氯化钡）使扩散区可视化。1898 年，威斯曼（Wijsman）利用含淀粉的明胶层展示了两种酶的分离，并通过荧光细菌的应用显著提高了检测灵敏度，可检测到约 400 pg 的麦芽糖。

1938 年，伊马洛夫（Izmailov）和施赖伯（Schraiber）采用非黏合剂氧化铝层，首次开展了滴点色谱法。他们通过滴加溶剂进行溶质分离，并使用紫外光观察分离区，这一方法开创了 TLC 的雏形。这一阶段主要聚焦于单层分离技术的原理探索，但方法局限于手工操作，分辨率低，尚未形成系统的技术体系。

（2）技术改进与标准化阶段（20 世纪 40 年代—20 世纪 60 年代） TLC 在 20 世纪 40 年代进入技术改进阶段，研究者开始优化分离效果并提高实验的可重复性。1949 年，迈因哈德（Meinhard）和霍尔（Hall）首次使用黏合剂将氧化铝与硅藻土混合固定在玻璃片上，这种稳定的薄层改进了早期非黏合薄层的不稳定性问题。1951 年，基尔希纳（Kirchner）团队结合纸色谱的封闭箱发展技术，通过毛细作用，溶剂带动组分分离，显著提升了分离效率和分辨率，这种方法奠定了现代薄层色谱法的核心框架。

1956 年，施塔尔（Stahl）正式提出"薄层色谱法"这一术语，并推广了一系列标准化工具，包括硅胶 G 薄层板的配方、操作指南和分析步骤。20 世纪 60 年代，通过商业化设备的引入（如默克 Merck 和德赛克 Desaga 推出的工具包和标准硅胶板），TLC 得到迅速普及并在分析效率、分辨率以及应用范围方面超越纸色谱。特别是在复杂混合物的分离、检测灵敏度及定量分析方面，TLC 已成为一种实用的微量分析技术。

（3）高性能化与广泛应用阶段（20 世纪 60 年代至今） 20 世纪 60 年代后，TLC 进入高性能化和商业化阶段。1965 年起，预涂层板（如塑料、铝和玻璃背衬的硅胶板）的推出，使实验操作更加简便、结果重复性更高。20世纪70年代，高效薄层色谱（high performance thin-layer chromatography, HPTLC）开始发展，采用 5 μm 以下的吸附剂颗粒实现更高的分辨率和灵敏度，同时缩短分析时间并增加每板可分析样本数。随着反相板（如十八烷基 C_{18}、辛烷基 C_8、丙烷基 C_3）和专用功能板（如手性分离板、双相分离板）的研发，TLC 的应用范围进一步扩大。

20世纪末，TLC 已在药物检测、食品质量控制和环境分析等领域广泛应用。近年来，结合先进的检测技术（如薄层色谱扫描仪、紫外成像分析仪），TLC 不仅提高了定量分析的准确性，还推动了复杂体系中微量物质的分离研究。通过不断改进的仪器和材料，TLC 已从早期的简单实验方法发展为一项兼具高效性、经济性和灵活性的现代分析工具。随着科学技术的迅速发展，薄层色谱技术经历了从传统薄层色谱法到高效薄层色谱法的演变。HPTLC 采用更细、更均匀的改性硅胶和纤维素为固定相。

技术进步推动了 TLC 联用的发展，如薄层色谱-核磁共振联用和薄层色谱-电化学方法联用等。科学家们研发出越来越多先进的仪器设备，以控制影响色谱行为的个人因素和环境因素。随着薄层色谱的规范化和自动化水平的提高，HPTLC 能产生分辨率更高的色谱图。配合薄层扫描仪的使用，大大提高了定性和定量分析结果的重现性和准确度。

阅读材料5-1
HPTLC-效应导向分析-高分辨质谱三联用技术：新兴分析方法概述

5.1.2 薄层色谱法的特点

TLC 作为一种实验室广泛使用的色谱技术，与柱色谱相比，有其突出特点：①操作简单，不需要复杂的仪器设备，更适合实验室的快速分析和样品的初步筛查。②与 GC 和 HPLC 相比，TLC 的仪器成本较低，消耗品（如薄层板和溶剂）也更便宜。③TLC 对样品的用量要求不高，只需固体样品几微克、液体样品几微升即可进行分析。④适用于多种类型化合物的分离，尤其是对热不稳定和不易挥发的物质。⑤可视化检测，TLC 的检测结果可直接通过薄层板上的斑点进行观察，通常通过紫外灯或喷洒显色剂来显现斑点。⑥同一板上可进行多个样品的同时分离。⑦样品的可回收性，分离后的斑点可被刮下并进行进一步的分析或纯化，这对于稀有或难以合成的化合物尤为重要。

5.2 薄层色谱系统的组成部分

视频5-1
薄层色谱法
(thin-layer chromatography)

无论是经典薄层色谱法，还是高效薄层色谱法，其分析过程大致相同，主要包括薄层板制备、点样、展开、显色、定性和定量分析等（图 5-1）。首先，将供试品溶液点于薄层板上，在展开容器内用展开剂展开，使供试品所含成分分离，显色后将供试品斑点与标准物质的斑点进行比较，用于定性与定量测定。一般来说，在进行色谱分析前，首先要掌握样品来源，明确分析任务，进一步确定样品预处理方法，再依据样品的组成选择固定相、展开剂种类及规格，并进行点样及展开分析。

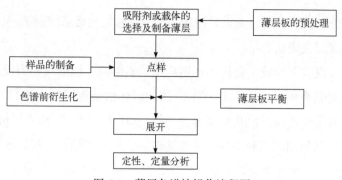

图 5-1　薄层色谱法操作流程图

5.2.1　吸附剂

薄层色谱法的吸附剂，也称为固定相，常用的固定相有氧化铝、硅胶、纤维素、聚酰胺及改性硅胶等。其选择原则如下：首先，考虑样品组分的性质，若分离亲脂性化合物，可选择硅胶、氧化铝、聚酰胺及乙酰化纤维素等；若分离亲水性化合物，可选择纤维素、离子交换纤维素及聚酰胺等；若分离酸性物质，首选硅胶；若分离碱性物质，首选氧化铝。其次，应考虑固定相对样品的作用力，确保比移值（retardation factor, R_f）的范围在 0.2～0.8 之间。再次，固定相的某些性质，如比表面积、比孔容、平均孔径等，也会影响固定相的色谱行为。

（1）硅胶　硅胶是目前 TLC 最常用的固定相，普通硅胶为多孔状无定型粉末，其表面有硅醇基，呈弱酸性（pH 4～5）。硅原子表面的羟基（—OH）与极性化合物或不饱和化合物形成氢键而具有吸附性能。不同化合物与硅醇基形成氢键能力不同，从而可将待测物质进行有效分离。硅胶的机械性能较差，一般需加入黏合剂如煅石膏、聚乙烯醇、淀粉、羧甲基纤维素钠等，以提高机械强度。硅胶中的硅醇基不仅能与化合物形成氢键，也能与水分子结合，从而降低硅胶的吸附能力。硅胶中的硅醇基越多，其吸附能力越强。因此，若提高硅醇基的吸附能力，可通过加热至 100℃（最佳活化条件 105～110℃，加热 30 min），可逆性地除去硅胶中的水分，从而使硅胶活化，增强其活性。如果加热到 200℃以上，硅胶则逐渐失去结构水，形成硅氧烷，吸附能力下降。当加热到 500℃以上时，硅胶发生脱水形成硅氧烷结构，硅醇基完全失活，以至于烧结。因此，活化温度应控制在 170℃以下。

（2）改性硅胶　改性硅胶是利用化学反应，将不同极性的有机分子以共价键连接在硅醇基的羟基上，又称化学键合固定相。根据键合的有机分子官能团不同，可分为极性键合相硅胶（亲水改性硅胶）和非极性键合相硅胶（疏水改性硅胶）。极性键合相硅胶是指键合的有机分子中含有某种极性基团，如氰基（—CN）、二醇基[—(OH)$_2$]、氨基（—NH$_2$）等。极性键合相硅胶一般用于正相色谱，并使用非极性或极性较小的展开剂。但有时对于强极性化合物，如糖或多肽的分离，使用极性展开剂也能得到良好分离。非极性键合相硅胶又称反相键合相，键合相表面是极性很小的基团，如烷基（十八烷基、乙基等），较常用的是十八烷基硅烷键合硅胶。利用键合链的长度不同，得到不同改性度的非极性键合相硅胶，再通过较大范围内调整正、反相薄层色谱展开剂系统的极性，从而分离不同的化合物。展开剂大多是强极性溶剂或无机盐的缓冲液，这样的色谱系统其 R_f 与正相薄层色谱相反，故称为反相薄层色谱法。

（3）氧化铝　仅次于硅胶，是应用范围广泛的吸附剂。以氧化铝为吸附剂，已成功用于分离萜类、生物碱类和芳香化合物。TLC 用的氧化铝是在 400~500℃下灼烧脱水制得的，因制备方法与条件不同，氧化铝又分为中性（pH 7~7.5）、酸性（pH 4~5）和碱性（pH 9~10）三种，其使用范围也不同。中性氧化铝应用范围较为广泛，适用于醛、酮、醌、酯及某些苷的分离，以及对酸或碱不稳定的化合物的分离；酸性氧化铝适用于酸性化合物，如酸性色素、氨基酸及对酸稳定的中性化合物的分离；碱性氧化铝适用于分离碱性化合物，如生物碱、醇、多环碳氢化合物、胺类等物质的分离。氧化铝的分离容量虽没有硅胶大，但表面化学活性比一般硅胶高。

（4）纤维素　它是一种天然多糖类化合物，用纤维素制备的薄层板分离特性与纸色谱相似，但其斑点更集中，分离度更大，分离速度也快，可代替纸色谱。除普通纤维素外，还有用于反相分配色谱的乙酰化纤维素及具有离子交换特性的离子交换纤维素。由于纤维素本身具有一定的黏着性，涂板时一般不需要加入黏合剂，当然也可根据需要加入石膏等黏合剂和荧光指示剂。

（5）聚酰胺　由酰胺聚合而成的高分子聚合物。TLC 中常用的是聚己内酰胺（或称锦纶）和聚十一酰胺。聚酰胺分子中存在许多酰胺基团，其中的羰基与酚类、黄酮类、酸类中的羟基或羧基形成氢键，酰胺中的游离氨基分别与醌类或硝基类化合物中的醌基或硝基形成氢键。由于被分离物质结构不同，或同类物质中羟基等活性基团数目不同，聚酰胺与这些化合物形成氢键的能力不同，产生的吸附力也不同，从而达到分离目的。一般情况下，形成氢键基团较多的组分，其吸附能力较大；对位、间位取代基团都能形成氢键时，吸附能力增大，邻位取代基团使吸附能力减小；芳香核具有较多共轭双键时，吸附能力增大；能形成分子内氢键者，吸附能力减小。

5.2.2　薄层板

薄层板应具有一定的机械强度、化学惰性，耐高温、表面光滑平整、洗净后不黏附水珠、厚度均匀、价格便宜。大多以玻璃板为基板，上面涂布吸附剂制成薄层板。薄层板通常由固定相（吸附剂）、载板、黏合剂和添加剂组成。

（1）固定相　常用的固定相（吸附剂）详见本章 5.2.1 节下。选择固定相时，需要考虑样品的极性、分析目标及所需的分离效率，以确保获得最佳的分离效果。此外，固定相的粒度、均匀性和活性也会影响分离效果，因此在选择时应综合考虑这些因素。

（2）载板　载板的材质通常有玻璃、铝箔和塑料。玻璃板坚硬、透明、经济且可重复使用，但易破损。铝箔板和塑料板成本较低，耐溶剂性好，易处理且不易破碎，但形状稳定性和热稳定性较差。在 HPTLC 中，载板的选择对于色谱分离效果影响更大。使用有机黏合剂的载板与吸附剂之间的黏合更为牢固，适用于除需要炭化显色以外的所有 TLC 应用。而使用无机黏合剂的载板则耐水，与水性显色剂相容，适用于制备型薄层色谱板，便于目标分子的斑点从载板上刮落从而进行洗脱和回收。此外，载板的预处理也很重要，如硅胶板通常需要在 105～110℃下烘烤 30 min 活化，而氧化铝板则需要在 150～160℃下烘烤 4 h，这些预处理步骤有助于去除吸附剂中的杂质，提高色谱分离的效率和重现性。

（3）黏合剂 用于吸附剂与载板黏合。常用的黏合剂包括有机黏合剂（如聚合物）、无机黏合剂和石膏。有机黏合剂使载板与吸附剂之间黏合坚固，适用范围广。无机黏合剂耐水，与水性显色剂相容。石膏黏合剂的薄层板通常不坚固，易龟裂，但含有目标分子的斑点容易从载板上刮落，以便进行洗脱和回收。

（4）添加剂 添加剂的使用可提高分离效率、改善色谱图的质量和增强检测的灵敏度。添加剂的类型和作用分别是：①荧光指示剂。如在硅胶板中加入荧光物质，在紫外光下可更易观察到色谱图上的斑点。如硅胶 GF_{254} 板含可在 254 nm 紫外光下发光的荧光剂，便于在紫外光下观察。②缓冲剂。用于调节展开剂的 pH 值，以改善某些对 pH 敏感化合物的分离效果。③稳定剂。防止某些添加剂或样品在色谱过程中分解或聚合。④检测试剂。用于斑点显色，使色谱图上的斑点更明显，便于观察和分析。⑤抑制剂。用于抑制固定相的活性，减少样品与固定相之间的相互作用，从而改善色谱图的分辨率。⑥衍生化试剂。用于将分析物转化为更容易被检测或分离的衍生物，常用于提高检测灵敏度或选择性。

薄层板一般采用厚 2～3 mm、厚度均匀、边角垂直平滑的玻璃作载板，其上涂吸附剂。正规薄层板的大小应是 200 mm×200 mm 或 100 mm×200 mm。这种大小的薄层板分离效果较好，但速度较慢。为了提高分析速度并节约人力和物力，往往用 50 mm×150 mm 或 50 mm×100 mm 的薄层板，也可得到满意的结果，甚至用更小的 76 mm×25 mm 的载玻片，也能开展简单实验。

涂制薄层板的方法大致可分为以下四种。①涂布器法。这种方法是将吸附剂按照一定比例加水调匀后，倒入涂布器的浆槽中，然后，利用涂布器在特制的涂布板上均匀涂覆，形成薄层。②倾倒涂层法。将薄层板用玻璃板排成一条直线，两侧放置同样厚度并垫有垫片的支持用玻璃。这些垫片的厚度应与要涂制的薄层厚度相当，接着，将干吸附剂或调水后的吸附剂浆料倾倒在玻璃板上，随即使用玻璃棒沿着玻璃板表面刮推，使吸附剂平整地铺展于板上，形成均匀的薄层。③浸涂法。将玻璃板垂直浸入吸附剂浆料中，然后以均匀的速度提出，使吸附剂均匀附着于玻璃板上，形成薄层。④喷涂法。使用喷雾器将调好的吸附剂浆料均匀地喷洒在玻璃板上，通过控制喷雾压力和距离，形成均匀的薄层。

每种方法都有其特定的应用场景和优势，可以根据实验的具体要求和条件来选择合适的涂制方法。例如，使用涂布器法可以方便地控制涂层的厚度和均匀性，而喷涂法则适用于需要快速涂制大量薄层板的情况。在实际操作中，还需要注意吸附剂的选择、浆料的制备以及涂制过程中的环境条件等因素，以确保薄层板的质量。

5.2.3 点样

TLC 中，点样是造成定量误差的主要因素。除由个人操作熟练程度的差异而使定量结果有很大的变动外，不同点样器也会导致结果偏高或偏低。此外，样品溶液的配制或不同的净化条件、原点直径、点样体积等如果处理不当，也会导致 TLC 不能重现及出现定量误差。

（1）样品溶液的制备 分析样品前，首先必须将样品制备成一定浓度的溶液，以便把样品溶液转移到纸或薄层板上进行色谱分离。制备固体或液体的纯品溶液只需要将纯品直接溶于单一或混合溶剂中，并稀释至一定浓度即可点样。对于生物样品中某些成分的分离测定，要先将样品中的被测成分定量地提取出来，根据含量高低稀释或浓缩成一定浓度的样品溶液。因为薄层吸附剂不必反复使用，且分离过程同时也有净化作用，所以多数情况下样品溶液可直接点样，不必预处理。如果样品中的待测成分含量太低、杂质太多或供试液中的杂质使展开后的色谱背景太深或影响分离及测定时，对样品溶液用萃取、吸附或点样前衍生化等方法进行预处理是必要的。

（2）点样技术 点样技术主要包括点状点样和带状点样。①点状点样。定性分析一般采用内径为 0.5 mm 的管口平整的毛细管或微量注射器将样品溶液点在距薄层底边 5 mm 处，点间距为 10~15 mm。若要用来定量，借助毛细管作用吸样的定量管有两种，一种是容积为 0.5~5 μL 的定量毛细管，另一种是 100 μL 及 200 μL 的铂铱合金定量毛细管。注射器式可变体积的点样器可用于需要调节体积及没有毛细作用的键合相薄层板点样。②带状点样。当样品溶液体积大、浓度稀时，采用自动点样设备进行带状点样。定量分析的点样范围为 1~99 μL，制备型分离的点样范围为 5~490 μL。使用时样品溶液被吸在微量注射器中，点样器不接触薄层板，而是用氮气将注射器针尖的溶液吹落在薄层板上，薄层板在针头下定速移动点成 0~199 mm 的窄带。

点样圆点应小而圆，直径尽量不要超过 2 mm。在便于显色的前提下，点样量应尽量少，同时注意点样液体的浓度，防止过载拖尾。点样时不要触及薄层板表面，以免损伤板面。所有点样点尽量保持在一条与底边平行的直线上，避免交叉点。点样完成后，使用吹风机尽量吹干溶剂，防止溶剂在原点残留影响分离效果。

（3）点样装置 上述点样技术用到的设备主要包括微量毛细管、微量注射器或全自动点样仪等。常用的定容玻璃毛细管有 0.5 μL、1.0 μL、2.0 μL 和 5.0 μL 等。手工点加小于 0.5 μL 的样品溶液时，需采用 100 nL 和 200 nL 的铂铱合金定容毛细管。这种毛细管一般被固定在玻璃管的一端，便于操作。之所以采用铂铱合金毛细管不仅是由于制备的需要，还因其不易被样品溶液所黏附，这一点对微小体积样品的点加是十分重要的。手工点样器难以保证点样的准确性，近年来自动点样器有了很大发展，如电动点样仪、全自动点样仪等，可支持单点、多点、条段状点样，以及顺向点样、反向点样和重复点样，能减少手动点样抖动，避免破坏薄层板，可提高工作效率。

5.2.4　展开剂及展开方式

TLC 中展开剂与展开方式的选择直接关系到能否获得满意的分离效果。展开剂又称溶剂系统、流动相或洗脱剂。点样后的薄层板要用适当的流动相将样品中各组分展开在薄层原点至溶剂前沿之间，理想的 R_f 应在 0.2～0.8 之间，且斑点集中，彼此分离。如何能用简单的方法快速选出合适的展开剂，在薄层色谱中是最为重要的。

（1）展开剂的选择　展开剂的选择需要根据溶剂和被分离物的性质综合考虑。适用于 TLC 的展开剂应满足：①对待测组分有良好的溶解性；②可使不同成分分开；③使待测组分 R_f 在 0.2～0.8 之间，定量测定应在 0.3～0.5 之间；④不与待测组分或吸附剂发生化学反应；⑤沸点适中，黏度较小；⑥展开后组分斑点圆且集中；⑦混合溶剂最好新鲜配制。弱极性溶剂体系主要由正己烷和水组成，再根据需要加入甲醇、乙醇、乙酸乙酯调节溶剂系统的极性，以达到良好分离，适用于生物碱、黄酮、萜类等的分离；中等极性溶剂体系主要由氯仿和水组成，由甲醇、乙醇、乙酸乙酯等调节极性，适用于蒽醌、香豆素及极性较大组分的分离；强极性溶剂体系由正丁醇和水组成，也利用甲醇、乙醇、乙酸乙酯等调节极性，适合极性很大的生物碱类化合物的分离。

选择展开剂除要保证适宜的 R_f 值外，更重要的是要有良好的选择性，即能使待测的两个或两个以上组分有较好的分离，如式（5-1）：

$$R = \frac{\sqrt{n}}{4}\left(\frac{\alpha-1}{\alpha}\right)(1-R_f) \tag{5-1}$$

式中，n 为薄层板的板数；α 为容量因子比，即 k_2/k_1，其中 k_2 为组分中保留时间长的组分的容量因子，k_1 为组分中保留时间短的组分的容量因子；R_f 为两组分（斑点）中移动距离小的组分的比移值。在薄层色谱中，$\sqrt{n}/4$ 项主要取决于薄层板的性能；$\left(\frac{\alpha-1}{\alpha}\right)$ 项和 $(1-R_f)$ 项主要受溶剂系统的影响。$\alpha\neq1$ 是分离的前提，只有在此条件下，增加板效率（增加理论塔板数 n），适当增加 k_2 值，或适当降低 R_f，才能增加分离度 R。

在薄层色谱系统中，k 应小于 10。当 k 大于 10 时，溶质扩散为主要倾向，分离效果显著变差。当 k 在 1～10 之间时，R_f 值在 0.1～0.6 之间，这是薄层色谱适宜的分离范围。

图 5-2 为薄层色谱法的点样与展开示意图。

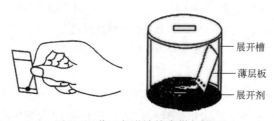

图 5-2　薄层色谱法的点样与展开

展开剂的选择与优化方法很多，当没有合适的展开剂可供借鉴时，可用点滴试验法确定合适的展开剂。所谓点滴试验法，即先将待分离物质溶液间隔地点在薄层板上，待溶液挥发后，用不同毛细管分别吸取不同极性的展开剂，分别点在各样品斑点上，这时展开剂将借助毛细作用，向外扩散，得到半径不同的同心环，根据结果即可找到合适的展开剂。

（2）展开方式　根据展开剂在薄层板上的运动方向和设备不同，常见展开方式包括线性展开、径向展开、多次展开和其他特殊展开技术。

① 线性展开。包括上行展开、下行展开和近水平展开三种模式。

a. 上行展开。将点样后的薄层板底边置于盛有展开剂的直立型平底或双槽展开室中，展开剂由薄层板下端借助毛细作用上升至前沿。这种展开方式适用于含黏合剂硬板的展开，是薄层色谱技术中最常用的展开方式。上行展开中，最实用的展开装置是双底玻璃展开槽，它是一种矩形展开槽，是底部被一均匀隆起分为两部分的双底展开槽。优点是当薄层板在密闭展开槽预饱和完成后，通过倾斜展开槽，展开剂流到已预饱和好的薄层板侧进行展开，无须开盖移动薄层板，从而保证不破坏预饱和状态，这样也节省了展开剂。双底展开槽另一个用途是在一格内放入展开剂和薄层板，在另一格内放入其他试剂，改进了展开槽的空间状态和吸附剂的性能，从而改善分离。另外，也可放入不同比例的硫酸-水调节展开槽和薄层板湿度，达到控制吸附剂活性的目的。另一种上行展开方式是夹心式展开。将点样后的薄层板两边垫以玻璃窄条，上面覆盖一块同样大小的玻璃盖板，并使其稍短于薄层板20 mm，以便于展开剂浸到薄层板的边沿，两片玻璃板用不锈钢夹子固定，放入展开剂中展开，这种方式不需要饱和[图 5-3(b)]。

b. 下行展开。这种展开方式多用于纸色谱法。将点样后的滤纸悬放在展开槽中，用粗玻璃棒压纸固定，展开槽底部可放饱和滤纸用的溶剂，展开剂从上而下流动。下行展开法中展开剂除毛细作用外，还有重力作用，展速比上行展开法相对较快。

c. 近水平展开。将适量展开剂倾入长方形的玻璃展开室中，将点样后的薄层板下端浸入展开剂 5 mm，薄层板上端垫高，使薄层板与水平呈 5°~10°的角度，这样展开剂就由下而上进行展开。这种展开方式适用于不含黏合剂软板的展开[图 5-3(a)]。

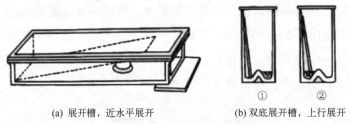

(a) 展开槽，近水平展开   (b) 双底展开槽，上行展开

图 5-3　展开槽和展开方式
①展开剂蒸气预饱和过程；②展开过程

② 径向展开。以圆形薄层板为载体的特殊展开方式，广泛用于多样品的快速分析和复杂实验的特定设计中。其操作方法是将样品点置于圆形薄层板的中心位置，利用展开剂从中心向外径扩散的方式完成分离。径向展开能实现多个样品同时分析，且分离效率高、操作简便，尤其在需要快速判断样品组成或处理多样品的情况下具有显著优势。

③ 多次展开。使用一种或多种溶剂一次展开至前沿后，再用同样的溶剂或另换其他溶剂进行第二次或更多次的展开，这样可使比移值接近的不同组分得到较好的分离。

薄层板展开时，应注意避免出现边缘效应。同一试样在同一薄层板上滴加数个并列的样点，展开后，有时所显的斑点并不在一条水平直线上，近边沿较高，中间偏低，形成凹形弧线，这种现象就是边缘效应。边缘效应的出现是由展开剂的蒸气密度在展开室内分布不均匀所致。在使用混合溶剂作展开剂时，由于各种溶剂的极性、蒸气密度不同，这种现象更为显著。为防止边缘效应，可在展开前取一大小适宜的洁净滤纸折成 L 形，浸在展开剂中充分润湿，通过滤纸上溶剂分子的扩散，使溶剂蒸气在展开室内达到饱和，再将薄层板板面朝向滤纸放入展开室内展开。为了减少展开过程中受周围环境的影响，使分离度更好，且有较好的展开重现性，目前已有商品化的自动展开仪。

5.3 薄层色谱参数

5.3.1 定性参数

（1）**比移值** 比移值是指在展开过程中，某组分（溶质）移动的距离与流动相移动的距离之比。设 l_0 表示溶剂前沿与原点间的距离，l 表示展开后组分斑点与原点间的距离，故某组分的比移值 R_f 可由式（5-2）计算：

$$R_f = \frac{l}{l_0} \tag{5-2}$$

当 $R_f=0$ 时，表示该组分滞留在原点处，未被展开；当 $R_f=1$ 时，表示该组分不被固定相所吸附，随展开剂移动至前沿处。因此 R_f 值应为 0～1 之间。

（2）**相对比移值** 比移值 R_f 常受薄层板性质（活性）、展开剂性质（极性、组成等）及被分离物在薄层板上移动的距离等因素影响，重现性较差，另外溶剂前沿位置确定也比较困难，所以引入了相对比移值 R_s，以提高测定准确度。测定相对比移值 R_s 时，是将一选定的参照物（s）与被测物点在同一薄层板上，在相同条件下展开，测得被测组分移行距离 l 与参照物移行距离 l_s 之比，即

$$R_s = \frac{l}{l_s} \tag{5-3}$$

由上式可知，相对比移值可大于 1，也可小于 1。

（3）**环形展开比移值** 环形展开比移值（R_{fc}）为被分离物质由原点迁移的半径与溶剂由原点迁移至前沿的半径比值。由于直线展开时的移行距离与环形展开时的半径平方根相当，所以环形展开比移值与比移值的关系可用下式表示：

$$(R_{fc})^2 = R_f \tag{5-4}$$

环形展开适用于 R_f 值较小的化合物，这是因为环形展开时，在高比移值范围内，斑点扁平，较为分散；而在低比移值范围内，斑点集中，分离度好。

5.3.2 相平衡参数与比移值的关系

由分配系数和比移值计算公式可得:

$$R_f = \frac{V_m}{V_m + KV_s} \tag{5-5}$$

式中,K 为分配系数;V_m 为薄层板上流动相的体积;V_s 为固定相体积(分配色谱)或表面积(吸附色谱)。

因此,容量因子 k 与 R_f 的关系可用以下公式表示:

$$R_f = \frac{1}{1+k} \tag{5-6}$$

或

$$k = \frac{1}{R_f} - 1 \tag{5-7}$$

由上式可知,k 值大的组分 R_f 值小。以硅胶(极性吸附剂)为固定相的吸附色谱法为例,对极性组分而言,当增大展开剂的极性时,可增大组分在流动相中的溶解度,k 值变小,从而使 R_f 值增大。因此,可通过改变流动相的组成与极性,调节组分的 R_f 值,从而改变 k 值。

$R_f = 0$ 的组分,$k = \infty$,说明这种组分不溶于流动相,不能被流动相洗脱。以硅胶吸附色谱法为例,若 $R_f = 0$,首先增大溶剂的极性,若仍不能提高 R_f 值,说明组分的极性太大,需更换活性低的硅胶板,才能增大 R_f 值。

$R_f = 0.5$ 的组分,$k = 1$,这种组分分布在固定相和流动相的量相同。

$R_f = 1$ 的组分,$k = 0$,说明这种组分不溶于固定相,或不被固定相所吸附。对于以硅胶为固定相的吸附色谱法,可采取降低流动相的极性,或增加硅胶吸附活性的措施,从而降低 R_f 值。若仍不能达到目的,则需更换色谱柱类型。

5.3.3 分离参数

TLC 中,分离参数是评估色谱系统性能的关键指标,它们直接影响分离效果的优劣。分离参数包括分离度(R)、分离数(SN)以及分离值(SV)。

(1)分离度(R) 它是衡量色谱分离效果的最重要参数之一,量化了两个相邻斑点之间的分离程度。TLC 中分离度的定义与柱色谱相似,又略有不同,是相邻两个组分的斑点中心至原点的距离之差与两斑点宽度总和一半的比值。分离度的计算公式为:

$$R_s = \frac{L_1 - L_2}{(W_1 + W_2)/2} \tag{5-8}$$

式中,L_1、L_2 分别为组分 1、2 斑点从斑点中心至原点的距离;W_1、W_2 分别为斑点 1、2 的宽度。$R_s = 1.5$ 时,相邻两斑点基本分开。

例如,在研究两种相似结构的生物碱时,通过调整展开剂的组成,实现了两种生物碱的有效分离。初始时，两种生物碱的斑点部分重叠，分离度仅为0.8。通过增大展开剂的极性，两种生物碱的分离度提高至1.5，从而实现了清晰的分离。

（2）**分离值**（separation value, SV） 它是色谱系统分离能力的又一个重要参数。分离值的计算公式为：

$$SV = \frac{R_s}{R_s^*} - 1 \tag{5-9}$$

式中，R_s 为 $R_f = 0$ 及 $R_f = 1$ 两种组分的分离度；R_s^* 为相邻两斑点的分离度。

SV 的含义：在 $R_f = 0$ 及 $R_f = 1$ 两种组分的色谱峰（斑点）间，能容纳分离度为 R_s^* 的相邻组分的峰数，SV 的数值取决于 R_s 及 R_s^*。

例 5-1 若 $R_f = 0$ 及 $R_f = 1$ 两组分的色谱峰的分离度 $R_s = 6$，两相邻组分色谱峰 $R_s^* = 1.5$，则

$$SV = \frac{6}{1.5} - 1 = 3$$

$SV = 3$，说明在 $R_f = 0$ 及 $R_f = 1$ 的色谱峰间能容纳分离度为 1.5 的峰 3 个，也就是在薄层板上，在原点与前沿斑点间能容纳分离度为 1.5 的斑点 3 个。

（3）**分离数**（separation number, SN） 衡量色谱系统分离能力的另一个参数，它定义为理论塔板数与分离度的乘积。分离数的计算公式为：

$$SN = \frac{L}{b_0 + b_1} - 1 \tag{5-10}$$

式中，L 为原点至前沿的距离；b_0 为 $R_f = 0$ 的组分的半峰宽；b_1 为 $R_f = 1$ 组分的半峰宽。

SN 的含义为：相邻峰的分离度为 1.177 时，在 $R_f = 0$ 及 $R_f = 1$ 两种组分的色谱峰间能容纳的色谱峰数。SN 越大，薄层板的容量越大。

当 $R^* = 1.177$ 时，
$$SV = \left(\frac{L}{b_0 + b_1}\right) - 1 = SN \tag{5-11}$$

一般薄层板的 SN 为 10 左右，高效薄层板的 SN 大于 10。

b_0 及 b_1 通常不能直接从薄层扫描图上测得，因前沿与原点斑点的形状一般都不正常，通常都用外推法求算 b_0 及 b_1，因为在一定上样量范围内，半峰宽与 R_f 成直线关系，因此很容易求出其回归方程式。

5.3.4 板效参数

TLC 中的板效参数与柱色谱的柱效参数相似，均反映色谱系统的分离能力，其理论塔板数（N）的表达式略有差异，其计算公式为：

$$N = 16 \times \left(\frac{L_S}{W_S}\right)^2 = 16 \times \left(\frac{R_f L}{W_S}\right)^2 \tag{5-12}$$

式中，N 为理论塔板数；L_S 为组分 S 在板上的移动距离；W_S 为组分 S 的斑点直径；R_f 为组分 S 的比移值。该方程式表示了薄层板效率与迁移距离的关系。

Guiochon 等提出了计算薄层色谱板的有效理论塔板数（N）的公式：

$$N = 16 \times \left(\frac{L_S}{W_S - W_0} \right)^2 \tag{5-13}$$

式中，W_0 为样品原点的直径。

使用有效理论塔板数衡量板效率更合理。因为薄层色谱与柱色谱相比有其特点，在柱色谱中，通常色谱柱均有相当的长度，因而进样引起的色谱峰扩张不太严重，而薄层色谱样品移动的距离很短，点样引起的峰扩张（即原斑点直径）则不能忽略，所以展开后斑点扩张的程度应减去原斑点的宽度，其差值与斑点移动距离成正比。有效板高（H）的计算公式如下：

$$H = \frac{L}{N} \tag{5-14}$$

普通薄层板（TLC 板），板长 20 cm，$N=10^3 \sim 10^4$，$H=20 \sim 200$ μm。

高效薄层板（HPTLC 板），板长 10 cm，$N=10^4 \sim 10^5$，$H=1 \sim 10$ μm。

为了提高板效，可通过以下方法优化实验条件：选择合适的固定相和展开剂，以确保良好的分离选择性；控制适当的展开距离和时间，以避免过度展开或展开不足；确保薄层板的均匀性和质量，以减少色谱过程中的不均匀性；使用 HPTLC 技术，采用更细、更均匀的固定相，可显著提高分离效率。

5.4 定性定量方法与柱色谱的不同

5.4.1 定性方法

TLC 的定性分析是通过比较样品和标准物质在薄层板上的迁移行为来进行的。定性分析的关键在于能准确识别和区分不同的化合物。与柱色谱的定性方法既有联系，又有不同。以下是几种常用的定性方法。

（1）标准物质对照法 将样品溶液和已知标准物质溶液同时点样于同一薄层板上，用相同的展开剂和展开条件进行展开，然后比较两者的 R_f 值。如果样品斑点的 R_f 值与标准物质的 R_f 值相同，可认为样品中含有该标准物质。

（2）光谱特性分析 利用薄层板上的斑点在特定波长下的光谱特性进行定性分析，例如，可通过观察斑点在紫外光下的荧光特性或在特定波长下的吸光度进行识别。在食品安全检测中，TLC 结合紫外线光谱特性检测食品中的非法添加剂，如瘦肉精。也可通过特定波长下的荧光或吸光斑点与标准物质的光谱特性进行比较，从而对食品样本中的非法添加剂进行定性鉴别。

（3）化学显色法 使用特定的化学试剂对薄层板进行喷洒，使特定化合物产生颜色反应，从而实现定性分析。不同的化合物与显色剂产生不同的颜色反应，通过比较颜色的差异来识别化合物。

（4）联用技术 将薄层色谱与其他分析技术联用，如薄层色谱-质谱联用（TLC-MS）或薄层色谱-核磁共振联用，可提供化合物更多的结构信息，从而实现更准确的定性分析。在天然产物研究中，TLC-MS 联用技术被用于从复杂植物提取物中鉴定新的生物活性分子。通过 TLC 分离后，直接将板上的斑点进行质谱分析，可获得分子的精确质量信息和结构信息，从而鉴定出新的化合物。

5.4.2 定量方法

TLC 的定量方法除与柱色谱的内标法、外标法、标准加入法（详见第 2 章）等一致外，也有相对专属的定量方法，如洗脱法和薄层扫描法等。薄层色谱法和柱色谱法在定量分析方面的差异表现在灵敏度、检测限、准确性、操作复杂性及设备成本等方面。与柱色谱相比，TLC 灵敏度较低，适用于初步筛选和粗略定量，其检测限一般在微克到毫克级；TLC 的精确度和准确性相对较低，受人为操作和环境条件的影响较大，但操作简单，易于上手，适合快速筛查；薄层色谱的设备成本较低，不需要复杂的仪器，适合预算有限的实验室。

（1）洗脱法 其原理是基于将色谱板上特定位置的化合物斑点洗脱下来，然后通过适当的检测手段（如紫外-可见光谱法、高效液相色谱法、质谱法等）对洗脱液中的化合物进行定量分析。洗脱剂的选择依据相似相溶的原理，选择对被洗脱的化合物有较大溶解度的挥发性溶剂。乙酸乙酯、二氯甲烷、氯仿等，适用于中等极性化合物的洗脱；甲醇、乙醇、丙酮及水等，适用于极性化合物的洗脱。步骤包括分离、定位、洗脱、收集和检测。

（2）薄层扫描法 用一定波长的光照射在薄层板上，对有紫外或可见吸收的斑点或经照射能激发产生荧光的斑点进行扫描，将扫描得到的图谱及积分值用于组分定性、定量分析的方法。可利用样品扫描曲线上峰高或面积与标准品比较，测得样品含量。该法具有操作简便、成本低廉、分析快速等优点。它适用于微量样品的分析，并且可提供直观的色谱图谱，便于比较和分析。薄层扫描仪由光源、单色器、检测器和记录仪等组成（图 5-4）。

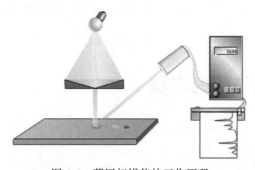

图 5-4　薄层扫描仪的工作原理

薄层扫描仪的光束系统分为单光束、双光束和双波长系统（图 5-5）。①单光束系统。它是光源通过单色器分出来的一束光照射到薄层板上进行斑点测定。②双光束系统。从光源发出的光经过单色器后，被分束器分为两束：参比光束和样品光束。参比光束通过一个不含样品的参考区域（或一个已知标准品的区域），而样品光束通过薄层板上含有样品色斑的区域。两束光分别被检测器接收，产生电信号。由于参比光束通过的是不含样品的区域，因此它的光强度变化反映了光源强度的波动。信号处理系统会自动比较两束光的强度，并调整以消除光源强度波动的影响，从而得到准确的样品光强度。最后，记录装置记录下经过校正的样品光强度，用于定性和定量分析。③双波长光路系统。它是同时或在短时间内分别检测两个不同波长的光通过薄层板上斑点时的吸收情况，然后比较这两个波长下的吸收差异，以此来提高分析的特异性和灵敏度。

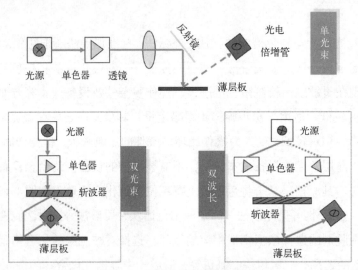

图 5-5　薄层扫描仪的光束系统

薄层扫描测量方法主要有吸收法、荧光法、透射法和反射法。吸收测量法适用于本身有颜色或有紫外吸收的化合物，以及通过衍生可生成上述类型化合物的样品组分，可见光区用钨灯，紫外光区用氘灯。荧光法以汞灯或氙灯为光源，适用于受紫外光激发而发出荧光的化合物，如多环芳烃等。该法灵敏度比吸收法高。理论上讲，透射法比反射法优越，但实际工作中透射法较少使用，常用反射法，因为紫外光不能通过玻璃板，而反射法灵敏度较低，受薄层表面均匀度的影响大，但其对薄层厚度要求不高，基线稳定，信噪比大，重现性好。

5.5　薄层色谱法研究进展

5.5.1　高效薄层色谱法

近年来，高效薄层色谱法（high performance thin-layer chromatography，HPTLC）作为一种分析技术，在理论研究和应用方面均取得了显著发展。它采用更细、更均匀的改性硅胶和纤维素作为固定相，常见的反相薄层板包括 C_{18}、C_8 和 C_3 化学键合硅胶板等。通过疏水和亲水改性，实现了正反相 TLC 分离，从而提高分离效率、灵敏度和重现性。

HPTLC 与 TLC 的分离原理相似，均利用组分与固定相的吸附能力大小有差异，产生差速迁移而分离，二者的主要差异见表 5-1。

表 5-1 HPTLC 和 TLC 的比较

项目	HPTLC	TLC
薄层板尺寸/(cm×cm)	10×10	20×20
颗粒直径/μm	5 或 10	10~40
颗粒分布	窄	宽
点样量/μL	0.1~0.2	1~5
圆点直径/mm	1~1.5	3~6
展开后的斑点大小/mm	2~5	6~15
有效塔板数	<5000	<600
有效板高/μm	约 12	约 30
点样数	18 或 36	10
展开距离/cm	3~6	10~15
展开时间/min	3~20	30~200
最小检出量（吸收/ng；荧光/pg）	0.1~0.5；5~10	1~5；50~100

HPTLC 在以下方面取得了新进展。

（1）HPTLC 的自动化和标准化 HPTLC 的自动化和标准化设备提供了一整套完整的操作平台，实现了点样、展开、浸渍衍生和扫描定量的半自动化甚至全自动化，扩展了应用范围。

（2）HPTLC 与生物传感器、SERS 的联用技术以及图像分析 生物传感器是一种能将生物识别元件与物理传感器相结合的装置，用于检测生物分子间的相互作用。它可针对特定的生物分子（如蛋白质、DNA、小分子）进行高度选择性的检测。此外，生物传感器也可以直接放置在 HPTLC 板上，对分离后的组分进行原位检测，具有较高灵敏度。表面增强拉曼散射（surface-enhanced Raman scattering，SERS）是一种能显著增强拉曼信号的技术，适用于检测和分析痕量物质。将 HPTLC 与 SERS 联用可以提高检测灵敏度，使得痕量分析成为可能。SERS 可提供详细的分子振动信息，有助于化合物的结构鉴定。SERS 检测不需要对样品进行标记，简化了样品前处理过程。近年来，HPTLC 的图像化分析软件，如 ImageJ，使得基于数字化图像的定量分析更加方便和精确。

（3）二维薄层色谱（2D TLC） 二维 TLC 通过使用一种固定相和两种流动相、双层板、接枝 TLC 或多维 TLC 调用不同的色谱模式，可更好地解析复杂样品，提高分析的复杂性和深度。这种技术尤其适用于那些难以通过传统一维 HPTLC 分离的样品。

（4）HPTLC 与 MS 联用技术　该联用技术结合了 HPTLC 的高分离效能和 MS 的高灵敏度及结构鉴定能力，能快速从复杂样本中获取大量信息，并进行目标和非目标的结构鉴定。对于结构相似的化合物，HPTLC 可能难以区分。MS 可通过碎片化模式提供化合物的结构信息，帮助确认结构。这种联用技术在食品和医药领域有广泛的应用空间，尤其是在化学药、天然产物或植物药、临床检测等方面。HPTLC-MS 联用形式大致可归纳为三种：①通过独立的接口仪器装置将薄层板上的谱带转移出来，再送入质谱仪进行分析；②直接在薄层板上进行"原位"质谱分析；③实时监测 TLC 展开过程，使用 MS 作为检测器。

上述进展不仅提高了 HPTLC 的分离效率和灵敏度，还增强了其在药物分析、脂质组学、食品安全分析和环境分析等领域的应用潜力。随着技术的不断发展，HPTLC 在分析化学领域的应用前景将更加广阔。

5.5.2　键合相薄层色谱法

键合相薄层色谱法（bonded phase thin layer chromatography, BPTLC）是一种在普通 TLC 基础上发展起来的色谱分析方法。它通过在薄层板上涂覆键合相，即通过化学键合的方式将特定的官能团固定在载体（如硅胶）表面，从而形成具有特定化学性质的固定相。这种方法是在薄层板上实现类似于液相色谱的分离效果。

（1）键合相类型　主要包括以下 3 种类型。①极性键合相，包括氨基（—NH_2）、氰基（—CN）和二醇基等。这些键合相对极性物质有较强的亲和力，适用于正相薄层色谱法，即使用非极性流动相进行分离。②非极性键合相，较常见的非极性键合相是烷基链，如 C_{18}、C_8 和 C_3。这些键合相通过疏水相互作用与样品中的非极性或疏水性部分相互作用，主要用于反相薄层色谱法，即在极性流动相中进行分离。③离子交换键合相，这类键合相含有可进行离子交换的官能团，如磺酸基（—SO_3H）或季铵基（—NR_3^+），用于离子交换色谱，可分离带电的化合物。

（2）与 HPTLC 的差异　BPTLC 与 HPTLC 在许多方面有相似之处，但在固定相的选择和分离机制上也存在明显差异。①固定相方面，BPTLC 使用的是键合相，如 C_{18}、C_8 等，这些固定相提供了更多的选择性，尤其是在分离非极性或疏水性化合物时，而 HPTLC 通常使用的是硅胶或氧化铝等传统细颗粒吸附剂。②分离机制方面，BPTLC 的分离机制更接近于液相色谱，依赖于固定相与流动相之间的相互作用，如疏水作用、离子交换作用等。HPTLC 则主要依赖于吸附作用，适用于极性化合物的分离。③操作条件方面，BPTLC 需要更精细的操作条件控制，如 pH 值、流动相组成等，以实现最佳分离效果。HPTLC 的操作条件相对简单，但也需要优化展开剂的选择。④分析速度方面，HPTLC 因其简单性和快速性的特点而受到青睐，适合快速筛查和大量样品的分析。BPTLC 在分析速度上不如HPTLC，但提供了更高的分离选择性。⑤灵敏度和定量能力方面，BPTLC 与 HPTLC 均可与薄层扫描仪联用，实现定量分析。但由于 BPTLC 提供了更多的选择性，有时可获得更好的灵敏度和定量精度。⑥应用范围方面，BPTLC 特别适合需要特定选择性的复杂样品的分析，如药物、环境污染物等。HPTLC则因操作简便和成本效益而被广泛用于初步筛选。

（3）发展趋势　随着色谱技术的不断进步，键合相薄层色谱法也在不断发展和完善，其主要集中在以下方面。①新型固定相材料的开发。这使其具有更高的稳定性和选择性，如：分子印迹聚合物，具有高选择性和高特异性，用于复杂样品分离与纯化；金属有机骨架材料，具有高比表面积和可调节孔径等特点，用于药物分析及环境监测；碳纳米管复合材料，具有优异的机械性能和导电性，用于生物大分子分离；磁性纳米粒子，便于分离与富集目标物，用于生物样品预处理。这些新型固定相材料在药物分析、食品安全、环境监测等领域具有广泛的应用前景，有助于提高薄层色谱的分离效能和分析速度。②自动化和高通量。薄层色谱自动化和高通量技术的发展包括使用机器人手臂进行样品点样、自动喷雾显色、快速展开装置和成像系统等。这些技术在药物筛选、食品安全检测和代谢组学等领域应用广泛，实现了大量样品的快速、高效分离分析，降低了劳动强度，提高了数据的准确性和可重复性。③检测技术的联用。BPTLC与多种检测技术的联用，如质谱、核磁共振及傅里叶变换红外光谱，可提供更多的结构信息，增强了分析的深度和广度。④具有数据处理和分析软件。如高效的数据预处理算法、模式识别技术和机器学习模型。如 ImageJ、ChemStation、TLC Analyst 等软件，用于薄层色谱图像的自动识别、峰积分、化合物鉴定。⑤环境友好性。随着对环境影响的关注，BPTLC 的发展也在考虑使用更环保的溶剂和材料，减少有害溶剂的使用。⑥微型化技术。主要体现在微流控芯片上，其集成了样品注入、展开、检测于一体，实现了色谱过程的微型化；纳米级点样技术，如纳米喷印，提高了样品点的均匀性和重现性。这些技术在药物开发、生物样本分析、环境监测等领域应用广泛，减少了溶剂和样品消耗，提高了分析速度和灵敏度，为现场快速分析和便携式检测提供了可能。

5.6　薄层色谱法的应用案例

阅读材料5-2
HPTLC-MS技术
在中药质量控制
中的应用

HPTLC 因其具有高分辨率、高灵敏度和操作简便性等特点，在多个领域都有广泛应用，如法医化学综合分析了查获材料或生物样本中的毒品、药品中维生素的分离和鉴定。以下是一些具体的应用案例，展示了 HPTLC 在不同行业中的实际应用。

阅读材料5-3
TLC在法医毒品
检测中的应用

5.6.1　中草药和中成药成分分析

枇杷叶为蔷薇科植物枇杷的干燥叶，其炮制品蜜炙枇杷叶具有清肺止咳、降逆止呕等作用，临床常用于治疗胃热呕逆、气逆喘急、烦热口渴和肺热咳嗽等。而枇杷叶易与石楠叶、大花五桠果叶、荷花玉兰叶等外观混淆，采用高效薄层色谱可有效鉴别枇杷叶及其易混淆品。新方法避免了《中国药典》（2025 年版）使用的丙酮和甲苯等溶剂。

阅读材料5-4
薄层色谱/高效液
相色谱法在维生
素鉴定中的应用

（1）**对照品及对照药材溶液的制备**　分别取熊果酸和科罗索酸适量，加甲醇制成每 1 mL 各含 1 mg 的对照品溶液；取枇杷叶对照药材粉末 1 g，加甲醇 20 mL，超声处理 20 min，滤过，滤液蒸干，残渣加甲醇 5 mL 使溶解，即得对照药材溶液。

（2）**供试品溶液的配制**　取枇杷叶粉末 1 g，加甲醇 20 mL，超声处理 20 min，滤过，滤液蒸干，残渣加甲醇 5 mL 使溶解，即得。

（3）**薄层色谱方法的建立及样品测定**　分别制备枇杷叶、石楠叶、大花五桠果叶、荷花玉兰叶的供试品溶液，照薄层色谱法[《中国药典》（2025 年版）通则 0502]实验，吸取对照品溶液、对照药材溶液和供试品溶液各 1 μL，分别点于同一硅胶 GF$_{254}$ 薄层板上，以环己烷-乙酸乙酯-冰醋酸（8:4:0.1）为展开剂，预饱和时间为 10 min，展开高度为 80 mm，取出，喷以 10%硫酸乙醇溶液，在 105℃加热至斑点显色清晰，置紫外灯（365 nm）下检视。

（4）**结果判断**　枇杷叶与石楠叶、大花五桠果叶、荷花玉兰叶等的叶子在外形上相似，其薄层色谱具有较为明显的差别（图 5-6），可用于有效鉴别枇杷叶及其易混淆品。通过比较枇杷叶与其他植物叶子的 HPTLC 图谱（图 5-6），帮助鉴别真伪，确保使用的是道地药材。

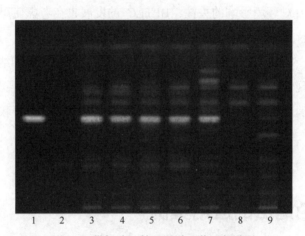

图 5-6　枇杷叶及其易混淆品薄层色谱图

1—熊果酸；2—科罗索酸；3—枇杷叶对照药材；4，6—枇杷叶；5—蜜炙枇杷叶；7—石楠叶；8—大花五桠果叶；
9—荷花玉兰叶

5.6.2　食品成分分析

高效薄层色谱法可定性定量分析沙棘果中的苹果酸和奎宁酸。沙棘属胡颓子科落叶性灌木。沙棘果实大部分为圆球形、橙黄色。沙棘中营养物质和生物活性物质较丰富，广泛应用于食品、医药等领域。沙棘中含有大量的有机酸，其中苹果酸和奎宁酸占总酸的 90%以上。

（1）**对照品溶液的制备**　分别精密称定 10 mg 苹果酸与奎宁酸，加甲醇配制成质量浓度为 10 mg/mL 的对照品溶液。

（2）**样品溶液的制备**　取沙棘果粉末 2 g，加入 20 mL 乙醇，超声 30 min 后，过滤，滤液蒸干后加 2 mL 甲醇，过 0.22 μm 微孔滤膜，即为样品溶液。

（3）**显色剂的制备**　称取溴甲酚绿 1 g，加乙醇至 1 L，溶解制成 1 g/L 的溴甲酚绿乙醇溶液，调 pH 至 5.4。

（4）**色谱方法**　将硅胶 G 板在 105℃下活化 15 min，采用 Camag Linomat 5 半自动点样仪进行带状点样，点样量为 2 μL，条带宽为 6 mm，条带间距为 10.9 mm，点样距底端 8 mm，左右边距为 40 mm，溶剂为甲醇，载气为氮气，速率为 150 nL/s。点样后，在展开剂为二氯甲烷∶乙酸乙酯∶甲酸=5∶6∶2.5 条件下，将点样后的硅胶 G 板饱和 30 min，展开，取出，晾干，将其完全浸润至 1 g/L 溴甲酚绿乙醇溶液中，迅速捞出，热风吹干，加热至斑点明显后置日光灯下观察。采用 Camag TLC3 扫描仪，在 200～700 nm 进行双波长（540 nm、618 nm）背景校正、全波长扫描，狭缝宽度 4.0 mm×0.3 mm，扫描速率 200 mm/s，展距 85 mm，距底 8 mm，灯为氘灯和钨灯。

（5）**结果判断**　各对照品和样品的分离结果见图 5-7，由计算可知苹果酸 R_f 值为 0.59±0.05，奎宁酸 R_f 值为 0.45±0.05，10 个不同产地沙棘果样品中具有与苹果酸 R_f、奎宁酸 R_f 值相等的斑点，表明沙棘果中含有苹果酸和奎宁酸。

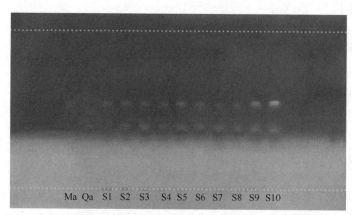

图 5-7　618 nm 处观察的高效薄层色谱图
Ma—苹果酸；Qa—奎宁酸；S1～S10—样品

【本章小结】

Summary　TLC is a widely used separation and analysis technique with applications in pharmaceutical analysis, food testing, environmental monitoring, and so on. As analytical chemistry advances, the technology of TLC is also progressing, including the development of new stationary phase materials and the use of automated instruments, which enhance the sensitivity and accuracy of TLC.

The future development of TLC will focus more on efficiency and automation. With the advancement of material science, new adsorbents and stationary phase materials will be developed to improve separation efficiency and selectivity. Additionally, the application of automation technology will enable full-process automation from sample preparation to data analysis, thereby increasing work efficiency and reducing human error.

TLC has several advantages, including its simple setup, low overall detection cost, and high detection efficiency. It remains an important method for detecting preservatives in food and health products. The working principle of TLC relies on specific adsorption layers to adsorb sample components. TLC is an open chromatography method, allowing for the selection of any stationary phase, mobile phase, and derivatization reagents. The low consumption of reagents and their single-use nature prevent cross-contamination, making it suitable for parallel detection of multiple samples and simplifying the sample pretreatment process, especially for rapid detection of complex component samples.

The attribute of TLC as an open chromatography method enables the coupling with various other detection methods, such as TLC-MS, TLC-NMR, and TLC-FTIR. The preliminary separation provided by TLC simplifies and sensitizes the subsequent characteristic detection of target compounds.

From traditional TLC to HPTLC, and from manual to automated processes, the future of TLC is clear and promising. The evolution of TLC has not stagnated, it is keeping pace with technological advancements, continuously upgrading and improving.

 【复习题】

1. 薄层色谱法中样品点是如何在板上移动的呢?

2. 如何选择硅胶薄层色谱的展开剂?

3. 点样操作中,注意事项有哪些?

 【讨论题】

1. 薄层色谱法在不同领域中的应用及其优势是什么?

2. 薄层色谱法的现代化改进及其对分析效率的影响分别是什么?

 团队协作项目

薄层色谱法在药品、食品和化妆品中的应用与挑战

【项目目标】 通过小组合作学习,了解 TLC 在产品质量控制和安全保证中的应用。探索薄层色谱法在化妆品、药品和食品非法添加剂检测中的应用和挑战。

【团队构成】 4 个小组,每组 3～5 名学生。

【小组任务分配】

1. 理论研究小组(对 TLC 进行背景研究,重点了解其分离原理、应用场景和局限性。形成一份研究报告,涵盖 TLC 原理、化学过程及与其他色谱方法的比较分析)。

2. 应用小组(收集每个检验领域的 TLC 案例进行研究,如化妆品方面常见污染物、过敏原或禁用物质;中药鉴别;食品添加剂等,重点展示研究案例和薄层色谱法的上述应用)。

3. 创新小组(探索薄层色谱法的新发展,包括 HPTLC 和自动化薄层色谱法,描述这些创新如何扩展薄层色谱法的应用或提高其在检测领域的准确性,了解薄层色谱法的

新型固定相和检测器）。

4. 数据分析小组（分析案例和实验数据，了解薄层色谱法在某领域中检测目标物的有效性。统计摘要和呈现可视化数据，显示薄层色谱法的检测效率、成本效益和准确性）。

【成果展示】 包括案例研究、技术创新和调查报告。每个团队介绍其重点领域的调查结果。每个应用领域（化妆品、药品、食品）分别制作海报，重点介绍近期案例和 TLC 进展。

【团队讨论】 讨论各自调查的 TLC 在研究领域应用的优势和劣势，进一步探索改进空间，讨论 TLC 在新兴领域，如可持续性测试或个性化医疗中应用的潜在挑战。

 案例研究

TLC 揭露非法降糖药的秘密

在我国中医药文化的深厚底蕴中，某些角落可能潜藏着不为公众所知的隐患。中成药在国内拥有庞大的消费群体，其疗效通常表现为缓慢而持久。遗憾的是，存在一些不法分子，为了追求短期内的销售增长，不惜在中成药中违法添加微量的化学药品，以期增强产品的即时效果，特别是在一些宣称"纯天然、无毒副作用"的降糖中成药中。这种做法不仅可能造成患者血糖水平的异常波动，长期服用还可能带来其他严重的健康风险。为有效识别中成药中是否含有非法添加的降糖药物，请尝试一种方法快速识别其中是否含有非法添加的降糖药。

案例分析：

1. 非法添加的降糖药和中成药在成分上有何区别？
2. 有哪些检测技术可以识别中成药中的非法添加化学药物？
3. 这些检测技术的优势和劣势如何？

参考文献

[1] 李彩红, 李燕辉, 董小平, 等. 枇杷叶的高效薄层色谱和指纹图谱的建立以及三萜酸成分含量测定[J]. 时珍国医国药, 2022, 33 (10): 2542-2545.

[2] 葛亮, 李娜, 杨明翰, 等. 沙棘果高效薄层色谱分析及抗氧化能力研究[J].食品与发酵工业, 2022, 48 (06): 263-269.

[3] 丁立新. 色谱分析[M]. 北京: 化学工业出版社, 2019.

[4] 段更利. 现代色谱技术[M]. 北京: 人民卫生出版社, 2020.

[5] Morlock G E. High-performance thin-layer chromatography combined with effect-directed assays and high-resolution mass spectrometry as an emerging hyphenated technology: A tutorial review [J]. Analytica Chimica Acta, 2021, 1180: 338644.

[6] Babita S, Atiqul I, Alok S. HPTLC-MS: an advance approach in herbal drugs using fingerprint spectra and mass spectroscopy [J]. Traditional Medicine Research, 2023,8(2): 10.

[7] Qasim U, Ali M. Vitamins determination by TLC/HPTLC—a mini-review[J]. Journal of Planar Chromatography-Modern TLC, 2020, 33: 429-437.

（李芬芬　编写）

第6章 毛细管电泳法

 学习目标

掌握：电泳、电渗流及淌度等概念，毛细管电泳法分离模式及工作原理；

熟悉：毛细管电泳仪的仪器构造，毛细管电泳法分离条件的优化；

了解：毛细管电泳法的应用、发展趋势及研究进展；

能力：能建立生物大分子及手性药物拆分的毛细管电泳方法，进行样品的快速分析。

开篇案例

电泳的"奥德赛"：从血清分离到毛细管电泳技术的科学之旅

1937年，瑞典化学家阿尔内·蒂塞利乌斯（Arne Tiselius）在一次科研探索中，将人血清中的蛋白质混合液置于两个缓冲液池中，通过施加电压进行自由溶液电泳，他不仅第一次从人血清中分离出血清白蛋白和 α、β、γ-球蛋白，而且揭示了样品迁移方向和速度的奥秘——电荷和淌度。这一贡献使他荣获了1948年诺贝尔化学奖。然而，这种传统电泳技术也存在明显不足，即难以克服由高电压引起的焦耳热，从而大大影响了样品的分离效果。

为了有效减少焦耳热带来的弊端，科学家们进行了不懈地探索。1967年，瑞典科学家 Stellan Hjertén 最先提出了在内径为3 mm的毛细管中做自由溶液的区带电泳，这是毛细管电泳技术的雏形。然而，这一技术并未完全克服传统电泳的局限。直到1981年，美国科学家 James W. Jorgenson 和 Krynn DeArman Lukacs 提出了在75 μm内径的毛细管柱内用高电压进行分离的方法，这标志着现代毛细管电泳技术的产生。这段历史，就像一场科学"奥德赛"，从血清分离到毛细管的微观世界，展现了科学家们对未知世界的不懈追求和创新精神。

6.1 概述

6.1.1 毛细管电泳法的发展简史

毛细管电泳（capillary electrophoresis, CE）的起源可追溯到19世纪末，但真正的发展

始于 20 世纪下半叶，特别是 20 世纪 80 年代后。CE 的发展经历了以下几个重要里程碑。

电泳的概念最早由俄国的斐迪南·弗雷德里克·罗伊斯（Ferdinand Frederic Reuss）在 1807 年提出，他发现水可在电场作用下通过多孔陶瓷板流动，这一现象被称为"电泳"。随着科学技术的发展，电泳技术逐渐应用于分离生物分子，特别是蛋白质和核酸。1948 年，瑞典化学家阿尔内·蒂塞利乌斯（Arne Tiselius）因其研究电泳和吸附分析血清白蛋白方面的工作获得了诺贝尔化学奖，这为电泳技术的发展奠定了基础。

尽管电泳技术在 20 世纪上半叶得到了一定发展，但直到 1967 年，毛细管电泳才得到关注。当年，瑞典科学家 Stellan Hjertén 首次提出将电泳技术与毛细管结合，以提高分离效率。然而，真正意义上的毛细管电泳技术是由 James W. Jorgenson 和 Krynn DeArman Lukacs 在 1981 年开发的自由区带毛细管电泳，这标志着这一领域的重要突破。他们的研究显示，通过使用直径非常小的毛细管，可显著减少样品扩散效应，从而提高分离效率。20 世纪 80 年代末至 20 世纪 90 年代，毛细管电泳技术迅速发展，并进入商业化阶段。各种类型的毛细管电泳仪器和技术被开发，并在生物化学、制药、环境分析等领域得到了广泛应用。

进入 21 世纪后，随着技术的进一步成熟，CE 在各种高通量分析平台上广泛应用，如毛细管电泳与质谱联用技术，这使得研究者能在更复杂的样品基质中进行分析，同时提供了更高的检测灵敏度和选择性。随着微流控技术和纳米技术的发展，毛细管电泳的发展前景十分广阔。

阅读材料6-1
毛细管电泳：趋势
与最新进展

未来 10 年，全球毛细管电泳行业的市场规模预计将保持稳定增长，并迎来技术创新和市场扩展的双重驱动。且随着高灵敏度分析和多功能检测需求的持续提升，CE 凭借其高效、环保和低样品消耗的特点，在药物研发、食品安全、环境监测及生命科学等领域的应用前景更加广阔。在技术层面，毛细管电泳与质谱、微流控芯片等联用技术的突破将进一步提高其分离能力和检测灵敏度，同时自动化和智能化设备的发展也将推动其在高通量分析中的普及。预计行业将呈现市场规模增长和应用领域拓展的双重趋势，为相关产业注入新的活力。同时，毛细管电泳行业的竞争格局日益复杂，既有国际知名制造商凭借悠久的历史、深厚的技术积累和广泛的全球市场覆盖构建坚实的行业地位，也有国内品牌通过加大研发投入、提升产品品质和技术水平来抢占市场份额。

6.1.2　毛细管电泳法的特点及应用范围和局限性

CE 以其独特的优势，在色谱分析中占据了重要地位，主要特点和应用概括如下。

（1）分离效率高　CE 的高分离效率是其最大的优势之一。由于毛细管内径非常小（10～100 μm），其样品的扩散效应显著降低，因而可获得高柱效（高达数十万甚至上百万理论塔板数），这对复杂混合物的分离尤为重要，能有效分离结构类似的化合物。

（2）样品与试剂消耗少　CE 所需样品量和试剂量非常少，通常只需几纳升到几十纳升。这不仅降低了分析成本，还减少了环境污染。同时，由于 CE 使用的缓冲溶液极少，样品的前处理和废液处理更加简便。

（3）**分离模式多** CE 分离模式包括自由区带毛细管电泳（capillary zone electrophoresis, CZE）、胶束电动毛细管电泳（micellar electrokinetic capillary chromatography, MEKC）、毛细管凝胶电泳（capillary gel electrophoresis, CGE）、毛细管等电聚焦（capillary isoelectric focusing, CIEF）、毛细管电色谱（capillary electrochromatography, CEC）等。每种分离模式针对不同类型的样品，提供了灵活的分析手段。这种多样性使得 CE 的应用可从小分子药物扩大到大分子蛋白质、核酸的分析，从无机物扩大到有机物等。

（4）**灵敏度高和选择性好** 毛细管电泳仪可与多种检测器联用，如紫外吸收检测器（ultraviolet absorption detector, UVD）、荧光检测器（fluorescence detector, FLD）、电化学检测器（electrochemical detector, ECD）和质谱检测器（mass spectrometric detector, MSD）等，这使 CE 在极低浓度下仍能检测到目标分析物，具有灵敏度高和选择性好的特点。

（5）**自动化与高通量** 现代毛细管电泳仪通常配备自动进样器和计算机控制系统，可实现全自动化操作。同时，CE 的快速分析能力使其非常适合高通量筛选和分析，在药物开发、基因组学和蛋白质组学研究中应用广泛。

（6）**环境友好** CE 所需样品量和试剂量非常少，被认为是一种绿色环保的分析技术。与传统的 HPLC 和 GC 相比，CE 产生的废液极少，降低了对环境的影响和废液处理成本。

综上所述，CE 以其高效、灵活、经济和环保的特点，成为现代分析的重要工具。在环境分析、药物分析、临床诊断及食品分析中都有用途，尤其是在大分子分离分析中表现突出。随着技术的不断进步，CE 在未来必将继续拓展其应用范围，并在更多领域中发挥重要作用。

尽管毛细管电泳法具有众多优势，但在实际应用中，仍然存在一些局限性。①样品量小，通常为几纳升至几十纳升，这对于某些需要较大样品量的分析任务可能是一个限制。此外，由于进样量有限，对于低浓度的复杂样品，样品的注入可能无法获得足够的信号，从而影响结果的可靠性。②虽然 CE 具有高分离效率，但对于某些复杂或结构相似的化合物，其选择性不足，尤其在处理非常复杂的样品时，分离的效果可能受到样品基质、电场不均匀或缓冲液不稳定等因素的影响，导致分离效率降低。③对电场和缓冲液稳定性的要求高，尤其在进行大分子分析时，电压和电导率的波动可能影响分离效果。④缓冲液的 pH 值和浓度变化会影响分析结果，要求操作人员对实验条件进行严格控制。

6.2　毛细管电泳法的分离依据

CE 依赖于样品中各组分在电场中不同的迁移行为实现分离。这种迁移行为受多种物理、化学因素的影响，包括双电层和 Zeta 电势、电渗流、淌度及电渗淌度等。

6.2.1 双电层和 Zeta 电势

毛细管内壁（通常由硅胶或其他材料制成）与溶液接触时，内壁表面由于材料的性质而带有负电荷，这些负电荷主要是由硅醇基团（Si—OH）的解离产生的。在溶液中，这些负电荷吸引带正电的离子，形成一个紧密层。由于溶液中存在大量离子，这些正电荷会进一步扩展为一个扩散层。这种内壁负电荷和紧密层正电荷之间的排列形成了双电层，如图 6-1 所示。

Zeta 电势是双电层中的关键电位，它是从毛细管内壁到扩散层某一距离处的电位差。Zeta 电势的大小直接影响电渗流（electroosmotic flow, EOF）的强度。在电场作用下，紧密层中的带电粒子会拖拽周围的溶液一起移动，这种现象称为电渗流，其速度和方向与 Zeta 电势密切相关。Zeta 电势越高，电渗流的速度越快，这将影响样品中各组分的总迁移

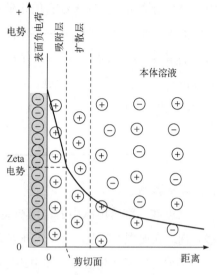

图 6-1 双电层和 Zeta 电势示意图

视频6-1
双电层(Electrical
Double Layer)

速度。Zeta 电势不仅影响电渗流的速度，还影响分离的选择性。在 CE 中，电渗流的方向通常是从毛细管的阳极流向阴极，但在某些情况下（如毛细管内壁进行特殊修饰或使用了特定缓冲溶液），Zeta 电势的改变可导致电渗流的逆向流动。这种电渗流的调控对于优化分离条件至关重要，可通过改变样品组分的迁移时间来改善分离效果。

6.2.2 电泳和淌度

电泳是带电粒子在电场作用下移动的现象。样品中各组分在施加电场后，会根据它们所带电荷的极性向相应的电极方向移动。正电荷向阴极移动，而负电荷则向阳极移动。每个带电粒子的移动速度不仅取决于其所带电荷的大小，还受周围环境（如溶液黏度和温度）及粒子大小和形状的影响。

淌度（μ_{ep}）是衡量电泳现象的重要参数。它定义为粒子的迁移速度（v）与所施加电场强度（E）之间的比值，即

$$\mu_{ep} = \frac{v}{E} = \frac{q}{6\pi\gamma\eta} \tag{6-1}$$

式中，q 是带电粒子的电量；γ 是带电粒子半径；η 是溶液黏度。

淌度反映了粒子在电场中的运动能力，是由粒子的电荷量、溶液黏度及粒子大小等因素共同决定的。在 CE 中，不同组分的淌度差异是分离的基础。带电量较大的粒子通常具有较高的淌度，迁移速度较快；相反，淌度较低的粒子迁移速度较慢。通过控制电场强度和毛细管的长度，可实现对不同淌度组分的有效分离。在实际操作中，淌度的精确计算和控制对于优化分离条件和提高分离度非常重要。

6.2.3 电渗流和电渗淌度

电渗流（EOF）是在电场作用下，由溶液中离子的迁移而引起的溶液整体流动。在 CE 中，电渗流通常发生在毛细管的内壁处。当电场施加在毛细管两端时，毛细管内壁的双电层中流动的离子（主要是紧密层中的正离子）在电场作用下沿着毛细管内壁移动，并带动周围的溶液一同流动，这种流动通常从毛细管的阳极流向阴极。电渗淌度（electroosmotic mobility, μ_{eo}）是描述电渗流强度的参数，它定义为溶液的流速（v_{eo}）与所施加电场强度（E）之间的比值，即

$$\mu_{eo} = v_{eo}/E \tag{6-2}$$

电渗淌度受毛细管内壁的电荷密度、溶液的 pH 值、离子强度和溶液的介电常数等多种因素的影响。

EOF 在毛细管电泳中的作用至关重要。它不仅影响样品组分的迁移速度，还决定了迁移方向。在典型 CE 中，EOF 与电泳现象共同作用，最终决定样品中各组分的分离结果。

各种电性离子在毛细管柱中的迁移速度为：

$\mu_+ = \mu_{eo} + \mu_{ep+}$ 　阳离子运动方向与电渗流一致。

$\mu_- = \mu_{eo} - \mu_{ep-}$ 　阴离子运动方向与电渗流相反。

$\mu_0 = \mu_{eo}$ 　　　　　中性离子运动方向与电渗流一致。

其中，μ_+、μ_-、μ_0 分别为阳离子、阴离子和中性粒子的表观淌度，它们分别是各自电渗淌度和淌度的矢量和。通常情况下，电渗流的速度约等于一般离子电泳速度的 5～7 倍。

如果 EOF 较强，可能会加快整体迁移速度；如果 EOF 较弱，电泳现象将主导分离过程。通过调控电渗流，如改变溶液 pH 值或使用涂层毛细管，可优化电泳分离效果。

CE 中电荷均匀分布，整体移动，电渗流的流动为平流，塞式流动（谱带展宽很小）。而 HPLC 中的溶液流动为层流，抛物线流型，管壁处流速为零，管中心处的速度为平均速度的 2 倍（谱带展宽较大），如图 6-2 所示。

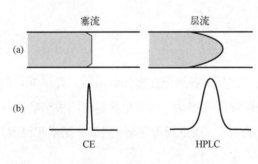

图 6-2　CE 和 HPLC 的流型（a）及相应的溶质区带（b）

6.3　毛细管电泳仪的组成部分

毛细管电泳仪的基本结构包括毛细管、高压电源、进样系统和检测系统，如图 6-3 所示。

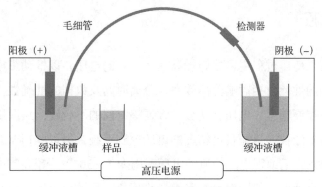

毛细管 检测器

阳极（+） 阴极（−）

缓冲液槽 样品 缓冲液槽

高压电源

图 6-3　毛细管电泳仪的基本结构

6.3.1　毛细管

毛细管是 CE 的核心部件，负责样品的分离。毛细管的材质、涂层、内径、长度等特性都会影响分离效率和结果的可重复性。图 6-4 为商用仪器的毛细管卡盒装置图。

（1）**材料与涂层**　熔融石英是毛细管最常用的材料，因为其在高电压下具有良好的机械强度、低扩散性以及对紫外和可见光的优良透光性。此外，石英毛细管内部可进行表面涂层，以减轻样品组分与毛细管内壁的相互作用，防止样品吸附在管壁上，保持电泳过程的稳定性。毛细管的内壁涂层常用于改变电泳性能，内壁未涂层的毛细管常带有负电荷，导致蛋白质

检测窗口

毛细管

图 6-4　毛细管卡盒装置图

等带电粒子容易黏附在毛细管壁上，降低分离效果。为了克服这一问题，科学家开发了多种涂层技术，如动态涂层、静态涂层等，以中和或减少内壁电荷。如聚乙烯吡咯烷酮涂层能有效防止蛋白质吸附，提高分离重现性。

（2）**内径与长度**　毛细管的内径通常在 25～100 μm 之间，典型的内径为 50 μm。较小的内径有助于提高分离分辨率，但同时会增加内壁的电场强度，导致更大的焦耳热效应，可能影响迁移时间的稳定性。因此，选择合适的内径需要综合考虑分离效率、分析速度和样品损失等因素。毛细管的长度通常在 20～100 cm 之间。较长的毛细管有助于提高分辨率，因为在较长的迁移路径中，组分可获得更完全的分离，但也会延长分析时间。毛细管的选择通常是一个平衡过程，需要考虑分离分辨率和运行时间的相对重要性。

（3）**温控系统与冷却系统**　CE 中，高电压会在毛细管内部产生大量焦耳热，影响分离结果的稳定性。因此，温控系统在维持毛细管温度稳定方面发挥着关键作用。通过使用液体冷却、气流或外置冷却装置，可减少热梯度，确保样品的稳定分离。常见的冷却系统包括空气冷却和液体冷却。液体冷却更为高效，尤其适用于高电压长时间运行的情况。

6.3.2 高压电源

毛细管电泳仪在使用过程中需要施加高达 30 kV 的电压，以推动带电粒子在毛细管中的迁移。高压电源的性能直接影响分离效率、分离时间及数据的准确性。

（1）稳定性与控制精度 电压波动会导致迁移时间的不一致，从而影响分析结果的精确性。现代毛细管电泳仪通常配备高精度的电压控制系统，能以 0.1 kV 的增量调整电压，以满足不同分离要求。毛细管电泳的典型电压范围为 5～30 kV。较高的电压可加速带电粒子的迁移，提高分离速度，但同时可能引发过热现象，导致分辨率下降。

（2）反极性与梯度电场 在某些分析方法中，反极性功能可改变电场方向，便于样品中特定组分以相反方向迁移。这种操作可用于优化分离、控制样品迁移速度，特别是复杂样品。梯度电场技术用于动态调整电压，适合在复杂样品分析中提升分辨率，通过在分析过程中逐步改变电压，优化样品组分的分离效果。

6.3.3 进样系统

CE 中，由于毛细管内径极小（通常为几十微米），进样量极小，通常为纳升级，这给进样带来一定挑战。进样的基本原理是利用重力、压力差或电场力等驱动力将样品引入毛细管。样品量可通过调节驱动力的大小或作用时间进行控制。进样系统主要包括动力控制、时间调节及电极槽或毛细管位置固定装置。在商品化仪器中，通常通过电极槽的升降或旋转实现样品与毛细管的有效接触，而简易装置则可通过直接移动毛细管实现位置调整。为确保高效分离，样品区带应尽量缩短，通常不超过毛细管总长度的 1%～2%，对应长度为数毫米。过多的样品会导致峰形变宽，降低分辨率，还可能由电导率差异引起电场不均匀，从而造成峰形畸变。定量进样方法主要有两类：流体力学进样和电动进样。其中流体力学进样依靠毛细管两端的压力差推动样品流入毛细管，进样量由压力大小和时间决定；而电动进样则利用电场作用，通过离子的电迁移和电渗流引入样品，进样量可由电压和时间控制。这两种方式在实际应用中各有优势，选择时应根据样品特性和分析需求进行优化。

6.3.4 检测系统

CE 进样系统的微小进样体积对检测器的性能提出了较高要求。检测器需具备高灵敏度，同时尽量避免样品区带展宽。目前，最常用的检测方式是柱上检测，有效减少了区带的扩散。通常通过去除毛细管表面的涂层，形成约 0.5 cm 的检测窗口，将窗口清洁后放置在检测器的光路中固定。如果检测窗口未彻底清洁，容易引起基线噪声增加。在实际应用中，柱上紫外吸收检测器是最常用的类型，虽然毛细管内因光程短导致检测灵敏度受到了一定限制，但其适用性广泛，特别适合蛋白质等组分的分析。除此之外，荧光检测器和激光诱导荧光检测器也已实现商品化。激光诱导荧光检测器的灵敏度极高，可达到单分子检测水平，但大多数样品需进行衍生化预处理。

近年来，电喷雾质谱逐渐显示出重要应用前景，尤其适用于多肽和蛋白质的分离及其结构分析。质谱检测具有高灵敏度与高专属性，可提供详细的分子结构信息，但通常需要与毛细管电泳联用，进行柱后检测。

6.4 毛细管电泳法的检测器及各检测器工作原理

CE 中，检测系统是至关重要的一部分，它能识别并量化分离的样品组分。不同的检测器适用于不同类型的分析物，每种检测器都有其特定的工作原理和优缺点。下面将详细阐述几种常见检测器及其工作原理。不同类型的检测器的检测限和特点列于表 6-1 中。

表 6-1 CE 常用检测器的检测限和特点

检测器类型	检测限/（mol/L）	特点
紫外（UV）检测器	$10^{-5}\sim10^{-6}$	通用性强，商用毛细管电泳仪的常用检测器
激光诱导荧光（LIF）检测器	$10^{-12}\sim10^{-16}$	灵敏度高，须进行衍生化或加入荧光剂间接测定，通用性较差
质谱（MS）检测器	$10^{-8}\sim10^{-9}$	能提供组分的结构信息，灵敏度也较高，但 CE 和 MS 之间的接口复杂
电导（CD）检测器	$10^{-7}\sim10^{-8}$	通用性较强，需要专门的电器元件
安培（AD）检测器	$10^{-10}\sim10^{-11}$	灵敏度高，选择性强，通常用于电活性物质的分析，需要专门的电器元件
其他方法	—	化学发光、示差折光、拉曼光谱、激光光热、放射分析

6.4.1 紫外检测器

紫外检测器（UV detector, UVD）是 CE 中最常用的检测器，尤其适用于在紫外光区有吸收的化合物，如蛋白质、核酸和有机小分子。

UVD 的工作原理是基于光的吸收。样品在迁移过程中通过检测窗口，检测器发射特定波长的紫外光，并监测光强的变化。当样品中的分子吸收特定波长的光时，光的强度会减小。通过测量吸光度的变化可确定样品的浓度。通常选择 $200\sim280\,nm$ 的波长区间进行检测，这是许多有机化合物的吸收峰所在范围。现代 UVD 通常可调节波长，甚至同时监控多个波长[如二极管阵列检测器（DAD）]。UVD 具有操作简单、灵敏度适中、通用性强的优点，尤其适用于具有紫外吸收特性的化合物。然而，由于常规 CE 紫外吸收检测器的检测光程很短，其最低检测限通常在 $10^{-5}\sim10^{-6}\,mol/L$，对于低浓度组分的检测灵敏度不能满足需求。为此，研究人员发展了扩充毛细管光程检测的方法，如泡形池和 Z 形池等方法。

（1）泡形池 泡形池是通过在毛细管检测区域扩展出一个球形或椭球形空间，使检测光程增大。光线穿过毛细管时，泡形池区域内的光程明显延长，从而提高了对低浓度样品的检测灵敏度。图 6-5 为泡形池示意图。光程由 50 μm 扩大到 150 μm，检测灵敏度可提高 3～4 倍。

　　然而，泡形池的制作要求工艺精密，且在较高流速下易引起样品区带畸变。因此，毛细管内径扩展倍数不可过高，以避免过度的区带畸变。

　　（2）Z 形池　Z 形池是通过特殊的毛细管结构设计，将检测区域弯曲成类似字母"Z"的形状，光束沿 Z 形路径穿过样品溶液，如图 6-6 所示。

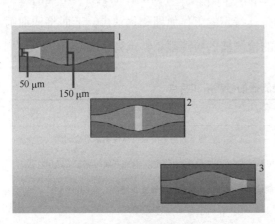

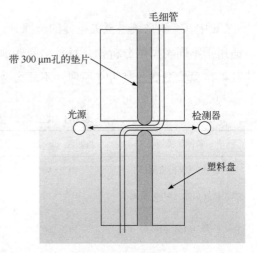

图 6-5　泡形池示意图

1、2、3 分别为样品进入毛细管、样品在毛细管中被检测和
样品流出毛细管的三个过程

图 6-6　Z 形池结构示意图

　　这种设计有效延长了光程，同时可保证光线能多次穿过样品，提高检测信号的强度。Z 形池结构较为稳定，能在保证分离效率的同时提升灵敏度，适用于常规分析。一个 3 mm 光程的 Z 形池用于毛细管 UV 检测，信噪比提高了 6 倍。

　　这两种池型各有特点，泡形池结构简单但需精密制造，而 Z 形池设计更为稳定且灵敏度更高，常用于低浓度样品的紫外-可见检测。

6.4.2　激光诱导荧光检测器

　　激光诱导荧光检测器（laser-induced fluorescence detector, LIFD）是目前灵敏度最高的检测器之一，尤其适合检测具有荧光特性的分子或通过化学修饰引入荧光标记的化合物。图 6-7 是 LIFD 的工作原理示意图。

　　LIFD 利用高强度的激光束激发样品中的荧光分子，当分子吸收能量后，回到基态时会发射荧光。检测器通过光电倍增管或光敏二极管捕捉这些荧光信号，荧光强度与样品的浓度成正比。常用的激光器包括氦氖激光器（波长 632.8 nm）或氩离子激光器（波长 488 nm），可激发不同种类的荧光染料。LIFD 的灵敏度极高，适合微量和痕量样品的检测，尤其在蛋

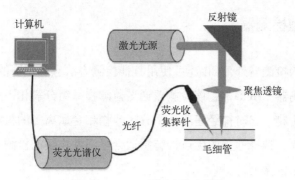

图 6-7　LIFD 工作原理示意图

白质、核酸和小分子化合物分析中应用广泛。然而，该检测器要求样品必须具有荧光或经标记后具有荧光，这限制了它的通用性。

6.4.3　质谱检测器

质谱检测器（mass spectrometric detector, MSD）与毛细管电泳仪联用，可提供丰富的结构信息，并在样品鉴定和定量分析中发挥重要作用，图 6-8 为 CE-MS 仪器的结构示意图。

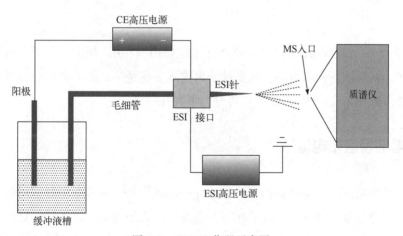

图 6-8　CE-MS 仪器示意图

MSD 通过将样品电离形成带电粒子，然后根据它们的质荷比（m/z）进行分离和检测。质谱仪主要由三部分组成：离子源、质量分析器和检测器。在 CE-MS 联用技术中，电喷雾电离（ESI）是最常用的离子化技术之一。样品从毛细管流出后通过电喷雾器雾化并电离，形成气相离子进入质谱分析器。质谱的分析部分可采用四极杆、飞行时间质谱或其他质量分析器，它们根据离子的质荷比进行分离。MSD 能提供分子的精确质量信息和结构信息，适合复杂样品的分析，如代谢产物、药物和蛋白质组分，其主要优势是高灵敏度和高选择性，但由于仪器复杂且价格较高，对操作技术要求较高。

6.4.4 其他类型检测器

除了上述常见的检测器外，CE 还可使用其他检测方法应对不同的分析需求。

（1）电化学检测器（ECD） 该检测器通过监测样品组分氧化还原反应产生的电流变化来检测和量化分析物。它对神经递质、小分子药物和金属离子的检测尤为灵敏。电化学检测器具有灵敏度高、选择性强的优点，特别适合电活性物质的检测，但其操作容易受到基质干扰和电极污染的影响。

（2）热导检测器（TCD） 该检测器基于样品通过检测区域时热导率的变化检测化合物。常用于气体和简单有机化合物的检测。热导检测器通用性较强，但灵敏度相对较低，较少用于痕量分析。

（3）折光指数检测器（RID） 该检测器通过测量样品溶液和参比溶液间的折射率差异检测化合物。其适用于无紫外吸收或荧光特性的化合物，如糖类。折光指数检测器的灵敏度较低，易受温度变化的影响，主要用于分析高浓度的样品。

6.5 毛细管电泳法的分离模式及原理

CE 作为一种高效分离技术，通过电场在毛细管内的作用，使带电分子在缓冲液中以不同速度迁移，从而达到分离目的，其多种分离模式为各种样品的分离分析提供了广泛的选择。根据分离原理和应用的不同，CE 可分为下列几种模式。

6.5.1 毛细管区带电泳法

视频6-2
毛细管区带电泳法
(Capillary Zone
Electrophoresis)

毛细管区带电泳法（capillary zone electrophoresis, CZE）是 CE 中较常用的一种分离模式，其工作原理是基于样品中的离子在缓冲溶液中受电场驱动，以不同速度迁移。离子的迁移速度取决于它们的电荷和大小，而 EOF 则通过影响各组分的迁移时间达到分离目的。

EOF 的存在使带电或不带电的分子都能迁移，从而通过不同的迁移速度实现分离。样品在电场作用下形成狭窄的区带，并保持相对固定的宽度，以获得高效分离，如图 6-9 所示。

由于各组分淌度的差异，CZE 具有较好的分离效果，尤其适合分离结构相似、带电不同的化合物。CZE 可广泛应用于生物化学和药物分析领域，如分离血清白蛋白、手性药物对映体，检测环境中的离子污染物等。

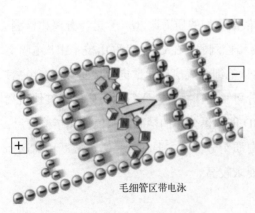

毛细管区带电泳

图 6-9 CZE 分离原理示意图

6.5.2 胶束电动毛细管电泳法

胶束电动毛细管电泳法（micellar electrokinetic capillary chromatography, MEKC）主要用于分离中性分子和带电分子。在 MEKC 中，向电泳缓冲液中加入表面活性剂[如十二烷基硫酸钠（SDS）]，当其浓度超过临界胶束浓度时，表面活性剂分子聚集形成胶束。胶束内具有疏水区域，能像液相色谱中的固定相一样与非极性分子发生相互作用，分子通过在胶束相与水相之间的分配差异进行分离，如图 6-10 所示。

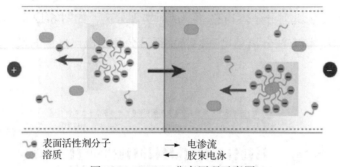

<!-- 图例 -->
~ 表面活性剂分子　　→ 电渗流
● 溶质　　　　　　　← 胶束电泳

图 6-10　MEKC 分离原理示意图

MEKC 可分离电中性化合物，弥补了 CZE 不能分离电中性分子的不足。胶束相与水相之间的分配系数决定了中性分子的迁移速度，而带电分子的淌度仍然发挥作用。MEKC 已成功用于分离和定量分析药物代谢产物、食品添加剂及农药残留等，尤其是对于既包含带电分子又包含中性分子的复杂样品。

阅读材料6-2
萃取技术在胶束
电动色谱中的应用

6.5.3 毛细管凝胶电泳法

毛细管凝胶电泳法（capillary gel electrophoresis, CGE）是利用交联聚合物或非交联聚合物凝胶介质的分子筛效应实现分离的。不同大小的分子在凝胶介质中迁移时，由于分子筛效应，较大的分子受到更大的阻力，迁移速度较慢，而较小的分子能更快地通过凝胶。CGE 分离不同 DNA 的原理如图 6-11 所示。

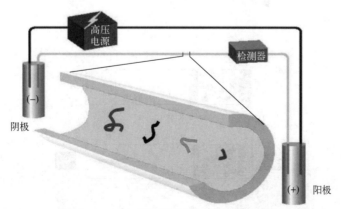

图 6-11　CGE 分离不同 DNA 的原理示意图

毛细管内不同线段长度代表不同大小 DNA

CGE 因其高分辨率, 在 DNA、RNA 和蛋白质等生物大分子分离中得到广泛应用。CGE 的操作条件易于控制, 能提供高重现性的分离结果, 被广泛应用于基因组学和蛋白质组学领域, 如 DNA 测序、蛋白质分子量的测定以及核酸片段的分析等。

6.5.4 毛细管等电聚焦法

毛细管等电聚焦法 (capillary isoelectric focusing, CIEF) 是一种通过 pH 梯度分离多肽和蛋白质的技术。在 CIEF 中, 样品溶液在电场作用下, 沿毛细管内 pH 梯度迁移, 直至样品的等电点 (pI) 处, 此时分子不再移动, 从而实现分离, 如图 6-12 所示。分子依据等电点的不同而被分离, 该方法分离精度高, 特别适合分离等电点接近的蛋白质, 在生物药物开发中应用较广泛。

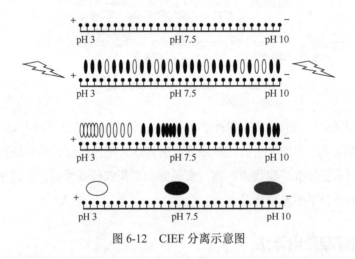

图 6-12 CIEF 分离示意图

6.5.5 毛细管等速电泳法

毛细管等速电泳法 (capillary isotachophoresis, CITP) 采用两种不同的电解质系统, 即前导电解质和终止电解质。样品组分在电泳过程中, 在前导电解质和终止电解质之间根据电泳淌度形成离散的区带, 且所有组分迁移速度保持一致, 最终形成清晰的分离带, 如图 6-13 所示。

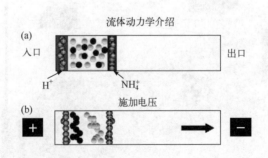

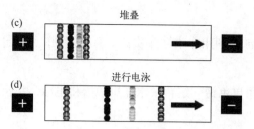

图 6-13　阳离子分析物的 CITP 过程示意图

(a) 前导电解质（NH_4^+）、样品和终止电解质（H^+）按顺序通过预先填充运行电解质的熔融石英毛细管；　(b) 施加电压后，溶质离子按迁移速度大小排列；　(c) 在聚焦点，迁移速度最快的溶质离子位于前导电解质旁，最慢的离子接近终止电解质，所有离子以前导阳离子的速度一致迁移一段时间；　(d) 随后进入电泳分离阶段

CITP 通过使样品带以相同的速度迁移，能有效提高低浓度组分的检测灵敏度，特别适合低浓度样品的分析。样品带会被浓缩在特定区域内，便于检测和后续分析。CITP 常用于水质分析、环境监测和药物分析中的离子及低浓度小分子化合物的检测。

6.5.6　毛细管电色谱法

毛细管电色谱法（capillary electrochromatography, CEC）是一种结合了 CE 和 HPLC 的分离方法。通过在毛细管中填充固定相并利用电场驱动的 EOF 实现样品分离，如图 6-14 所示。这种分离机制既依赖于样品在固定相与流动相之间的分配，也与样品的淌度有关。与传统的压力驱动液相色谱相比，CEC 中的样品迁移由 EOF 驱动，有效减少了柱效损失。

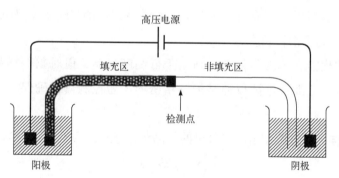

图 6-14　CEC 分离示意图

由于 EOF 的均匀性，CEC 提供了高效分离，特别适合复杂化合物的分离分析。CEC 能有效分离不同极性、分子量或电荷的化合物，广泛应用于药物、代谢物和天然产物的分离。

6.5.7　其他类型的分离模式

除了上述主要分离模式外，CE 还包括一些特殊分离模式。

（1）毛细管开管电色谱　通过在毛细管内壁涂覆一层固定相，进行分配型分离，适合分离亲水性和疏水性分子。

（2）**毛细管非水电泳**　利用非水性介质，如有机溶剂，适用于分离不溶于水或在水中不稳定的化合物。

（3）**毛细管亲水作用电色谱**　结合亲水作用色谱和电泳，用于分离极性和亲水化合物。

6.6　毛细管电泳法分离条件的优化

CE是一种灵活的分离技术，通过对分离条件的优化，可提高分析速度、分辨率及定量准确性。为了得到最佳的分离效果，需综合考虑进样方式、电压、缓冲液、添加剂、温度、毛细管材质和尺寸等参数，系统调整这些因素以优化分离效果。

6.6.1　进样方式

进样方式对样品的分离效果和重复性有重要影响。常见的进样方式包括以下三种。

（1）**压力进样**　通过向毛细管施加外部压力，将样品溶液压入毛细管。进样时间和压力的大小决定了进样体积。压力进样公式如下所示：

$$V = \pi \left(\frac{d}{2} \right)^2 \Delta p \frac{t_{\text{inj}}}{\eta L} \tag{6-3}$$

式中，V 为进样体积；d 为毛细管内径；Δp 为施加的压力差；t_{inj} 为进样时间；η 为样品溶液的黏度；L 为毛细管长度。

压力进样的优点在于操作简单，适用于低黏度样品，但对黏稠样品则可能产生不均匀进样的问题。毛细管电泳仪通常配备精密的压力控制器，确保了进样体积的可重复性。

（2）**电动进样**　通过施加电场使带电的样品组分迁移进入毛细管。电动进样公式如下：

$$Q = \mu_{\text{e}} E t_{\text{inj}} A \tag{6-4}$$

式中，Q 为进样量；μ_{e} 为样品的电动迁移率；E 为施加的电场强度；t_{inj} 为进样时间；A 为毛细管的横截面积。

与压力进样相比，电动进样具有更高的精确度和重复性，适用于电荷较强的样品组分。电动进样可更精确地控制样品的进入量，但其效果受样品离子浓度、黏度及电场强度的影响较大。

（3）**自动进样**　用于高通量分析，可将多个样品依次自动注入毛细管。适用于大规模样品分析，如药物筛选和生物样品的高通量分析。典型的自动进样系统能精确控制每次的进样体积，极大提高了实验室的工作效率。

6.6.2　分离电压

分离电压是影响离子迁移速度的主要驱动力。CE 中，电压越高，电场强度越大，样品离子的迁移速度就越快。但高电压伴随着电流的增大，可能会产生焦耳热，导致温度升高，从而引发毛细管中的热对流，进而影响分离效率。

提高电压虽然可加快分离速度，但过高的电压会导致分辨率下降。因此，在优化电压时，需要在分离效率与分辨率之间寻找平衡进行选择。通常，使用 10～30 kV 的电压范围。焦耳热效应会导致样品扩散，增加带宽并降低分辨率。通过适当的温控系统，如空气冷却或液体冷却，能减轻其带来的影响。

6.6.3　缓冲液种类及 pH 值

缓冲液是 CE 中最重要的分离介质之一。缓冲液的种类、浓度、pH 值及离子强度均影响淌度和 EOF 速度，从而影响分离效果。

在 pH 值和浓度相同，而阴离子不同时，毛细管中的电流有较大差别，产生的焦耳热不同，进而影响电渗淌度。表 6-2 为不同阴离子构成的缓冲液对电渗淌度的影响。

表 6-2　不同阴离子构成的缓冲液溶液对电渗淌度的影响

阴离子	$B_4O_7^{2-}$	Cit^{3-}	Ac^-	PO_4^{3-}	HCO_3^-
工作电流 $I/\mu A$	137.4	246.5	74.5	162.0	69.0
电渗淌度 $\mu_{eo} \times 10^{-4}/$ $(cm^2 \cdot V^{-1} \cdot s^{-1})$	4.12	4.77	4.90	4.97	5.18

注：缓冲液浓度为 0.05 mol/L，电压为 20 kV。

离子强度影响电场分布及 EOF。较高的离子强度可减少 EOF 的影响，进而提高分辨率。然而，过高的离子强度会增加焦耳热效应，从而降低分离效率。因此，应在合理的范围内优化缓冲液浓度，图 6-15 为缓冲液浓度对电渗淌度的影响。

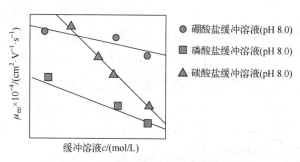

图 6-15　缓冲液浓度对电渗淌度的影响

pH 值决定了样品分子的电荷状态。如酸性分子在高 pH 条件下带负电，而在低 pH 下则可能带正电或不带电。通过调整缓冲液的 pH 值，可精确控制样品分子的带电状态，从而优化分离效果。常用的缓冲液包括磷酸盐缓冲液、硼酸盐缓冲液和醋酸盐缓冲液等，具体选择取决于目标样品的特性和分离需求。如磷酸盐缓冲液适用于 pH 6～8 范围，而醋酸盐缓冲液则适用于 pH 3～6 样品分子的分离。通过逐步调整缓冲液的 pH 值和离子强度，结合目标样品的电荷特性和所需分辨率，选择合适的缓冲液成分和浓度。

6.6.4 添加剂

添加剂的使用可显著改善毛细管电泳法的分离效果，尤其是在分离复杂样品或难以通过传统条件分离的化合物时，添加剂起到至关重要的作用。常用的添加剂包括环糊精、表面活性剂、金属离子及有机溶剂等。

环糊精及其衍生物通过与分子形成包合物，特别适合手性分子的分离。如环糊精能包合手性分子的某一部分，使两个对映异构体在电泳中表现出不同的迁移率。此外，β-环糊精在药剂学领域也发挥着重要作用，特别是作为药物转运载体。由于其能包合药物分子，β-环糊精可显著改善药物的水溶性、稳定性和生物利用度，如某些疏水性药物与 β-环糊精形成包合物后，不仅可提高其溶解度，还能降低药物毒性，从而改善临床效果，这说明跨界思维很重要。表面活性剂，如十二烷基磺酸钠，在胶束电动毛细管色谱中被广泛使用，通过形成胶束帮助分离中性或弱极性分子，胶束作为固定相，可促使样品在胶束与缓冲液之间进行分配，从而实现分离。

在非水毛细管电泳中，添加有机溶剂，如甲醇、乙腈，可调节缓冲液的极性，适用于水溶性差或在水中不稳定样品的分离，而金属离子，如镁离子，则可通过与样品分子的络合改变其迁移行为。

通过实验逐步筛选不同的添加剂，并观察它们对分离效果的影响。手性分离时，首先考虑环糊精及其衍生物；对于疏水性较强的化合物，考虑使用表面活性剂。

6.6.5 毛细管材质和柱长

毛细管的材质和柱长对电渗流具有重要影响。毛细管材质主要是熔融石英，其内壁含有大量硅醇基（Si—OH），与缓冲液接触时，硅醇基会解离形成负电荷，从而产生电渗流。不同材料的毛细管，如聚合物涂层毛细管，可通过减少或屏蔽内壁电荷来调节电渗流。图 6-16 为毛细管材质对电渗淌度的影响。

毛细管的长度直接影响分离时间和分辨率。较长的毛细管可提供更高的分离能力，但会增加电泳时间和带宽扩展的风险；较短的毛细管能加快分析

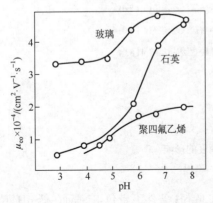

图 6-16　毛细管材质对电渗淌度的影响

速度，但可能会降低分离能力。需根据样品性质和分析需求选择合适的毛细管长度，以优化分离效果。

6.6.6 柱温选择

温度对 CE 的分离效果有着直接影响。温度升高会增加样品分子的迁移速度，但同时也会增加焦耳热效应，导致分离柱效下降。因此，控制温度对于维持分离效率至关重要。温度升高会增加样品离子的电泳迁移率，降低 EOF，但同时也会增加分子扩散，从而降低分辨率。实验中常使用恒温控制系统，如空气或液体冷却系统，以控制毛细管内的温度。通过调节温度，可在分离速度和分辨率之间进行优化。通常在 20～30 ℃范围内进行调整，并通过实验找到最佳温度条件。

6.7 毛细管电泳法新进展

CE 作为一种高效、快速的分离技术，近年来在多个领域取得了显著进步。这些进展不仅扩展了毛细管电泳的应用范围，还提高了分离和检测的灵敏度与效率。随着科学技术的不断发展，CE 在联用技术、芯片电泳和手性分离等方面的研究与应用中展现了巨大发展潜力。

6.7.1 手性毛细管电泳

手性分离是药物分析中不可忽视的重要内容，因为药物对映体可能具有不同的生物活性和毒性。手性 CE 利用不同的手性选择剂可实现对映体的有效分离，现已用于手性药物的研发和质量控制。CE 中常用的手性添加剂包括环糊精类、手性表面活性剂及手性金属配合物等。

（1）环糊精及其衍生物　环糊精（如 α-环糊精、β-环糊精、γ-环糊精）是一类由葡萄糖单元形成的环状寡糖，具有手性空腔，可与手性分子通过疏水相互作用、氢键或范德瓦耳斯力形成包合物，从而实现手性分离。常用衍生物包括甲基化环糊精和羟丙基化环糊精。

（2）手性表面活性剂　表面活性剂（如脱氧胆酸钠、胆酸钠、牛磺胆酸钠）能在缓冲液中形成胶束，并通过与手性化合物发生选择性相互作用，实现有效分离。

（3）手性金属配合物　其应用主要基于金属离子与手性配体形成的络合物，能对手性化合物产生差异性作用，导致不同的迁移速度，从而实现手性分离。此法结合了金属配合物的专属性和 CE 的高分离效率，特别适用于分离含有配位基团的手性分子。

6.7.2 芯片电泳

芯片电泳（microchip electrophoresis, ME）是一种基于微流控技术的电泳分离方法，通过微米或纳米尺度的流道进行样品分离和检测。与传统 CE 相比，芯片电泳在减少样品消耗、加快分离速度和提高系统集成化方面展现了明显优势。

（1）微流控技术的应用　芯片电泳将 CE 的分离原理集成到一个微型芯片中，通过微流控通道实现电泳分离。芯片通常由玻璃、塑料或聚二甲基硅氧烷等材料制成，通道的尺寸一般在微米级。这种缩小版的电泳系统显著减少了样品和试剂的消耗。同时，由于通道较短，芯片电泳的分离速度通常比 CE 快，可在数分钟内完成复杂样品的分析。

（2）自动化与高通量分析　芯片电泳以其高集成度和自动化程度，可实现样品进样、分离和检测的一体化操作，特别适用于高通量分析。在药物筛选中，自动化芯片电泳平台可快速分析数百个样品，显著提高了实验效率。芯片电泳已被广泛应用于基因测序、蛋白质分离和细胞分析等领域。例如，基因测序中的双脱氧末端终止测序法和新一代测序法均借助芯片电泳进行快速、准确的 DNA 片段分离。此外，芯片电泳在即时检测中的应用也逐渐普及，如在疾病诊断中的核酸检测和病原体分析。芯片电泳已在法医学 DNA 分析中取得显著应用成果。传统 DNA 分析需要耗费数小时甚至数天，而芯片电泳可在短短几分钟内完成复杂的 DNA 片段分离和检测。

阅读材料6-3
毛细管电泳的
新应用

6.7.3 联用技术

CE 与其他分析技术的联用，尤其是与质谱、液相色谱和核磁共振（NMR）波谱的结合，显著提高了复杂样品的分析能力。联用技术不仅可提升检测灵敏度，还可提供更丰富的分子结构和定性信息。

（1）毛细管电泳-质谱联用（CE/MS）　毛细管电泳与质谱的结合是一项突破性的技术进展。CE/MS 结合了毛细管电泳的高分离能力与质谱的高灵敏度，能在复杂样品中检测微量成分。它被广泛应用于蛋白质组学、代谢组学及药物分析中。如在蛋白质组学中，CE/MS 可实现多肽、蛋白质及其修饰物的快速分离和检测，极大推动了生物医学研究的进展。

（2）毛细管电泳-液相色谱联用（CE/LC）　CE/LC 结合了液相色谱的分离能力与毛细管电泳的高效分辨率，特别适用于复杂混合物的分析。LC 可用于初步分离样品组分，而 CE 可进一步提高分离精度。该技术常用于复杂生物样品，如血清、尿液或组织提取物的分析。

（3）毛细管电泳-核磁共振联用（CE/NMR）　该联用技术可提供分离后分子的详细结构信息，主要用于小分子有机化合物的结构解析及代谢物的定性分析。然而，由于 NMR 的灵敏度较低，这种联用技术还局限于实验室研究，需要进一步的技术优化以提升其实用性。

6.8 毛细管电泳法的应用案例

CE凭借其高效、灵敏、快速和绿色环保等特点,在众多领域中得到广泛应用,尤其是在医学、药物分析、食品安全、农产品检测和环境监测等方面的应用具有重大意义。下面将详细阐述CE在这些领域中的具体应用及优势。

6.8.1 生物大分子药物分析应用案例

单克隆抗体是一种具有高度特异性的蛋白质,广泛应用于癌症、自身免疫疾病及传染性疾病的治疗。单克隆抗体结构复杂,常有不同的糖基化修饰和蛋白质降解产物,因此,对其进行严格质量控制和科学表征显得尤为重要。有研究采用毛细管区带电泳对利妥昔单抗和曲妥珠单抗进行鉴别,如采用内径 50 μm 的涂层毛细管,毛细管表面为亲水性(总长度 40.2 cm,有效长度 30.2 cm),背景电解质采用 200 mmol/L 的 6-氨基己酸和醋酸混合物、30 mmol/L 的醋酸锂和质量分数为 0.05%的羟丙基甲基纤维素,pH 4.8,温度为 20 ℃,流速为 0.8 mL/min。记录电泳图谱,见图 6-17。电泳图谱显示,利妥昔单抗和曲妥珠单抗原料药的电泳图谱与混合标准品的电泳图谱相符[图 6-17(a)和图 6-17(b)]。样品基质中的任何成分均未产生干扰,展现了良好的分离选择性,尤其是在区分等电点相似和结构相似的单克隆抗体时[图 6-17(c)],分离效果较好。

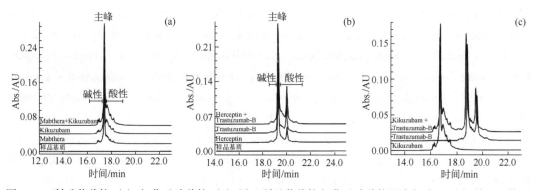

图6-17 利妥昔单抗(a)与曲妥珠单抗(b)以及利妥昔单抗与曲妥珠单抗混合标准品(c)的毛细管区带电泳电荷异质性分离图谱

Mabthera 利妥昔单抗;Kikuzubam 利妥昔单抗的生物类似物;Herceptin 曲妥珠单抗;Trastuzumab-B 曲妥珠单抗的生物类似物
Abs.为 Absorbance 的缩写,代表吸光度。AU 为 Absorbance Unit 的缩写,代表吸光度单位。Abs. 用于表示检测信号的强度,反映样品中不同组分在检测过程中对特定波长光的吸收程度,进而体现各组分的含量或浓度信息

6.8.2 化妆品分析应用案例

化妆品中通常添加多种防腐剂,防止产品中的微生物生长和延长保质期。然而,防腐

剂的过量添加或非法使用可能对消费者健康构成潜在风险。因此，对化妆品中防腐剂的含量进行有效检测至关重要。例如，Öztekin 等通过 CE 检测化妆品防腐剂苯扎氯铵的含量，背景电解液为 75 mmol/L 磷酸盐和 50%乙腈，pH 2.5，进样压力为 4×10^{-4} MPa，进样时间 6 s，苯扎氯铵标样浓度为 0.2 mmol/L，电压为 28 kV。图 6-18 为化妆品粉末样品的电泳图，苯扎氯铵的峰值清晰可见，证明化妆品中含有苯扎氯铵。在 0.0125～0.40 mmol/L 范围，线性关系良好，回归方程为 $y=9.438 \times 10^{-4} x + 1.017 \times 10^{-5}$，相关系数 $r=0.9998$，检测限为 1.47 μg/mL，根据校准曲线可计算实际样品中防腐剂的含量。

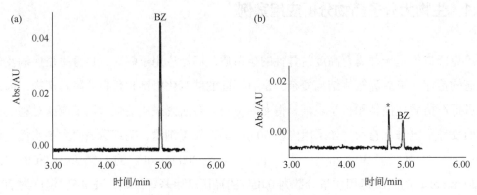

图 6-18　苯扎氯铵标样的电泳图（a）和化妆品粉末样品（b）的电泳图

*内标；BZ 苯扎氯铵纵坐标含义同图 6-17 纵坐标的含义

 【本章小结】

Summary　Capillary electrophoresis (CE) provides a comprehensive overview of this highly efficient analytical technique, which is pivotal for the separation and analysis of diverse substances, including proteins, nucleic acids, and small molecules. The chapter begins by tracing the historical development of CE, emphasizing key contributors and milestones that shaped the field. It delves into the fundamental principles of CE, such as the roles of electrophoresis, electroosmosis, and the double electric layer, which govern the movement of analytes within the capillary. The discussion of instrumentation covers essential components like the capillary, high-voltage power supply, sample injection systems, and detection methods, including UV, fluorescence, and mass spectrometry. Various separation modes, such as capillary zone electrophoresis and micellar electrokinetic chromatography, are detailed, highlighting their unique operational principles and applications. The chapter also emphasizes the importance of optimizing separation conditions, such as injection techniques, voltage, buffer composition, and temperature to enhance separation efficiency and resolution. Recent advancements in CE technology, including hyphenated techniques and microchip electrophoresis, are highlighted, demonstrating the method's evolving capabilities. Finally, practical applications of CE in medicine, pharmaceuticals, food safety, etc monitoring are showcased, underscoring its relevance and utility in modern analytical chemistry.

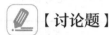 【复习题】

1. 什么是毛细管电泳法? 主要应用于哪些领域?

2. 简述毛细管电泳的基本原理、电泳和电渗流的概念。

3. 列出毛细管电泳仪的主要组成部分, 并简要说明每个部分的功能。

4. 在优化毛细管电泳分离条件时, 如何选择合适的缓冲液和 pH 值?

5. 解释毛细管电泳中不同进样方式的优缺点。

【讨论题】

1. 简述毛细管电泳法在医学和临床检验中的应用, 特别是在疾病诊断方面的潜力。

2. 分析毛细管电泳与其他色谱技术 (如 HPLC) 各自的优缺点, 各自的应用领域。

3. 在 CE 中, 如何通过缓冲液和分离电压优化分离效果? 分析参数变化带来的影响。

团队协作项目

CE 在手性药物拆分和大分子分析中的应用研究

【项目目标】 了解 CE 流动相手性添加剂的种类和拆分机制, 以及色谱条件对分离效果的影响; CE 在大分子分析中的应用。

【团队构成】 4 个小组, 每组 3～5 名学生。

【小组任务分配】

1. CE 在手性药物拆分中的应用研究小组 (任务内容: 了解流动相手性添加剂的种类、原理和方法; 调查和总结目前环糊精手性添加剂在 CE 中的应用场景)。

2. 色谱分离条件对分离结果影响的研究小组 (任务内容: 通过文献调研了解手性添加剂种类及浓度、缓冲液浓度及 pH 值、分离电压、柱长等对结果的影响)。

3. CE 在生物大分子分析中常用的分离模式研究小组 (任务内容: 了解 CE 在分离分析生物大分子中常用的分离模式及原理)。

4. CE 在生物大分子分析中的应用研究小组 (任务内容: 了解 CE 在蛋白质、氨基酸等分析中的应用)。

【成果展示】 各小组分别准备一份报告, 总结研究成果和解决思路, 并在团队会议上进行展示。

【团队讨论】 对各小组的研究成果进行讨论, 形成最终的合作报告, 提出自己的观点和想法。

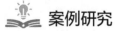 案例研究

如何利用毛细管电泳法检测疫苗中宿主细胞蛋白的残留量

在疫苗生产过程中, 除了目的蛋白质外, 常伴随有宿主细胞蛋白 (host cell proteins, HCPs)、蛋白质降解产物和聚合体等杂质。这些杂质的存在将影响疫苗的有效性和安全

性。因此，在疫苗质量控制中，确保这些杂质的残留量在规定范围内非常重要。其中，HCPs 的存在可能会导致免疫反应或影响疫苗稳定性，故其残留量必须严格控制。以新冠 mRNA 疫苗为例，HCPs 的检测成为质量控制中不可忽视的一环。CE 是用于蛋白质分离和分析的重要工具之一，可对疫苗中的蛋白质杂质进行高效、快速地分析。请问如何判断疫苗中是否有 HCPs 残留？

案例分析：

1. 在疫苗检测中，请阐述 HCPs 与其他无机或有机杂质在结构上的区别。

2. CE 检测 HCPs 时，缓冲液的 pH 值和分离电压是如何影响分离效果的？请解释其机制。

3. 常用检测 HCPs 的技术有哪些？CE 在检测宿主细胞蛋白方面有哪些优势和局限性？

参考文献

[1] Pál E, Fekete S. Capillary electrophoresis-mass spectrometry: recent advances and perspectives [J]. J Chromatogr A, 2018, 1566:98-108.

[2] Espinosa-de la Garza C E, Perdomo-Abúndez F C, Padilla‑Calderón J, et al. Analysis of recombinant monoclonal antibodies by capillary zone electrophoresis[J]. Electrophoresis, 2013, 34(8): 1133-1140.

[3] Maragos C M, Greer J I. Analysis of aflatoxin B1 in corn using capillary electrophoresis with laser-induced fluorescence detection[J]. J Agric Food Chem, 1997, 45(11): 4337-4341.

[4] Öztekin N, Erim F B. Determination of cationic surfactants as the preservatives in an oral solution and a cosmetic product by capillary electrophoresis[J]. J Pharm Biomed Anal, 2005, 37(5): 1121-1124.

（杨森　编写）

第7章 制备色谱法

学习目标

掌握：制备色谱法的概念、原理及特点；

熟悉：制备色谱法的分类和仪器组成；

了解：制备色谱法的发展史及最新进展；

能力：能优化色谱条件并制备纯组分，能阐明制备型色谱和分析型色谱的应用场景。

开篇案例

从咖啡豆到药物：制备色谱法的分离纯化传奇故事

在 20 世纪初的瑞士，一位名叫霍夫曼（Hoffmann）的化学家正面临着如何有效地从咖啡豆中提取咖啡因的难题。当时，咖啡因的提取工艺烦琐且效率低下，无法满足日益增长的市场需求。霍夫曼意识到传统的提取方法已经无法满足现代工业的需求。因此，他开始尝试利用新兴的色谱技术来实现咖啡因的分离和纯化。

经过多次尝试和优化，霍夫曼终于利用制备色谱法，通过精确调整流动相和固定相的条件，成功实现了咖啡豆中咖啡因的高效分离。这一创新不仅显著提高了咖啡因的生产效率，还有效降低了生产成本，使得咖啡因成了一种广泛应用的兴奋剂。

同样，在药物研发领域，制备色谱法也发挥了关键作用。美国一家生物制药公司的研究人员在开发一种新型抗癌药物时，面临着如何从复杂的生物样本中分离出目标化合物的难题。这时，他们想到了利用制备色谱法进行分离纯化。通过分离条件的多次优化，研究人员最终成功地从生物样本中分离出了纯度高达 99% 的目标化合物，为后续的药物研发和临床试验奠定了坚实基础。

7.1 超临界流体色谱法

7.1.1 概述

超临界流体色谱（supercritical fluid chromatography，SFC）是 20 世纪 70 年代发展和

完善起来的一种色谱分离技术。它是以超临界流体（supercritical fluid，SF）为流动相，依靠流动相的溶剂化能力实现分离、分析的色谱过程，兼具液相色谱法和气相色谱法的优点。SFC 相比于 HPLC 展现出了更加快速的分析速度和更高的柱效，并且还可分析 GC 难以处理的低挥发性、高沸点的样品组分，因此，SFC 得以迅速发展和应用。

自 1869 年英国科学家托马斯·安德鲁斯（Thomas Andrews）首次提出临界现象以来，该领域便持续吸引着研究者的目光，并促使他们相继展开深入的探索与研究。1879 年，Hannay 和 Hogarth 测定了固体在 SF 中的溶解度。1962 年，Klesper 等首次提出了用 SF 作色谱流动相，他们以 SF（一氯二氟甲烷和二氯二氟甲烷）为流动相，实现了卟啉衍生物的成功分离。随后，填充柱 SFC 技术发展起来，成功分离了聚苯乙烯的聚合物。后来，Sie 和 Riinderder 等进一步研究以异丙醇、二氧化碳、正戊烷等为流动相，分析抗氧剂、燃料、多环芳烃和环氧树脂等样品。直至 20 世纪 60 年代末，基于科学家 Sie 和 Riinderder 等的卓越工作，SFC 的广泛应用潜力得到了解释和证实。其间，HPLC 技术飞速发展，而 SFC 进展却相对缓慢。在 20 世纪 80 年代初，随着空心毛细管柱的引入、系统稳定性和精确度的提升、仪器集成化和耐用性的增强，以及环保和效率优势的日益显现，SFC 技术克服了早期实验中遇到的设备控制难题和色谱分离性能不稳定的问题，从而焕发出新的生机，并得到了日趋完善的发展。

1981～1982 年匹兹堡分析化学和光谱应用会议上惠普公司发布了 SFC 色谱仪，这一技术得到了迅猛发展，研究论文数量也急剧增加，其他公司也相继推出 SFC 的商品仪器。在 SFC 技术发展初期，主要研究者群体多来自 GC 领域，因此研究重心落在了毛细管柱的应用上。但是，对于药物中的极性化合物，毛细管 SFC 很难满足分析要求，这导致毛细管 SFC 的发展遇到瓶颈。另外，SFC 技术对仪器条件要求较高，这也限制了该技术的广泛普及与应用。自此以后，填充柱色谱因具有与 HPLC 类似的装置，且可在 SF 中加入改性剂来扩展 SFC 的应用而逐渐受到研究者的青睐。

研究人员探究了纯物质的相图，如图 7-1 所示，对于某些纯物质而言，由于温度和压力的不同，呈现不同状态（固体、液体、气体等）的变化，即具有三相点和临界点。当温

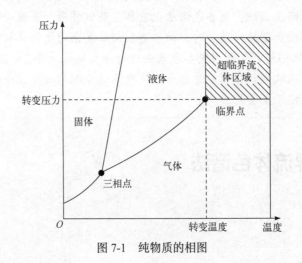

图 7-1　纯物质的相图

度高于某一数值时，无论压力如何增大，均不能使该纯物质从气相转变为液相，该温度则被称为临界温度（T_c）。在临界温度以下，气体能被液化的最小压力则被称为临界压力（p_c）。在临界点附近，常出现流体的溶解度、密度、黏度、介电常数、热容量等流体的物性发生急剧变化的现象。当物质的温度超过 T_c，压力超过 p_c 时，该物质处于超临界状态。

SF 是指在高于临界温度和临界压力时的一种物质状态，它既具有气体的低黏度，又具有液体的高密度以及具有介于液体和气体之间较高的扩散系数（见表 7-1）。SF 的扩散性和黏度与气体接近，这使得溶质的传质阻力较小，组分能迅速达到分配平衡，获得更高效、快速的分离。除此之外，其密度与液体相似，这使其具有与液体相似的溶解度，能溶解固体物质。SF 最早被用于萃取技术——超临界流体萃取法，后来被用作色谱的流动相，出现了超临界流体色谱法。由于其黏度、扩散系数等均是密度的函数，往往可通过改变液体的密度来改变流体的性质，从而达到控制流体性能的目的。

表 7-1　液体、气体和超临界流体物理性质的比较

名称	密度 ρ /(g/mL)	黏度 η /[g/(cm·s)]	扩散系数 D /(cm²/s)
气体（常压，15～60℃）		$(1\sim3)\times10^{-4}$	
超临界流体(T_c，p_c-T_c，4p_c)	$(0.6\sim2)\times10^{-3}$	$(1\sim3)\times10^{-4}$ $(3\sim9)\times10^{-4}$	0.7×10^{-3} 0.2×10^{-3}
液体（有机溶剂、水，15～60℃）		$(0.2\sim3)\times10^{-2}$	$(0.2\sim2)\times10^{-2}$

基于上述特性，SFC 成为 HPLC 和 GC 的重要补充，并具有如下特点。

（1）**分析范围广**　由于使用温度较 GC 更低，SFC 可实现热不稳定、手性化合物的有效分离。同时，凭借 SF 较强的溶解能力，该技术可分析非挥发性的生物大分子、高分子等样品。

（2）**柱效高**　由于 SF 的扩散系数较气体小，SFC 的谱带展宽较 GC 窄，柱效高。

（3）**选择性强**　SFC 可以调整压力和温度程序、流动相或改性剂等，因此，操作条件的选择性较 GC 更广。

（4）**分析时间短**　由于 SF 黏度低，SFC 流动相流速较 LC 快。

（5）**检测器多**　可连接各种类型的检测器，包括火焰光度检测器、氮-磷检测器、质谱、荧光检测器、紫外检测器及傅里叶变换红外光谱等。

（6）**流动相消耗少**　与 HPLC 相比，其流动相消耗少，操作更安全。

除上述优点外，SFC 也存在一些局限，如极性和溶解度，单一 SF 并不能满足分离要求，通常需要对 SF 进行改性：一方面，可通过调整流动相的极性或加入改性剂达到与 LC 相同的梯度效果；另一方面，可通过程序升压实现流体的密度变化进而改善分离效果。

7.1.2　超临界流体色谱仪的组成部分

超临界流体色谱仪是以 SF 为流动相的色谱仪器，它与 GC 和 HPLC 类似，同样包括进样系统、流动相输送系统、色谱柱分离系统、检测系统和数据处理系统，其装置示意图

见图 7-2。

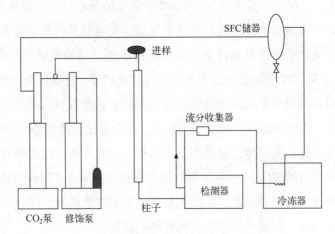

图 7-2　超临界流体色谱流程图

长期以来，SFC 仪器一直处于实验室自制水平，直至 20 世纪 80 年代才逐渐出现商品化仪器。SFC 仪器的关键组成部分包括输送系统、精细的恒温箱和控制系统，它们共同确保了 SFC 的高效运行。输送系统负责在超临界压力下输送流动相，如 CO_2，这是 SFC 的核心部分。高压流体从气源出发，流经净化管去除杂质，并通过热平衡装置确保温度的均匀性，接着，这些流体进入 CO_2 高压泵，与有机改性剂混合以调整流体的极性和选择性，混合后的流体再次通过热平衡装置，然后流入进样阀，这是样品引入系统的关键步骤。样品在进样阀中被导入，随后在色谱柱中进行分离。分离后的组分被送入检测器进行检测，最后通过阻力器释放压力。整个系统的超临界压力或密度的变化以及色谱柱的温度调节都由控制系统精确控制，确保了分析过程的高效性和可重复性，而整个流程则由计算机自动化管理。

（1）流动相输送系统　SFC 的关键部件是流动相输送系统或高压泵系统，泵的性能对于实现 SFC 的最优化操作至关重要。具体要求：泵体较大、无脉冲输送、能够精细控制流量和压力、适于超临界流体、具有线性或非线性压力密度程序。目前，流动相输送系统主要有注射泵和往复泵，在该系统中，还有 CO_2 增压器和泵的程序控制。当流动相在室温常压下为液体时，常选择无脉冲注射泵输送；当流动相在室温常压下为气体时，可将高压钢瓶中的流动相用升压泵增压或减压至所需压力。

对于毛细管 SFC，所需流量很低，通常会选择使用注射泵。这种泵的特点是输出平稳无脉冲，尽管其体积往往大于 150 mL，但一次充液后可以持续使用数天，且具有良好的化学兼容性和耐腐蚀性，基本上满足了泵的设计要求，因此被广泛推荐使用。然而，它也存在不足，如泵体有时需要冷却，溶剂更换时清洗困难，以及在添加改性剂时无法实现梯度洗脱等。

当前，LC 系统中广泛采用往复泵作为输液装置，该泵不仅便于操作，能够持续不断地输送溶剂，还可迅速切换溶液。此外，往复泵配备有双泵系统，其中一个泵负责输送流动相，而另一个泵则可加入有机改性剂，从而实现梯度洗脱的功能。但也存在不足，如往复泵不能直接输送液体 CO_2，需要对其泵体进行改装，并用冷冻剂将泵头冷却至-8 ℃，才能输送液体 CO_2；需要 CO_2 增压器，即增加液体 CO_2 的头压，使其可在室温下注入注射泵。目前，国外在 CO_2 钢瓶中通常使用氦气，而国内则普遍采用氢气作为替代，实践证明这一替代方案在国内的应用效果是令人满意的。通常是在 CO_2 钢瓶瓶嘴下，焊一根不锈钢管，直插瓶底，装进 CO_2 后，接氦气或氢气钢瓶。

SFC 通常将压力作为注射泵、往复泵的控制参数，由计算机控制。通过对比设定的压力与实际压力，实现对流出压力的精确控制。实际压力则是由泵出口处的压力传感器得到的，控制系统能控制流动相的压力或密度程序。其中，密度程序是由有关流动相的压力及温度与密度的关系，通过一定算法计算得到的，并以密度作为控制参数。

（2）进样系统 LC 进样器均适合于 SFC 的仪器，特别是对填充柱 SFC。但对于毛细管 SFC 来说，其进样量很小，要求进样器的内管体积小，进样速度快，因此，常用分流进样法进样。通常采用四通、六通进样。但应注意在分流进样中存在样品的"失真"问题。

① 手动注射阀。六通进样阀是常用的进样阀,通常采用半填充法,进样量为 0~10 μL,具有良好的可重复性。无论接细孔径填充柱直接进样，还是经分流三通接毛细管柱进样，这种阀的可重复性及柱效均令人满意，当进样体积较大时，可通过预柱浓缩样品来提高柱效。

② 气动转动注射阀。气动转动注射阀是一种较为新颖的进样阀，其中 Lee Scientific 公司 600 型 SFC/GC 及 Carlo Crba SFC-3000 系列均为该类型的进样阀，其可在注射位置停留一定时间，再快速回到采样位置。定时进样的进样量（1~500 μL）可由停留时间的长短控制，其快速复位使进样真正达到脉冲进样，从而提高柱效。

③ 定时分流注射阀。定时分流注射阀是由 10 MPa 氢气压力驱动，阀内管体积为 0.2 μL，停留时间由微机控制（假设若干毫秒）。进样时，由注射头将样品注入，过量的样品则由废液容器收集，按动注射开关，阀在注射位置停留一定时间后，很快复位，即可打进纳升样品。大部分经分流阻力器或开关阀放空，小部分进入石英毛细管柱进行分离。分流比即分流与进柱流速比值，可由分流阻力器及柱后阻力器出口处的流速来测定，一般控制在（6~20）：1 或更大些。定时分流注射阀的定量重复性较好。

④ 不分流注射阀。将毛细管柱直接插到进样阀的底部，在瞬间注入极小量的样品。因此，可用不分流注射阀进样。不分流进样阀的定量重复性经试验也具有令人满意的结果。

（3）色谱柱管理系统 通常，GC 色谱炉可以满足基本需求,但某些特殊情况下还需考虑额外因素。

① 低容量双柱双流路色谱炉。这类色谱炉通常具有较大的炉腔,便于安装色谱柱和阻力器,检测器的插件能够容纳多重检测器。此外，炉子两侧预留有接口，可连接质谱检测器、FT-IR 等外部设备。

② 多级温度程序。在 SFC 中，不同的温度区间，对温度控制程序的要求不同。当在低温区（低于 100 ℃）时，组分的保留值随柱温升高而增加，因此对沸程宽的样品进行分析，需要采用负的温度程序，即在降温过程中进行分析；当在较高的温度（高于 100 ℃）

时，组分的保留值随着柱温升高而减少，则需要采用程序升温进行分析。

③ 温度的稳定性。由于 SF 的密度与柱温直接相关，对柱温控制精度要求较高，以确保温度的稳定性。

④ 安全保护。在使用超临界流体正戊烷（n-C5）时，若发生渗漏，炉子加热丝变红时则会引起爆炸。因此，要求炉丝设计需考虑到安全保护，确保在最高温度下电热丝不会发红，同时需注意整体的安全防护措施。

（4）阻力器　为了确保 SF 在色谱柱分离过程中始终保持流体状态，当配备 FID、火焰光度检测器（FPD）、氮-磷检测器（NPD）、质谱检测器（MS）时，色谱柱出口与检测器之间需要接入一个阻力器，以确保色谱柱出口压力平稳降至大气压。对于紫外和荧光检测器，它们能在高压下工作，可以在检测器出口接入阻力器以降低压力。阻力器主要分为三种类型：直管型、小孔型和多孔玻璃型阻力器。下面将分别对各类阻力器进行简单介绍。

① 直管型阻力器。该类阻力器由石英毛细管组成，内径为 5～10 μm，其长度可根据实际需求定制。其主要优点在于构造简单，阻力大小由细管长度决定。然而，非挥发性物质容易凝结从而阻塞喷口，容易产生毛刺从而使样品"失真"。

② 小孔型阻力器。该类阻力器一方面可以单独做成，另一方面也可以作为石英毛细管的一端，形成一体化的阻力器。这种设计使用方便，效果优良。

③ 多孔玻璃型阻力器。它是 Lee Scientific 公司根据专利烧结制成的，全长约 20 cm，由内径 100 μm 的烧结玻璃或陶瓷构成。其一端接连接器与毛细管柱相连，另一端则与 FID 对接。这种阻力器使用便捷、效果较好。

（5）检测器　在 SFC 中，流动相的流体性质和惰性使其能够与 LC 的检测器相连接，而基于流体流出色谱柱后可以减压转化为气体，这也使得 SFC 能够与大多数 GC 检测器相连，尤其是 FID。基于上述特性，LC 和 GC 中的检测器得以在 SFC 中广泛应用。在这些检测器中，FID 是最重要的检测器之一，其次是紫外检测器和荧光检测器。除此之外，还有多种检测器以满足不同流体和检测方法的需求。

① FID。它是与毛细管柱 SFC 连接的理想检测器，这得益于其响应快、死体积小和检测限低（10^{-13}g/s）等因素。然而，SFC 检测器通常要求更高的灵敏度和稳定性。Lee Scientific 公司采用新型筒状收集电极设计，显著提升了 FID 的效率，力求捕获所有产生的离子。采用废气防空限流法使火焰稳定性提高，噪声降低。该检测器配备了大型加热器，保持在 350～450 ℃的温度范围内，满足高分子物质气化需求。然而，由于 FID 是一种破坏型检测器，它并不适用于某些特定的场合。

② 紫外和荧光检测器。它是 LC 中常用的检测器，在 SFC 中也是不可或缺的。当流动相为正己烷、正戊烷等非极性溶剂，或者在 SF 中添加有机改性剂进行梯度洗脱时，FID 不适用，此时应选择紫外和荧光检测器。紫外和荧光检测器是非破坏型检测器，它们可用于制备色谱或微量样品的分析。

③ 其他检测器。针对不同物质的检测需求可灵活选用检测器。NPD 适用于含氮有机物检测，特别是药物及氨基酸分析。FPD 因能消除烃类干扰，且具有高选择性和灵敏度，

成为有机硫和磷化合物检测的优选。微波诱导、无线电频率及电感耦合等离子体检测器被广泛用于金属有机化合物的 SFC 检测。射频等离子体检测器作为多元素光谱分析的手段之一，因其高灵敏度及高选择性而潜力巨大。电子捕获、激光散射及电化学检测器同样也是 SFC 中常用的检测器，应用前景良好。

7.1.3　色谱条件的选择

超临界流体色谱法的色谱条件选择取决于所使用的柱类型，无论是填充柱还是毛细管柱，关键参数包括固定相和液膜厚度、流动相及其线速、柱温和检测室温度、压力和密度，以及柱子的长度、粒径、阻力器和检测器等。

毛细管柱和填充柱是 SFC 中常用的色谱柱类型。对于 SFC 而言，首选的色谱柱应具备耐溶剂冲刷的特性，即在经历大量溶剂冲洗、压力波动或体积变化后仍保持较好的稳定性。此外，色谱柱应具有良好的化学稳定性和高选择性，这意味着固定相不应与待分离组分发生化学反应，并且应具备一定的基团以展现良好的选择性。色谱柱还应具有较好的热稳定性和较宽的工作温度范围。此外，在选择固定相时，还需要考虑流动相的性质。

尽管毛细管 SFC 在 20 世纪 80 年代初占据主要地位，但填充柱 SFC 也得到了广泛的研究。填充柱 SFC 的色谱柱主要采用正相和反相 HPLC 键合相填料。根据性质，固定相可分为极性、中性和非极性。硅胶和烷基键合硅胶是最常用的填料，而氰基、二醇基、2-乙基吡啶等键合硅胶也用于正相色谱中。

在 SFC 中，流动相的密度对溶质的保留值有显著影响，而溶质的保留性能需要通过流动相的压力来调节。对于填充柱 SFC，其柱压较大（约为毛细管柱的 30 倍），导致柱子入口和出口处的保留值差异较大。柱头处流动相的密度大和溶解能力强，导致柱尾溶解能力则相对较弱。然而，SF 密度在临界压力附近时受压力影响最大，超过临界压力后影响则变小。因此，在超过临界压力 20%的情况下，填充柱 SFC 受柱压的影响则不明显。

在填充柱 SFC 中，由于色谱柱的相比（β）较小，固定相与样品接触和作用的概率比较大，因此，需要根据分析的样品的特性精心选择固定相。在用填充柱 SFC 分析极性和碱性样品时，常常会出现不对称峰，这通常是由填料的硅胶基质上残留的硅醇基引起的离子作用导致的。使用封尾填料制成的色谱柱可以在一定程度上解决这一问题。但由于硅胶颗粒表面的立体结构，不可能将硅胶外表的所有硅醇基全部封端。通过各种齐聚物和单体处理硅胶，并将这些齐聚物和单体聚合固定化到硅胶外表上，可以显著改善色谱峰的不对称现象。

在超临界流体色谱的填充柱中，也有使用微米级和亚微米级填料的柱子，内径为几毫米，填充 1.7～10 μm 的填料。此外，还有使用内径为 0.25 mm、填充 3～10 μm 填料的毛细管填充柱。

7.1.4 超临界流体色谱法应用案例

阅读材料7-1
超临界流体色谱
作为新的色谱分
析方法

（1）在农药分析中的应用

① 手性化合物的分析：氯氰菊酯是一种拟除虫菊酯类杀虫剂，具有 3 个手性中心，共 8 个光学异构体。利用 SFC 的强大手性分离能力，能够实现一次进样同时分离 8 个光学异构体。其色谱条件如下：流动相为超临界 CO_2；采用程序升压，从 15 MPa 升至 27 MPa；分析时间 2.5 h，完成全部分离。这种方法相比传统正相手性方法，可以节省大量昂贵且有毒的溶剂，同时分析时间可缩短为传统方法的 1/10～1/3。

② 易分解化合物的分析：SFC 的快速手性分离能力对于易分解化合物的分析尤为重要。在 SFC 分析过程中不使用水相作为流动相，而是选择低黏度和高扩散性的 SF，可以避免质子化溶剂（如甲醇）的使用，有效防止化合物的分解，建立简单快速的质量控制标准方法。其中，色谱条件如下：流动相为含 5%～25% 甲醇的 CO_2；流速 4 mL/min；出口压力 150 bar（1 bar=10^5 Pa）；色谱柱为 4.6 × 150 mm × 5 μm RX-SIL 色谱柱。此外，SFC 不仅可单独使用，还可以与四极杆飞行时间质谱（QTOF）和 MSD 等质谱串联使用，提高分析结果的精度。

（2）在药物分析中的应用　穆罕默德·马夫图赫（Mohammed Maftouh）对 500 种专利药物进行了评估，仅使用四种传统（涂覆、未键合）手性固定相的 SFC 技术，实现了 95% 的分析成功率。采用同一系统对一组 98 种市售药物进行分析，获得了 98% 的成功率。

（3）在天然产物分析中的应用　SFC 具备分析 GC 难以分析的物质的能力，包括那些具有强极性、强吸附特性、热稳定性差及低挥发性的化合物。此外，SFC 还能分析分子量远超 GC 分析范围几个数量级的物质。相较于 HPLC，SFC 在分析特定化合物方面具有独特优势，尤其是对那些缺乏紫外吸收特性的天然产物及高分子聚合物，这些物质往往难以通过 HPLC 进行检测。

（4）在高分子聚合和材料制备中的应用　超临界流体技术在高分子聚合、有机反应、酶催化反应、材料制备等方面得到广泛应用。超临界流体技术以其独特的优点受到关注，并有望在不久的将来形成规模生产，得到实际应用。

（5）聚苯醚低聚物的分析　在分析聚苯醚低聚物时，由于其中四种组分仅双键数目和位置不同，难以分离。使用 SFC 技术，通过程序升压的方式，可以在 2.5 h 内完全分离这些组分。

（6）在食品科学分析中的应用　SFC 技术在食品科学分析中也有应用，如用于分析维生素 D 滴剂中维生素 D_3 的含量。

这些案例展示了 SFC 技术在不同领域的广泛应用，特别是在手性化合物分离、易分解化合物分析、药物分析、天然产物分析以及高分子聚合和材料制备等方面。SFC 技术以其高效率、环保和独特的分离能力，为化学分析领域提供了强大的工具。

7.2 高速逆流色谱法

7.2.1 概述

在 1966 年，Ito 博士观察到了一个独特的现象：两种互不相溶的溶剂相能够在螺旋形的小孔径管内形成一种分段占据的状态，并且在螺旋管旋转时，这两相之间能够产生逆向对流。这一现象在内径约为 2 mm 的螺旋管中尤为明显，其中两相的分段占据状态可以在重力作用下自然形成。更进一步，当螺旋管置于离心力场中旋转时，尤其是在内径为 0.2 mm 的细螺旋管中，两相的分割和对流趋势变得更为显著，且这一过程是连续的。通过将待分离样品从螺旋管柱的入口注入，可以在管柱内实现连续的分配和传递过程，从而完成连续的液液分配分离，这一技术即为高速逆流色谱法（high-speed countercurrent chromatography，HSCCC）的基础。

由 Ito 博士首创的离心式螺旋管逆流色谱技术，经过数十年的研究与发展，在理论原理、仪器设计、实验方法和应用开发等方面积累了丰富的经验和成果。特别是 HSCCC 技术的形成，标志着液液色谱分离技术进入了一个新纪元。表 7-2 列出了 HSCCC 的发展历程。

表 7-2 高速色谱法的发展历史

年份	仪器名称	发明人
1981	高速逆流色谱	Ito 等
1982	高速逆流色谱	Ito 等
1985	泡沫逆流色谱	Ito 等
1988	双向逆流色谱	Lee 等
1988	正交轴逆流色谱	Ito 和张天佑
1989	三柱平衡高速逆流色谱	Ito 等
1990	pH-区带精制逆流色谱	Ito 等
1999	离心沉淀色谱	Ito
2003	J 型 CPC 上的螺线型圆盘柱组件系统	Ito 等

HSCCC 是一种连续高效的液-液色谱分离技术，依托于物质在两种互不相溶的溶剂之间分配系数的差异来实现分离。作为一种新的色谱技术，HSCCC 分离系统可以视为用螺旋管式离心分离仪代替 HPLC 中的柱色谱系统，这种技术不依赖固态载体，从而避免了样品在分离过程中可能遇到的不可逆吸附、损失、污染和变性等问题。

逆流色谱技术的起源可追溯至 20 世纪 50 年代的多级萃取技术。随后，在 20 世纪 70 年代发展为液滴逆流色谱和离心分配色谱仪。直到 20 世纪 80 年代，HSCCC 的出现成为这一领域的一个重要里程碑。HSCCC 的分离原理融合了液-液萃取和分配色谱的优势，其基本分离原理与其他同类色谱技术相同。

HSCCC 将两溶剂的分配体系置于高速旋转的螺旋管内，螺旋管的运动方式是在自转的同时绕一公转轴旋转，形成类似行星的运动轨迹，这种不断变化的离心力场促使两相溶剂充分地混合和分配，实现洗脱分离。样品中各组分在两相中的分配系数不同，导致它们在螺旋柱中的移动速度不同，从而使样品组分能够根据分配系数的大小依次被洗脱，实现色谱分离。在流动相中分配比例大的组分先被洗脱，在固定相中分配比例大的组分后被洗脱。

HSCCC 不需要固态支撑体，避免了样品的损失和变性；样品可以完全回收，且回收的样品能够保持其原始特性；操作灵活，适用于中药成分分离、保健食品、生物化学等多个领域；它能够实现高效、快速、大规模的分离，特别适合天然生物活性成分的分离；与传统的固-液柱色谱技术相比，HSCCC 具有更广的适用范围、更高的分离效率和更低的成本。

HSCCC 技术因其独特的分离优势，在生物医药、天然产物、食品和化妆品等多个行业中得到了广泛应用。在天然产物领域，HSCCC 被公认为是一种高效的新型分离技术，尤其适合于中小分子物质的分离纯化。FDA 和世界卫生组织（WHO）也认可并采纳了此项技术，用于抗生素成分的分离和鉴定。

随着基因组学、蛋白质组学的兴起以及 DNA 重组技术的进步，生产具有特殊生物活性的蛋白质等生物大分子产品成为现实。这些生物大分子通常存在于复杂的介质中，其结构表征、功能认知以及进一步的开发利用，都需要依赖高效的分离制备技术。目前，常用的蛋白质分离纯化技术，如离子交换色谱、体积排阻色谱、反相 HPLC 等，均存在因固体支撑体导致的蛋白质吸附、变性问题，以及制备量有限等限制。因此，国际上 HSCCC 的发展趋势之一是利用液-液分配色谱的优势，开发更适合生物大分子分离的 HSCCC 技术和设备。

尽管 HSCCC 是一种制备型分离技术，但其尚未实现工业化生产，该技术依赖于高速旋转产生的离心力场以保留固定相，其放大过程中存在一些技术挑战，需要进一步研究和解决。目前，国内外的大学和科研机构正致力于这方面的研究。HSCCC 的放大制备问题，是限制其在生物制药、中药现代化等产业中更广泛应用的关键瓶颈，这也是 HSCCC 发展的重要方向之一。

7.2.2　高速逆流色谱仪的组成部分

作为一种色谱分离方法，HSCCC 与 HPLC 最大的区别在于柱分离系统。如果将一套常见的制备 HPLC 系统中的色谱柱部分替换为 HSCCC 的螺旋管式离心分离仪，即可构成一套完整的 HSCCC 色谱分离系统，如图 7-3 所示。高速逆流色谱仪是一种高效的液-液色谱分离技术，主要由以下部分组成：溶剂输送系统、分离柱、样品进样装置、检测器、数据处理系统和温控系统等。

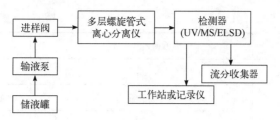

图 7-3　HSCCC 色谱分离系统的构成

与 HPLC 色谱柱不同，HSCCC 的柱系统由螺旋管构成，该螺旋管在高速行星式运动中操作，内部包含两种相互不相溶的液体，其中一相作为固定相，另一相则作为流动相。物质的分离基于它们在这两相中分配系数的差异。分离效果受到多种因素的影响，包括溶剂体系的选择、固定相和流动相的选取、洗脱方式、仪器的转向和转速、样品浓度、进样方式以及柱温等。因此，在采用 HSCCC 进行分离时，操作方法和工作程序都具有独特性。

溶剂输送系统包括泵和溶剂罐，用于将移动相（液体溶剂）输送到分离柱。现代高速逆流色谱仪通常配备高精度泵，以确保溶剂流速的准确控制，从而实现重复性好的分离过程。

（1）溶剂体系　溶剂体系是所有逆流色谱（counter current chromatography，CCC）分离技术的核心，构成 CCC 柱中的固定相和流动相。选择合适的溶剂体系是实现高效分离的关键步骤。在准备溶剂体系前，须深入理解哪些溶剂能够形成稳定的两相溶剂体系，以及哪种溶剂体系最适合特定物质的分离。对于 HSCCC 分离而言，理想的溶剂体系应满足以下几个关键要求：①样品稳定性。溶剂体系不应引起样品的分解或变性，以确保样品的完整性和生物活性。②高溶解度。溶剂体系应提供足够大的溶解度，以确保样品能够充分溶解，便于进行有效的色谱分离。③适宜的分配系数。样品在溶剂体系中应具有适宜的分配系数，这对于实现目标化合物的有效分离至关重要。④高保留度。固定相应能实现足够高的保留度，以确保样品在色谱柱中的有效分离和纯化。

在上述要求中，样品稳定性和高溶解度是所有 HSCCC 共有的基本要求，而适宜的分配系数和高保留度对于 HSCCC 尤为重要，因为它们直接影响分离效率和选择性。通过精心选择和优化溶剂体系，可显著提高 HSCCC 的分离性能，实现对复杂样品的高效分离和纯化。

在 HSCCC 中，溶剂体系的选择对于实现有效的分离至关重要，应根据被分离物质的极性特性来确定。表 7-3 提供了一些基本的溶剂体系，这些体系可作为实验设计时的参考。这些溶剂体系经过精心挑选，以确保它们能够与目标化合物的化学性质相匹配，从而实现最佳的分离效果。通过这些推荐的溶剂体系，用户可以根据具体的分离需求，调整和优化实验条件，以达到预期的分离纯度和效率。

表 7-3　HSCCC 常用的基本溶剂体系

被分离物质种类	基本两相溶剂体系	辅助溶剂
非极性或弱极性物质	正庚(己)烷-甲醇	氯烷烃
	正庚(己)烷-乙腈	氯烷烃
	正庚(己)烷-甲醇(或乙腈)-水	—

被分离物质种类	基本两相溶剂体系	辅助溶剂
中等极性物质	氯仿-水	甲醇、正丙醇、异丙醇
	乙酸乙酯-水	正己烷、甲醇、正丁醇
极性物质	正丁醇-水	甲醇、乙酸

在确定了溶剂体系及其配比之后，必须在实际使用前将其配制好，并给予充足的时间以确保两相达到充分的平衡。在混合溶剂的过程中，由于溶剂的物理性质不同，可能会产生温度变化。例如，甲醇与水混合时会放热，导致温度升高；而庚烷与乙酸乙酯混合时则是吸热过程。此外，气体在混合溶剂中的溶解度与在单一溶剂中有所不同，因此需要对混合溶剂进行脱气处理以避免产生气泡。

为了保持溶剂体系的稳定性，建议在使用前再次分离两相溶剂。这是因为不同溶剂的蒸气压存在差异，溶剂的蒸发可能导致相组成的变化。因此，应使用封闭容器来储存这些液体，以减少蒸发和污染的风险。在 HSCCC 的操作中，有一种方法特别重要，它涉及在两相溶剂系统中始终保持一定程度的混合，或者在一相中保留少量的另一相，这样做有助于维持整个色谱系统的稳定性，这种稳定性对于实现高效的分离和提高选择性至关重要。

同时，还需考虑溶剂的化学稳定性。例如，乙酸乙酯是色谱分析中常用的溶剂，但在水的存在下，它会逐渐发生水解反应，生成乙酸和乙醇，导致溶剂的 pH 值发生变化，这种化学变化可能是使用陈旧溶剂时分离重现性受影响的原因之一。

（2）柱系统　在 HSCCC 的柱系统操作中，首先需要在仪器不旋转的状态下，以较高的流速将固定相注入螺旋管柱内。注入方式会根据固定相的不同而有所差异。如果密度较大的相（重相）作为固定相，则应采用尾至头的注入方式；若密度较小的相（轻相）作为固定相，则应采用头至尾的注入方式。固定相注满后，停止泵的操作。

随后，启动仪器以预定的转速旋转，并同时将流动相以适宜的流速泵入柱内。在系统达到平衡之前，出口处流出的液体仅为固定相。此时，使用一个刻度量筒接收并测量被推出的固定相体积 V_e。当流动相开始流出时，表明系统已达到流体动力学平衡，此时的体积即为 HSCCC 柱中的流动相体积 V_M 与系统的柱外流通管死体积 V_f 之和。利用该体积和柱体积 V_C 即可计算柱中固定相的保留百分率 S_f，计算公式为：$S_f=[(V_C+V_f)-V_e]/V_C\times100\%$。当包括检测器基线在内的所有参数都稳定时，柱系统即准备就绪，可以进行样品的进样。

尽管 HSCCC 允许两种形式的洗脱方式，即头至尾和尾至头，但通常头至尾的洗脱方式能实现更多的固定相保留，从而获得更好的分离效果，而尾至头的洗脱方式可能会在柱中产生一个反压梯度，出口处压力最高，进口处压力最低。在某些情况下，柱进口处的压力可能会降至大气压以下，导致过量的流动相通过泵的单向阀被吸入柱中。在高转速下，如果两相溶剂的密度差较大，这种趋势将更加明显。为了解决柱内压力不平衡的问题，可以在检测器的出口端连接一段细长的管道（例如内径 0.3 mm，长度 1 m），或者安装一个反压调节装置。这些措施能有效平衡柱内压力，确保实验的稳定性和可重复性。

（3）**样品进样装置** 其负责将待分离的样品引入分离柱中。这个部件需要能够处理不同浓度和体积的样品，并保证样品的均匀分布，以提高分离效率和精确度。

在 HSCCC 分离过程中，样品混合物通常被溶解在用于分离的溶剂体系中，以制备成样品溶液。对于少量样品，可以将其溶解在任一相溶剂中，尤其是流动相中，以便进样。然而，对于大量样品，建议将样品溶解在等体积的两种不混溶溶剂的混合液中，这两种溶剂分别是密度较小的上相溶剂（通常位于螺旋管的上层）和密度较大的下相溶剂（通常位于螺旋管的下层）。这是因为大量样品溶解在单一溶剂中可能会引起两相溶剂体系物理性质的实质性变化，进而导致固定相的严重流失，使用两相混合溶剂溶解样品可以有效避免这种情况。

此外，当样品混合物中含有极性差异较大的多组分时，减少样品溶液的体积可以提高峰的分辨率。当高浓度样品进入色谱柱时，可能会导致所有固定相被高浓度的"样品栓"推出柱外。在这种情况下，对样品进行稀释是必要的。一般认为，使用大体积稀释样品比使用小体积浓缩样品更为可取，尽管大体积进样可能会导致峰带展宽，但与固定相严重流失相比，这种影响较小。

在特殊情况下，降低流速可以在不引起固定相流失的情况下进行大量上样。有时，当出现固定相流失时，可以通过短暂反转流动相的流动方向（例如，从头至尾变为尾至头，然后再恢复）来产生固定相的回流，从而稀释样品并重新建立固定相和流动相之间的平衡。虽然这可能会导致峰带展宽，但相比于固定相体积的降低，这种方法更为可取。

与 HPLC 相比，HSCCC 允许更多的不溶性物质进入色谱柱。但在某些情况下，样品溶液中的颗粒物可能会对固定相的保留产生不利影响。因此，当样品溶液中含有大量悬浮物时，通过过滤或离心的方法去除颗粒物，可有助于改善分离效果。

样品溶液准备就绪后，可以采用传统方式进样，即在溶剂体系建立流体动力平衡且整个仪器系统稳定后进行。另一种直接进样方式是在体系注满固定相后上样，然后启动仪器转动，并同时启动泵，使样品随流动相一同进入柱中。流动相溶剂前沿出现时的体积即为柱中推出的固定相体积，这种进样方法的优点是出峰速度快于传统方法，但缺点是柱中推出的体积测定不够准确。

（4）**检测器** 在 HSCCC 中，常用的检测器包括紫外-可见光检测器（UV-Vis）、蒸发光散射检测器（ELSD）、傅里叶变换红外光谱检测器（FT-IR）以及薄层色谱检测器（TLC）等。

① UV-Vis。HSCCC 的在线检测常采用单波长或多波长的 UV-Vis，这些检测器亦可从制备型 HPLC 中借用。然而，这些检测器的检测池应设计为直形的垂直流通型，以避免出现分析型 HPLC 中 U 形检测池可能导致的固定相液滴在池中滞留，从而引起检测器噪声的现象。为防止此现象，通常设计成轻相流动相从检测池上端进入，向下流出；而重相流动相则从下端进入，向上流出。

在许多情况下，HSCCC 的紫外在线检测可能会受到固定相流失的影响。固定相流失的原因可以归结为以下几点：操作条件选择不当、样品过载、分离柱与检测池之间的温度差异导致的流动相浊化以及卸压产生的气泡等。这些问题可以通过优化操作条件、控制流动相温度等措施来改善。此外，还可以采取一些特殊措施以避免这些问题，例如，在检测器进口处对流出液进行适度加热，或在检测池出口端加装一根细管以产生足够高的反压，从而抑制气泡的形成。在固定相流失较为严重的情况下，还可以在柱后和检测器前使用泵加入一种既能与固定相互溶又能与流动相互溶的溶剂，以有效减少由固定相流失引起的检测噪声。

② ELSD。近年来，ELSD 作为一种替代 RID 的检测技术，在 HPLC 中的应用日益广泛。Schaufelberger 和 Drogue 等将 ELSD 技术引入到 HSCCC 这种制备型色谱技术的在线检测中。

ELSD 是一种通用型检测技术，其基本原理如图 7-4 所示。简而言之，ELSD 由雾化、蒸发和检测三个独立而连续的环节组成。色谱柱流出液首先经过雾化和蒸发，然后在载气流中仅留下细小的溶质颗粒，这些颗粒在载气带动下通过激光，产生散射现象，散射光随后被检测器捕捉。ELSD 的响应值是关于溶质质量的函数，因此它是一种基于质量的检测器。目前，ELSD-HSCCC 技术已被成功用于脱肠草素、莨菪亭、皂苷等多种化合物的分离。

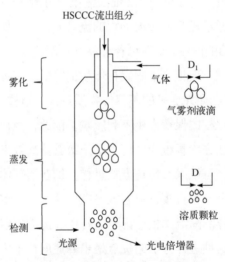

图 7-4　蒸发光散射检测器的基本原理

③ FT-IR。液相色谱与 FT-IR 的联用技术一直受到流动相吸收红外光谱的问题的困扰。这一问题在检测低溶质-溶剂比的流出物时尤为严重。然而，采用 HSCCC 技术能够获得高溶质-溶剂比的流出物，有效缓解了流动相吸收红外光谱的问题。此外，HSCCC 仅需一个简单的流动池接口，无须额外的溶剂去除方法。

FT-IR 与 HSCCC 的联用技术最初由 Romanach 和 DeHaseth 提出。他们使用了一个内径为 1.2 mm、柱体积为 160 mL 的 HSCCC 分离系统，以氯仿-甲醇-水（3∶1∶3）和正己烷-甲醇-水（3∶3∶2）为溶剂体系，用于分离苯酚、硝基苯酚以及乙酰苯酚等化合物。流动池的光程长度为 0.025～1.0 mm，能够在线记录相应的 IR 光谱。HSCCC-FT-IR 技术的最大优势在于能够在分离过程中同时获得被分离物的结构信息。然而，该技术需要较大的样品量（每种组分 0.2～1 mg，甚至更多），这限制了 HSCCC-FT-IR 在天然产物研究，尤其是在复杂粗提物的分离分析中的应用。

④ TLC。如前所述，紫外、红外、蒸发光散射以及质谱等技术均可作为 HSCCC 的在线检测方法，它们能够提供被分离组分的宝贵结构信息。然而，这些方法在检测被分离组分的纯度方面存在不足。TLC 作为一种经典而有效的分析工具，其在色谱分离组分分析中的应用通常依赖于人工点样，这一过程既烦琐又耗时。已有研究报道通过样品喷雾装置将 HPLC 与 TLC 结合，实现了自动化操作。Diallo 等采用此类设备，成功实现了制备型 HSCCC 与 TLC 的在线联用，（如图 7-5 所示），并将其用于积雪草中两种主要皂苷的分离和检测。

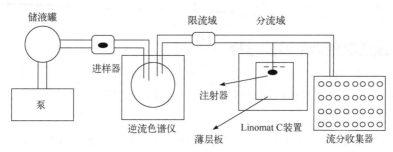

图 7-5　HSCCC 与 TLC 的在线联用

除了前述的检测器之外，质谱作为一种近年来发展迅速且应用广泛的分析检测技术，能够提供化合物分子结构的详细信息，该技术已经成功实现了与多种色谱技术的联用，极大地扩展了分析化学的研究领域。特别是 HSCCC 与质谱的联用，不仅能够进一步拓宽色谱-质谱技术联用的应用范围，而且为生物活性成分的研究提供了一种新颖且有效的途径和方法。这种联用技术结合了 HSCCC 的高效分离能力和质谱的精确鉴定能力，使得复杂样品中的生物活性成分能够被快速鉴定和定量，这对于药物开发、天然产物研究以及食品安全等领域具有重要意义。

（5）数据处理系统　在 HSCCC 的组成部分中，计算机和软件扮演着至关重要的角色。它们负责记录、分析和处理由检测器提供的数据。现代 HSCCC 配备的数据处理系统能够实现自动化数据处理，生成详尽的分离图谱和结果分析报告，这些功能极大地辅助了研究人员在实验后迅速而准确地解读实验结果，提高了数据分析的效率和准确性。

通过集成先进的软件算法，这些系统能够识别和量化色谱图中的各个组分，评估分离效率，以及进行定性和定量分析。此外，软件通常还提供用户友好的界面，使得操作人员能够轻松地设置实验参数、监控实验进程，并导出所需的数据和图表。

（6）温控系统　HSCCC 的温控系统对于维持分离过程中的恒定温度至关重要，它确保了分离条件的稳定性。温度的波动可能会显著影响分离效果，因此，温控系统必须能够精确调节和控制操作温度，以提升分离效率和重现性。

温度对两相溶剂体系的物理性质有着显著影响。对于大多数两相溶剂体系，随着温度的升高，两相之间的相互溶解度会增加，而溶液的黏度则会降低。这些物理性质的变化会直接影响固定相的保留值和分离效率，从而对色谱分离的结果产生重要影响。特别是对于非水相两相溶剂体系，温度变化的影响更为显著，而对于含水的溶剂体系，在等梯度洗脱条件下，温度变化对分离重现性的影响相对较小。然而，在动态梯度洗脱条件下，温度变化对分离重现性的影响则变得较为显著。

因此，在操作 HSCCC 时，控制和维持恒定的温度条件对于确保分离过程的稳定性和重现性至关重要。实验者在设计实验方案时，必须考虑温度对溶剂体系性质的影响，并采取适当的措施来控制温度，以优化分离效果。这通常涉及使用精确的温度控制系统，以保持色谱柱和溶剂在一个恒定的温度下，从而减少由温度波动引起的系统误差。

除此之外，旋转系统及平衡器等组成部分也共同作用，使高速逆流色谱仪成为一种高效、快速、制备量大及费用低的分离技术，特别适合天然生物活性成分的分离。

7.2.3　高速逆流色谱条件的选择

高速逆流色谱法的色谱条件选择至关重要，主要包括以下几个方面。

（1）溶剂体系的选择

① 选择原则。在选择 HSCCC 条件时，一个合适的溶剂体系是实验成功的关键，它相当于色谱柱和流动相的双重选择。溶剂系统的选择不仅至关重要，而且往往耗时，可能占据整个分离工作 40%～90% 的时间，成为 HSCCC 分离的主要难点。以下是选择溶剂体系的一般原则。

Ⅰ. 快速分层与稳定性：理想的溶剂体系应在 30 s 内实现两相的快速明显分层，并且不易出现乳化现象，保持相对稳定。

Ⅱ. 化学兼容性：溶剂体系应与被分离物质不发生反应，避免造成样品的分解或变性。

Ⅲ. 溶解度与分配系数：样品应在溶剂体系中具有良好的溶解性，并且其在两相间的分配系数 K 值应在 0.5～2.5 之间，以确保有效的分离。此外，样品中不同化合物的分配系数比应大于 1.5，以实现组分间的有效分离。

Ⅳ. 固定相保留值：溶剂体系应具有较高的固定相保留值（不小于 40%），这有助于实现快速而有效的分离。

在满足上述要求的过程中，达到第Ⅲ点和第Ⅳ点的难度相对较大。因此，在实际选择过程中，通常会优先采用已知具有较高固定相保留值的溶剂体系，以此为基础来优化和摸索分离条件。

② 参照已知的溶剂系统。溶剂体系的选择是 HSCCC 中最关键的步骤之一。通常，需要选择两种互不相溶的溶剂来形成固定相和流动相。根据目标化合物的极性，可以参考已有的文献或使用预测方法来选择合适的溶剂体系。例如，非极性或弱极性物质可能需要正己烷-甲醇体系，而极性物质可能更适合使用正丁醇-水体系。

目前，已有大量关于 HSCCC 应用研究的文献发表，提供了众多的应用实例。实验者可以根据化合物的类别，首先寻找同类化合物的分离实例。通过比较目标化合物与文献中的实例，对文献中报道的溶剂体系进行调整，并进行实际的分离实验。根据实验分离效果，再决定是否需要对溶剂体系进行进一步的优化，直至实现理想的分离效果。

为了便于实验者参考，表 7-4 提供了常用溶剂的物理参数。这些表格可帮助实验者快速选择合适的溶剂体系，并根据实验需求进行调整。

表 7-4　常用溶剂的物理参数

溶剂	分子量	密度 / (g/cm³)	希尔德布兰德 (Hildebrandt) 溶解度参数 (δ)	斯奈德 (Snyder) 溶剂强度参数(ε_0)	罗尔施奈德-斯奈德 (Rohrschneider Sndder) 溶剂极性参数 (P')	赖夏德 (Reichardt) 溶剂极性经验参数 (ET)	溶解度/%	
							溶剂在水中	水在溶剂中
正庚烷	100.2	0.679	14.7	0.01	0.2	1.2	0.0004	0.009
正己烷	86	0.655	15	0.01	0.1	0.9	0.001	0.01
正戊烷	72	0.626	14.9	0.00	0	0.9	0.004	0.009
环己烷	84	0.778	15.8	0.04	−0.2	0.6	0.006	0.01
四氯化碳	154	1.594	17.6	0.18	1.6	5.2	0.08	0.008
甲苯	92	0.862	18.3	0.29	2.4	9.9	0.074	0.03
乙醚	74	0.713	15.4	0.38	2.8	11.7	6.9	1.3
苯	78	0.879	18.8	0.32	2.7	11.1	0.18	0.063
甲基叔丁基醚	88	0.741	15.1	—	2.5	14.8	4.8	1.5
正辛醇	130	0.822	20.9	0.5	3.4	54.3	0.054	4.1
异戊醇	88	0.814	22.1	0.61	3.7	56.8	2.2	7.5
二氯甲烷	85	1.317	20	—	3.1	30.9	1.6	0.24
1,2-二氯乙烷	99	1.24	620.4	0.44	3.5	32.7	0.81	0.187
异丁醇	74.1	0.808	25.2	0.7	4.1	50.6	12.5	44.1
正丁醇	74.1	0.810	27.2	0.7	3.9	60.2	7.8	20.1
正丙醇	60	0.803	24.4	0.82	4.0	61.7	Inf	Inf
四氢呋喃	72	0.888	18.2	0.57	4.0	20.7	Inf	Inf
乙酸乙酯	88	0.895	18.2	0.58	4.4	22.8	8.7	3.3
异丙醇	60	0.785	23.7	0.82	3.9	54.6	Inf	Inf
氯仿	119.4	1.485	18.9	0.40	4.1	25.9	0.815	0.056
二噁烷	88	1.033	20	0.56	4.8	16.4	Inf	Inf
丙酮	58	0.790	18.6	0.56	5.1	35.5	Inf	Inf
甲乙酮	72	0.788	19.2	—	4.7	32.7	24	10
乙醇	46	0.789	26	0.88	4.3	65.4	Inf	Inf
乙酸	60	1.049	20.6	—	6.0	64.8	Inf	Inf
乙腈	41	0.782	24.1	0.65	5.8	46	Inf	Inf
二甲基甲酰胺	73	0.948	24.2	—	6.4	40.4	Inf	Inf

溶剂	分子量	密度 /(g/cm³)	希尔德布兰德(Hildebrandt)溶解度参数(δ)	斯奈德(Snyder)溶剂强度参数(ε_0)	罗尔施奈德-斯奈德(Rohrschneider Sndder)溶剂极性参数(P')	赖夏德(Reichardt)溶剂极性经验参数(ET)	溶解度/%	
							溶剂在水中	水在溶剂中
N,N-二甲基甲酰胺	87	0.937	21.6	—	6.5	40.1	Inf	Inf
二甲基亚砜	78	1.095	24	0.75	7.2	44.4	Inf	Inf
甲醇	32	0.791	29.3	0.95	5.1	76.2	Inf	Inf
水	18	0.997	48.6	>0.95	10.2	100	—	—

注：Inf 为无限的。

③ 基于分配系数（K）的溶剂系统优化。在 HSCCC 中，选择适宜的溶剂系统以实现有效分离，关键在于确定各组分的分配系数（K）。依据分配色谱的理论基础，HSCCC 的理想的 K 值范围为 0.5～2.5，可确保组分在合理的时间内出峰并实现高分离度。当 K 值低于 0.5 时，组分出峰过快，导致分离度不足；而 K 值高于 2.5 时，组分出峰时间延长且峰形变宽。K 值的测定是衡量化合物在固定相和流动相之间分配比例的关键，可以通过 HPLC、TLC、紫外吸收法、高效毛细管电泳（HPCE）或分析型 HSCCC 进行，为评估和优化溶剂系统提供实验手段，确保在 HSCCC 中实现最佳分离效果。

④ HPLC。在 HSCCC 的溶剂选择过程中，可以首先利用 HPLC 对目标分离物进行扫描，以评估样品的复杂性和极性分布。具体的 HPLC 条件如下：使用一根 15 cm 长的 C_{18} 色谱柱，以乙腈和水作为流动相，流速设定为 1 mL/min，采用从 100%水到 100%乙腈的梯度洗脱条件，持续时间为 1 h。

通过观察色谱图的出峰结果，可以对样品的极性进行初步判断：

如果绝大部分峰的保留时间小于 15 min，表明这些组分极性较大，适合在 HSCCC 中采用极性溶剂体系，例如正丁醇-水体系。

如果峰的保留时间在 15～50 min 之间，表明这些组分极性中等，适合在 HSCCC 中采用中等极性的溶剂体系。

如果绝大部分峰在 50 min 后洗脱，表明这些组分极性较小，适合在 HSCCC 中采用弱极性溶剂体系。

HPLC 是一种既准确又常用的方法，用于测定混合样品（如粗提物）中多个化合物的 K 值。以下是具体的测定操作步骤：首先，取一定量的样品，加入一定体积的某一相中，例如上相 U；利用 HPLC 测定上相 U 中的样品溶液，记录得到的色谱峰面积，记为 A_{U1}；然后，向含有样品的上相 U 中加入一定体积的另一相，例如下相 L，并充分振荡以实现两相之间的分配平衡；平衡后，取出上相溶液进行 HPLC 测定，记录得到的色谱峰面积，记为 A_{U2}。最后，根据公式计算分配系数：

$$K = \frac{A_{U2}}{A_{U1} - A_{U2}} \times \frac{V_L}{V_U} \qquad (7\text{-}1)$$

式中，V_L 为下相 L 的体积；V_U 为上相 U 的体积。

⑤ TLC。传统上，TLC 用于选择固态色谱的溶剂系统。Friesen 等首次将 TLC 用于 HSCCC 的溶剂选择，并成功地进行了大致的分配系数测定。TLC 的操作步骤如下：将一定量的样品溶解在已平衡的溶剂体系中，并充分振荡以实现两相的分配平衡；将等量的上下相分别点样在薄层硅胶板上；选择合适的展开剂进行 TLC 展开；根据目标成分在 TLC 板上的斑点大小和颜色深浅，可以粗略估计 K 值的范围。

TLC 法的特点在于快速、简便和经济性，其允许根据不同样品选择不同的显色剂，尤其适用于没有紫外吸收的样品。其溶剂体系已经相当完善，使得 TLC 法应用广泛。然而，TLC 法的缺点在于其准确度较低，因为它的机理包含分配和吸附两种作用。因此，TLC 法主要用于快速检查溶剂系统的适用性，而最终的 K 值测定还需借助 HPLC 法来实现。

⑥ 紫外吸收法。对于已有对照品的待分离化合物，可以通过紫外吸收法来测定其在溶剂系统中的分配系数。具体的测定步骤如下：根据预设的比例，配制少量的两相溶剂体系溶液；分别取上相和下相各 2 mL，置于试管中；向每个试管中加入适量的标准样品，然后振荡以确保样品在两相中充分分配；待两相溶液界面清晰后，分别测定上相和下相溶液的吸光度（A），即 $A_上$ 和 $A_下$。根据公式 $K = A_上 / A_下$ 计算分配系数 K。

⑦ HPCE。谭龙泉等采用了 HPCE 技术来测定样品的 K 值。HPCE 以其高分辨率著称，能够有效地实现样品中各组分的良好分离，并且便于定量分析。这一技术的优势在于能够迅速揭示各组分在两相溶剂中的分配情况，从而为评估溶剂系统的适用性提供一种有效手段。

通过比较样品在两相中的相对含量变化，可判断溶剂系统是否适合特定的分离任务。HPCE 技术的应用不仅提高了分配系数测定的准确性，还加快了溶剂系统的选择和优化过程。

⑧ 分析型 HSCCC。分析型 HSCCC 以其柱体积小、溶剂用量少、转速快和分离时间短等优点而著称。这些特性使得分析型 HSCCC 成为筛选溶剂体系的理想工具。通过使用分析型 HSCCC 进行溶剂体系的筛选，可以将得到的溶剂体系直接应用于制备型 HSCCC，通常无须进行大规模的调整。这种从分析型到制备型的无缝过渡，大大简化了溶剂体系的选择和优化过程。

（2）旋转速度　旋转速度影响固定相的保留率。一般而言，转速越高，固定相的保留率也越高，从而提高分离效果。

（3）流动相的流速　流速需要适中，过大的流速会降低固定相的保留率，而过低的流速可能导致拖尾现象。

（4）温度控制　温度是一个非常重要的参数，恒定的温度对体系的重复性有决定性的影响。不同的季节可能需要调整溶剂体系以适应温度变化。

（5）样品的预处理　样品的预处理也会影响 HSCCC 的分离效果。样品需要溶解在流动相中，并且其浓度和体积需要根据实验目的进行调整。

（6）检测器的选择　根据目标化合物的性质，选择合适的检测器，如 UV-Vis、ELSD 等。

溶剂体系的物理特性（如密度差、黏度、界面张力等）以及人为可以操控的条件（如转速、流速、柱温等）都会对固定相保留率产生影响。可以基于分配系数测量、理论建模或数学计算来选择溶剂系统，以简化分析方法的开发过程。

7.2.4　高速逆流色谱法应用案例

阅读材料7-2
离线多维高速逆流
色谱作为新的色谱
分析方法

（1）中药成分分离　HSCCC 技术因其高效率、高纯度和良好的重现性等特点，在中药成分分离中的应用非常广泛。例如，张天佑等研究者利用 HSCCC 技术成功分离了中药中的多种活性成分，纯度可达 99%，这些成分可以直接用于 HPLC 检测标准样品。

（2）天然产物的分离纯化　HSCCC 技术被用于从植物中分离和纯化天然存在的异构体，这一过程具有挑战性。在一项研究中，研究者开发了一种离线多维 HSCCC 策略，从植物样品中快速分离生物活性异构体新木脂素，粗样品（105 mg）在石油醚-乙酸乙酯-甲醇-水（7:5:12:3）组成的两相溶剂体系中进行提纯，得到了高纯度的化合物。

（3）化学合成物质的分离纯化　HSCCC 技术也适用于化学合成物质的分离纯化。通过调整溶剂体系和操作参数，可以实现对合成产物的有效分离。例如，通过减少有机相比例，提高流速，增大进样量，可以在短时间内完成手性拆分，提高制备效率。

（4）环境分析检测　HSCCC 在分离无机物方面的应用主要集中在稀土元素或重金属元素。例如，使用混溶的 0.5 mol/L 二(2-乙基己基)磷酸酯（DEPHA）和十二烷作固定相，盐酸作流动相，富集稀有元素；用盐酸和氯仿（溶有 0.15 mol/L DEPHA）（1:1）溶剂体系分离镧系元素 Sm、Gd、Tb、Dy、Er、Yb，效果良好。这种方法可用于环境分析检测或控制污染，尽管灵敏度较低，但固定相能够富集干扰的金属离子。

（5）手性化合物的拆分　HSCCC 也被用于拆分消旋化合物。例如，N-十二烷酰-L-脯氨酸-3,5-二甲基苯胺，成功地用于氨基酸衍生物的分离。Ma 和 Ito 发现，增加有机固定相中手性选择性试剂的含量及增大溶剂系统的疏水性可提高色谱峰的分辨率。

（6）紫胶染料的分离　HSCCC 被用于紫胶染料的分离，溶剂体系是叔丁基甲基醚/正丁醇/乙醇/水（2:2:1:5），得到的物质纯度约为 95%。这种高纯度的分离对于紫胶染料的进一步应用和研究具有重要意义。

【本章小结】

Summary　In this chapter, we have delved into the intricacies of preparative chromatography, a critical technique for the large-scale separation and purification of compounds. We've examined supercritical fluid chromatography (SFC), which leverages supercritical fluids as mobile phases, offering unique solvation properties and the ability to fine-tune selectivity through changes in pressure and temperature. SFC's efficiency in handling thermally labile compounds and its environmental friendliness make it a preferred choice in many applications. We've also explored high-speed counter-current chromatography (HSCCC), a non-destructive, support-free method that excels in separating complex mixtures with high recovery rates. Its versatility is showcased through applications in the pharmaceutical industry, natural product purification, and the isolation of bioactive compounds. Throughout the chapter, we've emphasized the importance of solvent selection, the optimization of operating parameters, and the strategic use of detection methods to achieve optimal separation. The chapter encapsulates the theoretical foundations and practical aspects of these preparative techniques, highlighting their significance in advancing chemical analysis and purification processes.

 【复习题】

1. 什么是制备色谱法?

2. 制备色谱法包括哪些类型?

3. 制备色谱法的重要里程碑事件有哪些?

 【讨论题】

1. 请描述超临界流体色谱法在环保和成本效益方面相比传统液相色谱法的优势和局限性。

2. 与其他制备色谱技术相比,高速逆流色谱法在分离纯化天然产物时的特点是什么?面临的挑战又是什么?

团队协作项目

探究制备色谱技术在天然产物分离纯化中的应用与创新

【项目目标】 通过团队合作,深入研究制备色谱技术(包括超临界流体色谱法和高速逆流色谱法)在天然产物分离纯化中的应用,并探索这些技术在解决天然产物分离纯化问题中的创新应用。

【团队构成】 4个小组,每组3~5名学生。

【小组任务分配】

1. 超临界流体色谱技术应用研究小组(任务内容:研究超临界流体色谱技术在天然产物分离纯化中的应用原理和方法;调查和总结目前超临界流体色谱技术在天然产物分离纯化中的常见应用场景;分析超临界流体色谱技术在天然产物分离纯化中的优势和局限性)。

2. 高速逆流色谱技术应用研究小组(任务内容:研究高速逆流色谱技术在天然产物分离纯化中的应用原理和方法;调查和总结目前高速逆流色谱技术在天然产物分离纯化中的常见应用场景;分析高速逆流色谱技术在天然产物分离纯化中的优势和局限性)。

3. 制备色谱技术优化与方法开发小组(任务内容:探索和开发新的制备色谱技术或

改进现有技术以提高分离效率和纯度；设计实验验证新方法的有效性；比较新旧方法在特定天然产物分离纯化中的性能）。

4. 制备色谱技术工业规模应用研究小组（任务内容：研究制备色谱技术在工业规模生产中的应用现状和挑战；调查和总结制备色谱技术在工业规模应用中的最佳实践；分析制备色谱技术从实验室到工业规模放大过程中可能遇到的问题和解决方案）。

【成果展示】 各小组分别准备一份报告，总结研究成果和解决思路，并在团队会议上进行展示。

【团队讨论】 团队对各小组的研究成果进行讨论，形成最终的合作报告，并提出制备色谱技术在天然产物分离纯化中的应用与创新策略。

 案例研究

如何分辨食品是否安全

2024 年 10 月，某市市场监督管理局发布了食品安全抽检信息通告，共抽检了 723 批次样品，其中 20 批次样品被检测为不合格。不合格样品主要涉及的问题包括农药残留超标、兽药残留超标、超范围超限量使用食品添加剂、生物毒素以及质量指标不达标等。具体不合格产品包括大葱、芒果、生姜、西芹、青椒、胡萝卜、山药等农产品，以及一些加工食品，如瓦罐黄花鱼、鸡皮串等。请问如何判断食品是否安全？

案例分析：

1. 如何区分安全食品和不安全食品？区别有哪些？
2. 食品安全的检测标准是什么？
3. 常用哪些检测技术？这些检测技术可以用于分析哪些样品？

参考文献

[1] Peyrin E, Lipka E. Preparative supercritical fluid chromatography as green purification methodology[J]. TrAC-Trend Anal Chem, 2024, 171:117505.

[2] Yan Y L, Fan J, Lai Y C, et al. Efficient preparative separation of β-cypermethrin stereoisomers by supercritical fluid chromatography with a two-step combined strategy[J]. J Sep Sci, 2018, 41(6): 1442-1449.

[3] Yao Z, Zhu K H, Gu T Y, et al. An active derivatization detection method for inline monitoring the isolation of carbohydrates by preparative liquid chromatography[J]. J Chromatogr, A. 2024, 1719:464730.

[4] Folprechtová D, Seibert E, Schmid M G, et al. Advantages of dimethyl carbonate as organic modifier for enantioseparation of novel psychoactive substances in sub/ supercritical fluid chromatography[J]. Anal Chim Acta, 2024, 1332:343380.

[5] Xiao C Y, He J M, Huang J, et al. A novel off-line multi- dimensional high-speed countercurrent chromatography strategy for preparative separation of bioactive neolignan isomers from Piper betle[J]. L J Chromatogr B, 2024, 1232:123965.

[6] Weise C, Schirmer M, Polack M, et al. Modular chip-based nanoSFC-MS for ultrafast separations[J]. Anal Chem., 2024, 96(34):13888-13896.

[7] Sun X, Ma L, Muhire J, et al. An integrated strategy for combining three-phase liquid-liquid extraction with continuous high-speed countercurrent chromatography: highly efficient in isolating and purifying zeaxanthin from the industrial crop *Lycium barbarum* L[J]. Ind Crop Prod, 2023, 206:117641.

（杜秋争　编写）

第8章 生物大分子色谱分析法

 学习目标

掌握：体积排阻色谱法、离子交换色谱法、疏水作用色谱法及亲和色谱法的基本原理；

熟悉：体积排阻色谱法、离子交换色谱法、疏水作用色谱法及亲和色谱法的固定相与流动相特征；

了解：体积排阻色谱法、离子交换色谱法、疏水作用色谱法及亲和色谱法的应用场景；

能力：能根据生物大分子的结构特点选择最佳分析方法，解决实际样品的分离分析问题。

开篇案例

跨越百年，胰岛素纯化之旅：从沉淀法到色谱技术

20世纪初，糖尿病患者面临生死挑战，直到1921年，加拿大医生弗雷德里克·班廷和他的助手查尔斯·贝斯特发现了胰岛素，并证明它可治疗糖尿病。但最初的胰岛素提取液杂质较多，治疗风险巨大。于是，一场纯化胰岛素的攻坚战就此打响。起初，胰岛素纯化主要依靠沉淀法和结晶法，这些方法不仅耗时，且效率低下，难以跟上救命的步伐。直到色谱技术的问世，人们才找到了更加高效的方法来纯化胰岛素。率先登场的是体积排阻色谱法，它在胰岛素纯化时显示了巨大优势：体积较大的蛋白质无法进入凝胶颗粒内的微孔，较快地被洗脱出来，使得体积排阻色谱法成为蛋白质分子量分级的理想工具；接着，离子交换色谱法通过调控 pH 和盐浓度，精确地控制胰岛素及其杂质在离子交换树脂上的吸附与解吸，实现了更精细的分离；疏水作用色谱法紧随其后，它利用蛋白质的疏水特性去除杂质；最终，亲和色谱法以特异性结合的优势将胰岛素纯化推向了新的高度。这种色谱技术的巧妙配合，大幅提升了胰岛素的产量和质量，从而挽救了更多的生命。如今，色谱技术已成为生物制药领域的"守护神"，为研发和生产生物大分子药物保驾护航。

8.1 概述

生物大分子色谱分析法是一种利用色谱技术分离和分析生物大分子（如蛋白质、核酸

和多糖等）的重要方法。它基于不同分子间的物理和化学性质差异，通过大分子在固定相和流动相间相互作用的差异来实现分离。这种方法不仅能提供生物大分子的纯度和组成信息，还能帮助研究者深入了解其结构、功能和相互作用，从而在药物开发、疾病诊断和基础生物学研究中发挥关键作用。随着生物大分子色谱法的不断进步，逐渐发展出了体积排阻色谱法、离子交换色谱法、疏水作用色谱法及亲和色谱法等，这些方法已成为生物大分子研究中不可或缺的工具。

8.1.1　生物大分子的种类

生物大分子是构成生命体的基本物质，由大量原子或较小的分子单元（如氨基酸、核苷酸、单糖等）通过共价键连接而成，具有复杂的结构和特定的生物功能。这些分子通常由成千上万个原子组成，分子量从几万到几百万不等。在生物体内，生物大分子不仅作为结构组成部分支撑细胞和组织，还参与细胞代谢、信号转导、遗传信息传递等生命活动。随着生物技术的迅速发展，越来越多的生物大分子在体外通过各种工程途径被人工制造出来，造福人类。生物大分子主要包括以下几类。

（1）蛋白质　蛋白质是由氨基酸通过肽键连接而成的长链分子，它们是构成细胞结构的重要成分，也是许多酶、激素和抗体的物质基础。蛋白质的分子量可从几千到数百万道尔顿不等。

（2）核酸　核酸是由核苷酸单元通过磷酸二酯键连接而成的长链分子，分为脱氧核糖核酸（DNA）和核糖核酸（RNA）。DNA 负责遗传信息的存储和传递，而 RNA 则参与蛋白质的合成。

（3）多糖　多糖是由多个单糖分子通过糖苷键连接而成的大分子。常见的多糖包括淀粉、纤维素和糖原。多糖在植物和动物体内具有储存能量、构成细胞壁等多种功能。

（4）脂质　虽然脂质不属于典型的生物大分子，但有些脂质如磷脂、胆固醇等也具有较大的分子量，并且在细胞膜结构中发挥重要作用。

8.1.2　生物大分子的特性

以蛋白质为例，尽管其水解后仅生成由二十余种氨基酸构成的简单小分子，但在人体内，蛋白质分子的种类却已超过十万。生物大分子的复杂性不仅在于其分子结构（即构成、序列及构象的多样性），更体现在它们所处环境的混杂性上，这一环境往往是多种大小分子交织的混合体系。因此，生物大分子的有效分离与纯化，成为生物学、化学及医学领域研究者持续探索与研究的热点。获取足够质量与纯度的样品，是开展物理性质测定、结构解析、活性评估、毒性试验乃至应用于疾病治疗等领域的先决条件。

此外，生物大分子往往热稳定性欠佳，对特定构象有严格要求，一旦脱离原有的生理环境，构象发生改变，极易发生失活或变性，且对环境中的 pH 值、有机溶剂、特定无机离子及金属元素高度敏感，这些特性致使其难以大规模生产。故而，探索高效、规模化的生物大分子分离纯化技术，成为现代生物技术领域极具挑战性的研究课题。遗憾的是，受历史认知限制，生物分离技术并未获得应有的重视，在产业规模与科研投入上都存在显著不足。同时，生物分离技术本身的复杂多变特性，也是制约其发展的重要原因之一。

8.1.3　生物大分子色谱分析法的发展简史与趋势

在色谱法成为主流之前，生物大分子如蛋白质、核酸等的分离与分析主要依赖于传统方法，包括盐析、透析、凝胶过滤及电泳等。盐析是通过调节溶液中的盐浓度使生物大分子沉淀析出，但分离效果较粗糙，且易引入杂质；透析则利用半透膜的选择透过性除去小分子杂质，但操作烦琐且耗时；凝胶过滤色谱法通过不同大小分子在凝胶颗粒间渗透速度的差异实现分离，具有操作简便、条件温和的优点，但分离效率受限于凝胶材料的性能；电泳技术则基于生物大分子在电场中的迁移率差异进行分离，具有高分辨率和快速分离的特点，但设备复杂，且对样品处理要求较高。

20 世纪 60 年代，随着专门用于生物大分子分离和纯化的色谱介质的开发，色谱技术开始被广泛用于生物大分子的提纯，并迅速发展起来。目前已有多种色谱技术用于生物大分子的分离，其中体积排阻色谱、离子交换色谱、疏水作用色谱和亲和色谱等在生物大分子分析中发挥着关键作用。这些方法不仅丰富了生物大分子的分离技术，也提高了分离过程的精确度和效率。

未来，生物大分子色谱分析法将继续朝着高通量、高灵敏度和多功能化的方向发展。随着纳米技术和新材料的应用，新型固定相和流动相的开发将进一步提高其分离性能。同时，大数据和人工智能技术的应用也将促进色谱数据分析的自动化和智能化，为生物大分子的分离和纯化提供更多可能性。总体而言，生物大分子色谱法将在生物技术、医药和生命科学领域发挥越来越重要的作用，为解决复杂生物问题提供强有力的技术支持。

阅读材料8-1
蛋白质分离与
纯化技术的进
展及未来趋势

8.2　体积排阻色谱法

体积排阻色谱法（size exclusion chromatography，SEC），亦称凝胶色谱法，是一种基于分子尺寸进行分离的色谱技术。1953 年，Porath 等利用交联葡聚糖凝胶分离不同分子量的水溶性高分子，从而奠定了凝胶过滤色谱法（gel filtration chromatography, GFC）的基础。随后在 1964 年，Moore 使用具有不同孔径的苯乙烯-二乙烯苯树脂，分析了分子量从几千到几百万的高聚物分子，进一步发展了凝胶渗透色谱法（gel permeation chromatography, GPC）。此项技术在 20 世纪 60 年代得到发展，在 20 世纪 70 年代，该技术被统称为凝胶色谱法。

8.2.1 体积排阻色谱法的基本原理

视频8-1
体积排阻色谱法
的基本原理

体积排阻色谱法的分离机制是利用凝胶色谱柱填充材料的分子筛效应，其核心在于依据样品中各组分分子尺寸的差异实现分离。这些填充材料广泛采用亲水性硅胶、天然或改性凝胶，如葡聚糖基凝胶和琼脂糖基凝胶等，其内部密布着尺寸各异的孔隙。在色谱分离过程中，样品分子流经色谱柱时，可根据其分子直径大小选择性地渗透至相应尺寸的孔隙中。具体而言，对于尺寸超过所有孔隙的分子，它们无法渗透进填充颗粒内部，因此会迅速随流动相流出色谱柱，保留时间较短；相反，尺寸小于所有孔隙的分子则能无障碍地进入所有孔隙，导致在色谱柱内的滞留时间延长，保留时间较长；而介于两者之间的分子，则依据其分子大小顺序，逐一从孔隙中释放并被流动相携带出柱，形成一系列按分子尺寸排列的洗脱峰。图 8-1 为不同大小的样品分子在色谱柱中扩散的示意图。

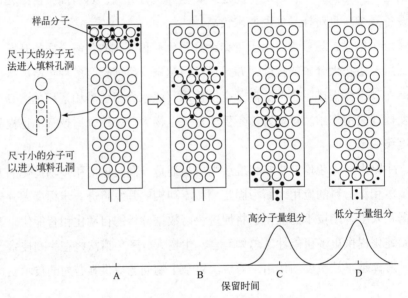

图 8-1　样品分子在色谱柱中扩散的示意图

根据体积排阻色谱法的分离原理，不同大小的样品分子具有不同的分配系数（K_D），具体来说，K_D 是指样品分子在固定相中的平衡浓度$[X_s]$与样品分子在流动相中的平衡浓度$[X_m]$的比值：

$$K_D = \frac{X_s}{X_m} \tag{8-1}$$

体积排阻色谱法中任何组分的分配系数应符合 $0 \leqslant K_D \leqslant 1$。当 $X_s = 0$ 时，$K_D = 0$，这意味着样品分子完全被排除在填料孔洞之外，这种情况称为全排斥，即填料的排阻极限；当 $X_s = X_m$ 时，$K_D = 1$，表明样品分子可以完全进入填料孔洞内，这种情况称为全渗透，即填料的渗透极限；当 $0 < K_D < 1$ 时，则说明样品分子是部分进入填料孔洞内的，称为部分渗透。对于大多数溶质分子而言，K_D 通常处于此范围内。

在体积排阻色谱法中，柱流动相体积可分为两部分：一部分在颗粒内部，用V_i表示，相当于液-液分配色谱中固定液的体积；另一部分在颗粒间，类似液-液分配色谱中的死体积，用V_0表示。那么，对于某一大小的分子，其保留体积（V_e，也称为洗脱体积）为：

$$V_e = V_0 + K_D V_i \qquad (8\text{-}2)$$

8.2.2　体积排阻色谱法的固定相

在体积排阻色谱法中，固定相的选择对于实现有效的分离至关重要。固定相在体积排阻色谱法中扮演着分子筛的角色，其性能直接影响分离效率和结果的准确性。固定相的基本性能包括：①机械稳定性高。固定相应能承受高压操作，不易破碎或变形，能保持色谱柱的长期稳定性。②孔径分布符合要求。固定相的孔径决定了能进入孔内的分子大小，孔径分布的均匀性影响着分离的分辨率。③孔隙率高。固定相的孔隙率影响其载样量和分离效率，高孔隙率有助于提高样品的负载能力和色谱柱的透过性。④粒径分布均匀。粒径分布范围窄的固定相可提供更好的流体力学性能，减少柱压波动，提高分离效率。⑤化学稳定性好。固定相若在不同pH值、温度和其他化学条件下可保持结构和功能不变，则可在更广泛的实验条件下使用，适用于多种类型的样品分离。⑥生物相容性好。对于生物大分子的分离，固定相应具有良好的生物相容性，避免与样品发生非特异性相互作用。

体积排阻色谱法常用的固定相主要包括以下几种。

（1）多孔性凝胶　这类材料是最常用的固定相，其中包括葡聚糖凝胶（如Sephadex）、琼脂糖凝胶（如Sepharose），以及其他合成的聚合物凝胶。这些凝胶具有不同的孔径分布，可分离不同尺寸的分子。例如，Sephadex G-25适合较小分子的分离，而Sephadex G-200则更适合较大分子的分离。

（2）交联聚合物　聚苯乙烯-二乙烯苯是一种常见的交联聚合物固定相，它具有良好的化学稳定性和机械强度。这类固定相适用于在有机溶剂中分离大分子，其孔隙结构可有效排除较大分子而允许较小分子进入孔内。

（3）亲水性硅胶　尽管硅胶本身不常用作体积排阻色谱法的固定相，但经过表面修饰的硅胶也可用于某些特定的应用场景。如通过表面改性增加亲水性后，则适用于水相体系中的分离。

（4）多孔玻璃珠　由微小多孔玻璃珠组成，它们具有较高的机械强度，适合在高压下操作。然而，由于玻璃本身的化学活性，目前这类固定相已较少使用。

在这些固定相中，凝胶是体积排阻色谱法中的核心材料。研究者需根据目标分子的特性、所需的分离分辨率以及实验条件选择最适合的凝胶材料，从而显著提升分离效果。按照不同分类方法，凝胶可分为以下几种（图8-2）。

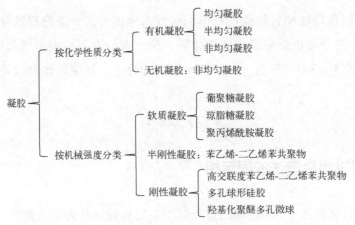

图 8-2　凝胶的分类

8.2.3　体积排阻色谱法的流动相

在体积排阻色谱法中,分离效果主要取决于样品分子的大小,而非样品与流动相之间的相互作用。因此,流动相的组成变化通常不会对分离效果产生显著影响。然而,为了优化整个分析过程,流动相的选择仍然至关重要。例如,为了提高示差折光检测器的灵敏度,应选择与样品折射率差异较大的流动相;而当使用紫外检测器时,应选择在检测波长下无紫外吸收的溶剂为流动相,以避免背景干扰,确保目标化合物的准确检测。

在选择体积排阻色谱法的流动相时,应遵循以下原则:①流动相应具备良好的样品溶解性,低黏度,并与检测器兼容;②流动相需与固定相匹配,能充分浸润凝胶,例如,对于非极性的苯乙烯-二乙烯苯聚合物固定相,应选择非极性流动相,而对于极性较强的多孔硅胶固定相,则应选用极性流动相;③采用高温增加样品溶解度时,应选用高沸点的溶剂;④为减少排阻效应,流动相中应维持一定的离子强度,并选用与固定相作用力强于样品的溶剂。

(1)凝胶渗透色谱法　在高聚物分子量测定中,凝胶渗透色谱法尤为重要。四氢呋喃因其良好的溶解性和能使小孔径聚苯乙烯凝胶膨胀的特性,常作为凝胶渗透色谱法的流动相。但需注意,四氢呋喃在储存和运输过程中,尤其在光照条件下,易生成过氧化物。因此,在使用前必须除去过氧化物。二甲基甲酰胺、邻二氯苯、间甲酚等溶剂适用于高温操作条件,而强极性的溶剂,如六氟异丙醇和三氟乙醇,则适用于粒径小于 10 μm 的凝胶柱。

(2)凝胶过滤色谱法　在凝胶过滤色谱法中,流动相通常采用不同 pH 值的缓冲溶液。当使用亲水性有机凝胶(如葡聚糖凝胶、琼脂糖凝胶、聚丙烯酰胺凝胶)、硅胶或改性凝胶为固定相时,这些材料与样品分子之间可能会发生多种相互作用,进而影响测定结果。为了控制这些非特异性相互作用,可在流动相中添加少量无机盐以维持一定的离子强度(通常为 0.1~0.5 mol/L),如硫酸钠、硫酸钾或磷酸盐,这些盐类对于减少样品在固定相上的吸附特别有效。当使用硅胶基质凝胶时,需将流动相的 pH 值控制在 4~8 之间,防止硅胶表面的键合相受损。

8.2.4　体积排阻色谱法的操作与技巧

（1）色谱条件的优化　体积排阻色谱法的分离效率受多种因素影响，主要包括以下几点。①温度，提高操作温度能增大柱效，改善分离效果，减小流动相的黏度，并提升某些聚合物（如聚烯烃和聚酰胺）的溶解度；②流速，不同分子量的样品存在一个最佳流速，随着样品分子量的增大，这个最佳流速会逐渐降低；③进样体积，通常进样体积建议为色谱柱体积的 1%，以确保样品的充分分离；④样品负载量，蛋白质的制备纯化，样品负载量通常控制在 10～20 mg/mL 范围内；⑤流动相，流动相的 pH 值、离子浓度和离子类型对体积排阻色谱分离有显著影响。聚合物基质可能带有负电荷，与带负电的物质发生静电作用，可通过增大流动相的离子浓度来抑制这种作用。硅胶基质中的硅醇基在特定 pH 条件下可解离，导致与碱性物质的相互作用增强，从而影响保留时间。通过调节流动相的 pH 值，可控制这种相互作用。

日常使用中，某些样品会与色谱柱填料发生离子型吸附或疏水性吸附，导致色谱峰展宽、拖尾或分离度不佳。对于易吸附的样品，可通过在流动相中添加高浓度的盐（如 $NaCl$、Na_2SO_4、$NaClO_4$ 等）减少样品与色谱柱填料之间的离子型吸附，从而改善峰形。此外，向流动相中添加适量的有机溶剂（如乙腈、异丙醇等），可降低蛋白质与基质之间的疏水性吸附，进一步优化色谱峰峰形。

上述策略有助于解决色谱分析中常见的峰展宽、拖尾和分离度不足等问题，确保获得高质量的色谱分离结果。

（2）操作技巧　当启用一根新的体积排阻色谱柱时，有时会出现第一次进样的峰值响应很低，随着不断进样，响应逐渐提高直至稳定的现象，这是在生物大分子色谱分析中常见的情况。其原因是色谱柱的筛板、柱管和填料存在一定的活性位点，这些活性位点会吸附某些特定性质的生物大分子。例如，在单抗聚体分析中，开始时可能出现聚体峰面积逐步增大的现象，一旦所有未知活性位点被蛋白质完全屏蔽，样品中所有组分的峰面积将趋于稳定。因此，在启用一根全新的色谱柱时，建议先注射足量的抗体或蛋白质样品屏蔽活性位点，然后再进行正常的样品分析，这样可获得稳定且可重复的分析结果。这一过程被称为色谱柱的"钝化"。

体积排阻色谱柱相对较为"脆弱"，在使用过程中若操作不当可能导致柱床塌陷，从而无法继续使用。这是由于体积排阻色谱法的分离机制是基于不同体积大小的组分在填料孔道内的路径差异。因此，固定相填料需要具备较大的孔容积，以确保良好的分离效果。孔容积越大，有效的分离窗口就越宽，分离效果也就越好。然而，填料的孔容积越大，其机械强度就越低。因此，体积排阻色谱柱的耐压性能通常不如常规的 C_{18} 反相色谱柱。因此，使用体积排阻色谱柱时，应注意合理设置流速，建议逐步缓慢提升至实验所需的流速，以降低色谱柱因升压过快而导致柱床塌陷的风险。

8.2.5　体积排阻色谱法的应用案例

寡糖具有调节肠道菌群、增强免疫力等功效。在啤酒酿造过程中，酵母能够几乎完全利用麦芽糖和单糖，但只能部分利用麦芽三糖，而对于麦芽四糖及以上的寡糖则无法利用。因此，这些高聚合度的寡糖成为啤酒酒体的重要组成部分，并影响啤酒的口感和风味。然而，高聚合度的寡糖由于结构的复杂性和标准物质的缺乏，分离和检测都相对困难，目前对于啤酒中糖的检测多集中在麦芽三糖及以下糖，麦芽四糖及以上糖通常作为一个整体进行定量。本案例采用银离子型体积排阻色谱法，以纯水作为流动相，结合示差折光检测器，成功分离并定量检测了啤酒中 11 种不同聚合度的麦芽寡糖。通过精确检测啤酒中的寡糖含量，能更好地了解啤酒的生产工艺以及酵母对糖的利用程度，从而优化生产流程和产品质量。

（1）仪器与实验材料　高效液相色谱系统；示差折光检测器；银离子型体积排阻色谱柱；麦芽糖（≥99%）；麦芽三糖（≥96%）；麦芽四糖（≥98%）；麦芽五糖（≥98%）；麦芽六糖（≥98%）、麦芽七糖（≥98%）；麦芽八糖（≥98%）。

（2）实验方法

① 溶液配制。用电子天平准确称取寡糖，用超纯水溶解定容得到相应的单一标准液，再将各寡糖单一标准液混合均匀制成混合标准液，冷冻保存备用。

② 色谱条件。流动相为超纯水，煮沸冷却后，超声波脱气 5 min，流速 0.3 mL/min，柱温 80℃，检测器温度 45℃。

③ 样品处理。选取市售不同品类的啤酒，进行相关寡糖的检测。啤酒样品振荡除气，用 0.22 μm 针筒式水性滤膜过滤后，直接进样。

（3）结果与分析

① 寡糖标准溶液与啤酒样品分离谱图。随着寡糖聚合度的增加，其在色谱分析中的分离挑战也随之增大。如图 8-3 所示，尽管未能实现完全的基线分离，但此方法仍然能够进行定量分析。对于啤酒样本而言，麦芽十一糖及以上糖作为整体最先流出，然后按照分子量由大到小的顺序依次被洗脱。

② 方法重复性。通过对同一啤酒样品连续进样 6 次，计算各组分的峰面积均值、标准偏差和相对标准偏差，结果显示相对标准偏差均小于 6%，表明该方法具有良好的重复性。

③ 加标回收率。在啤酒样品中添加不同浓度梯度的寡糖标准溶液，检测寡糖含量并计算加标回收率，结果在 85%～110% 之间，满足准确定量的要求。

④ 寡糖含量。研究发现，不同种类啤酒中近一半的麦芽寡糖是聚合度为 11 及以上的寡糖。麦芽二糖、麦芽五糖、麦芽六糖含量较少，通常低于 1 g/L。麦芽四糖、麦芽七糖至麦芽十糖的含量大致相同，为 1～2 g/L。值得注意的是，不同种类的啤酒之间，麦芽三糖的含量差异较大，反映了酵母对这种特定寡糖的不同利用率。

体积排阻色谱法在啤酒寡糖的测定中显示出高效、准确、重现性好的特点，为啤酒生产过程的监控提供了有效的数据支持。该方法不仅可准确定量麦芽糖至麦芽八糖，还能通过相对定量的方式评估更高聚合度的寡糖，有助于啤酒企业优化生产工艺和提升产品质量。

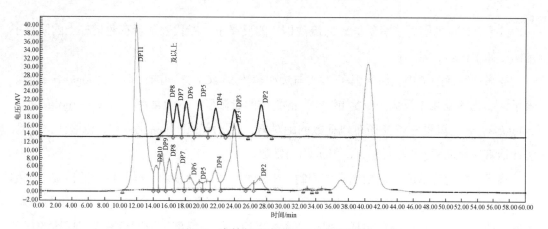

图 8-3　寡糖标准溶液与啤酒分离谱图

麦芽糖 DP2，麦芽三糖 DP3，麦芽四糖 DP4，麦芽五糖 DP5，麦芽六糖 DP6，麦芽七糖 DP7，麦芽八糖 DP8，麦芽九糖
DP9，麦芽十糖 DP10，麦芽十一糖 DP11

8.3　离子交换色谱法

离子交换色谱法（ion exchange chromatography，IEC）是使用最早的色谱技术之一，但其仪器化发展始于 20 世纪 50 年代，氨基酸分析仪的问世标志着这一技术的初步应用。20 世纪 60 年代，全多孔键合离子交换剂的出现促进了现代高效离子交换色谱法的形成与发展。该方法通过利用固定相上的离子交换基团与流动相中的离子型分子之间的电荷相互作用以实现样品中各组分的高效分离。随着色谱介质的不断优化和色谱技术的创新，离子交换色谱法在蛋白质、核酸、药物及其代谢产物的纯化与分析中发挥着越来越重要的作用，成为生物化学和医药研究中不可或缺的分离分析手段。

8.3.1　离子交换色谱法的基本原理

离子交换色谱法通过样品中的离子化或可离子化的基团与色谱柱固定相表面的相互作用不同而实现分离。具体而言，阳离子交换柱利用带负电的磺酸基（—SO_3^-）或羧基（—COO^-）来捕获质子化的碱（如 BH^+），而阴离子交换柱则依靠季铵基[—$N(CH_3)_3^+$]或氨基（—NH_3^+）来保留离子化的酸（如 A^-）。在此过程中，样品的保留程度取决于样品离子与流动相中的反离子在固定相上竞争带相反电荷基团的能力。保留原理可用以下关系式表示。

视频8-2
离子交换色谱法
的基本原理

对于阳离子交换模式：

$$X^{+m} + m(R^-Y^+) \longleftrightarrow X^{+m}R_m^- + mY^+ \tag{8-3}$$

式中，X^{+m} 代表阳离子溶质；Y^+ 为流动相中的反离子；R^- 代表附着在色谱柱上的阴离子基团（如磺酸基、羧基）。

对于阴离子交换模式：

$$X^{-m} + m(R^+Y^-) \longleftrightarrow X^{-m}R_m^+ + mY^- \tag{8-4}$$

式中，X^{-m} 为阴离子溶质；Y^- 为流动相中的反离子；R^+ 代表附着在色谱柱上的阳离子基团（如季铵基、氨基）。

在离子交换色谱中，保留因子（k）与缓冲盐浓度（C）之间的关系可由 $\log k = a - m\log C$ 表示，C 为流动相中反离子（Y^+ 或 Y^-）的物质的量浓度，a 为常数（当 $C=1\ mol/L$ 时，$a = \log k$），m 为溶质分子 X 所带电荷数的绝对值。对于给定的样品化合物、色谱柱、盐类、缓冲溶液、流动相 pH 和柱温，a 和 m 均为常数。

离子交换色谱法的流动相通常由控制 pH 的水、缓冲液和调节样品保留的盐类（或称反离子）组成。由于溶质在离子交换色谱柱上的保留通常是离子交换和反离子竞争的结果，因此，改变反离子浓度是控制样品保留的主要手段，增加反离子浓度会减少已保留的离子化溶质的保留时间。不同的流动相反离子在固定相的保留强度有所不同，因此，改变反离子可以增加或减少溶剂的强度及样品的保留值。通常，反离子所带的电荷数越高，减少样品保留的效果越明显。不同离子的结合强度、抑制样品保留和提供 k 值的能力按以下顺序排列。

阴离子交换：F^-（使溶质的 k 值较大）$< OH^- < CH_3COO^- < Cl^- < SCN^- < Br^- < NO_3^- < I^- < C_2O_4^{2-}$（草酸根）$< SO_3^{2-} < C_4H_4O_6^{3-}$（柠檬酸根）（使溶质的 k 值较小）。

阳离子交换：Li^+（使溶质的 k 值较大）$< H^+ < Na^+ < NH_4^+ < K^+ < Rb^+ < Cs^+ < Ag^+ < Mg^{2+} < Zn^{2+} < Co^{2+} < Cu^{2+} < Cd^{2+} < Ni^{2+} < Ca^{2+} < Pb^{2+} < Ba^{2+}$（使溶质的 k 值较小）。

不同品牌和型号的离子交换剂（或树脂）可能会导致上述保留顺序有所不同。

8.3.2　离子交换色谱法的固定相

根据使用的离子交换剂的不同，离子交换色谱法可分为强阴离子、强阳离子、弱阴离子和弱阳离子交换色谱法四种模式。固定相通常是在有机高聚物或硅胶基质上接枝离子交换基团制备而成，这些基团决定了离子交换剂的性质和功能。具体而言，含磺酸基团（$—SO_3^-$）的是强阳离子交换剂；携带羧酸基团（$—COOH$）的是弱阳离子交换剂；而具备季铵基（$—R_4N^+$）的则是强阴离子交换剂；含伯、仲、叔氨基的则为弱阴离子交换剂。阴离子交换基团中使用较多的是季铵、二乙氨基乙基和聚乙基亚胺，阳离子交换基团中使用较多的是磺丙基和羧基。

不同基质的离子交换固定相有以下特点。

（1）硅胶基质离子交换固定相　此类固定相具有高强度、耐高压以及无树脂固有的溶胀和收缩现象等优点。此外，硅胶基质的粒度小、均匀性好、表面传质速度快，因此柱效比离子交换树脂柱更高。离子交换键合相柱的操作相对简单，通常在室温下即可获得良好的分离效果。

（2）有机高分子类离子交换固定相　此类固定相常用纤维素、葡聚糖、琼脂糖的衍生物等，具有全 pH 值范围适用（pH 1～14）、可选择缓冲液流动相体系种类多、使用寿命长、色谱柱易于再生、固定相容量高、非特异性吸附少等特点，有利于保持样品的生物活性。尽管它们机械强度较低，只能在低流速下使用，但在离子交换色谱固定相中仍然占据主要地位。

（3）聚合物基质的离子交换固定相　此类固定相常通过聚乙烯和二乙烯苯交联共聚生

成不溶性聚合物基质，然后通过磺化处理制成强酸性阳离子交换剂，或者通过季铵盐化制成带有烷基官能团的强碱性阴离子交换剂。常用的聚合物基质包括聚苯乙烯-二乙烯苯(PS-DVB)、羟基化聚醚凝胶、交联聚甲基丙烯酸羟基乙酯等。此类固定相在经典 LC 中应用广泛，但由于其微孔扩散速度较慢，传质阻力较大，柱效较低，因此在高效液相离子交换色谱法中的使用已较为少见。

（4）两性离子交换剂 这是一类特殊的离子交换剂，其基质中同时含有阳离子和阴离子交换基团。这类离子交换剂与电解质接触时可形成内盐，水洗很容易使其再生。偶极子型离子交换剂作为两性离子交换剂的一种特殊形式，由氨基酸键合到葡聚糖或琼脂糖上制得。它能在水溶液中形成偶极子，特别适合分离能与偶极子发生相互作用的生物大分子。

8.3.3 离子交换色谱法的流动相

离子交换色谱法的流动相常以水溶液为主，这是鉴于水作为溶剂的优越性和其促使离子化的能力。在某些情况下，为了优化特定组分的溶解性及分离效果，会向流动相中添加少量有机溶剂（如乙醇、四氢呋喃、乙腈等）作为改性剂，可显著提升对于可电离有机物的分离效能，并有助于减轻峰拖尾现象。在采用水溶液作为流动相的离子交换色谱分离过程中，组分的保留特性及分离效率主要依赖于流动相的 pH 值与离子强度。

（1）流动相 pH 的调控 pH 对离子交换过程的影响显著，因为它能改变离子交换树脂上 H^+ 或 OH^- 的解离数量。对于阳离子交换剂，pH 的降低会抑制交换剂的离子化程度，从而降低交换容量，使组分保留减弱；反之，阴离子交换树脂则表现相反趋势。然而，在特定 pH 范围内，交换容量保持相对稳定。例如，强酸型阳离子交换剂在 pH>2 时实现完全离子化，而强碱型阴离子交换剂则在 pH<10 时有效；弱酸型与弱碱型离子交换剂分别在 pH>8 和 pH<6 时展现稳定且实用的交换能力（图 8-4）。

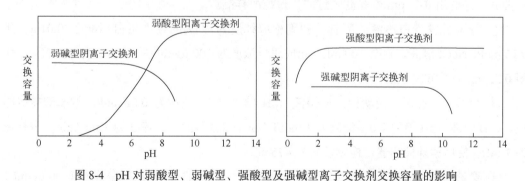

图 8-4 pH 对弱酸型、弱碱型、强酸型及强碱型离子交换剂交换容量的影响

调整 pH 还会影响弱酸或弱碱组分的电离状态，进而影响其保留时间。在阴离子色谱中，pH 升高通常导致保留值增加，在阳离子色谱中则相反。此外，流动相 pH 值的变化还能影响色谱分离的选择性，不过这种影响较难预测。

为了控制流动相的 pH 值，常采用缓冲溶液体系。当使用阳离子交换剂时，缓冲溶液包括磷酸盐、甲酸盐、乙酸盐或柠檬酸盐；而阴离子交换剂则倾向于使用氨水或吡啶等碱性缓冲溶液。这样的策略有助于维持流动相 pH 的稳定，从而优化分离效果。

（2）流动相的离子强度　在离子交换色谱技术中，溶剂的洗脱能力主要取决于流动相中盐的总浓度，即离子强度。当增大流动相中的盐浓度时，样品离子与外加盐离子的竞争减弱，在离子交换位点上的反电荷占据能力下降，进而导致组分的保留时间缩短。鉴于各类盐离子与离子交换材料的相互作用各异，流动相中盐离子的种类对样品离子的保留特性具有显著影响。举例来说，柠檬酸根离子与离子交换树脂的结合牢固，相比之下，氟离子则结合较弱，因此，柠檬酸根离子作为洗脱剂时，样品组分的洗脱速度会明显快于氟离子。此外，不同品牌或型号的离子交换树脂在保留顺序上也可能存在差异。在实际操作中，为了调节流动相的离子强度，常选用 $NaNO_3$ 等盐类。由于卤化物具有腐蚀性，可能损害不锈钢柱体及流路系统，通常避免使用。

8.3.4　离子交换色谱法的应用案例

乳铁蛋白是一种存在于哺乳动物乳汁中的重要铁结合性糖蛋白，具有多种生物学功能，如促进铁吸收、抗癌、抗病毒、抗氧化和调节机体免疫反应等。在牛初乳中，乳铁蛋白的含量尤为丰富，具有重要的营养价值和应用前景。为了准确测定牛初乳中乳铁蛋白的含量，采用离子交换色谱法，建立了一种便捷、准确且可靠的分析方法。

（1）仪器与实验材料　高效液相色谱仪；琼脂糖凝胶离子交换剂；牛初乳；乳铁蛋白标准品（纯度 95%）；盐酸、磷酸二氢钠、磷酸氢二钠、NaCl（分析纯）。

（2）实验方法

① 样品预处理。将牛初乳装入 100 mL 离心管中，以 10000 r/min、4℃离心 30 min，除去上层脂肪。加入 1 mol/L 稀盐酸，调节牛初乳溶液 pH 至 4.6，水浴加热至 40℃保温 30 min。再次以 10000 r/min、4℃离心 30 min，保留上层乳清蛋白溶液。对乳清蛋白溶液进行抽滤，并使用 0.45 μm 微孔滤膜过滤，得纯净样品。

② 标准乳铁蛋白溶液的配制。精确称取纯度为 95% 的乳铁蛋白标准品 0.01 g，用 0.15 mol/L NaCl 溶液定容至 100 mL，配成质量浓度为 100 μg/mL 的标准乳铁蛋白溶液。使用 0.22 μm 微孔滤膜过滤后备用。

③ 色谱条件设置。流动相：A 溶液（pH 值为 7.0，浓度为 0.02 mol/L 的磷酸盐缓冲液）；B 溶液（pH 值为 7.0，浓度为 1 mol/L NaCl 混合溶液）。流速为 1 mL/min，进样量为 1 mL。使用紫外检测器，检测波长为 475 nm。

④ 穿透曲线和标准曲线的绘制。精确量取上述配制的标准乳铁蛋白溶液（100 μg/mL）10 mL，进样后观察紫外检测器的变化，绘制穿透曲线。取 9 支试管，分别加入 0、1.0、2.0、3.0、4.0、5.0、6.0、7.0、8.0 mL 的乳铁蛋白标准品溶液（质量浓度为 100 μg/mL），用 0.15 mol/L NaCl 溶液补足到 10 mL，混合均匀。在 30 min 内以空白对照进行紫外吸收测定，绘制标准曲线，得回归方程。

⑤ 样品测定。按照上述色谱条件对预处理后的牛初乳样品进行测定，记录乳铁蛋白的

紫外吸收峰面积。

（3）结果与分析

① 穿透曲线的绘制（图 8-5）。实验显示，在流速为 1 mL/min 的情况下，上样体积达到 1 mL 时达到穿透点，2 mL 左右时离子交换色谱吸附基本达到饱和。这表明进样 2 mL 左右可使预装柱充分吸附，继续进样不仅对吸附量增加效果不大，还会造成目标产物的损失，因此确定最大上样量为 100 μg/mL。

② 精密度试验。精确吸取 100 μg/mL 的乳铁蛋白标准品溶液 6 份，各 5 mL，加入 0.15 mol/L NaCl 补足到 10 mL，测定峰面积，计算 RSD 为 1.04%。

③ 重复性试验。精确吸取样品溶液 6 份，各 5 mL，加入 0.15 mol/L NaCl 溶液补足到 10 mL，测定峰面积，计算 RSD 为 1.3%。

④ 稳定性试验。精确吸取 100 μg/mL 的乳铁蛋白标准溶液 6 份，各 5 mL，加入 0.15 mol/L NaCl 溶液补足到 10 mL，分别在 0.5、1、1.5、2、2.5、3、3.5、4 h 按照色谱条件测定峰面积，计算 RSD 为 1.03%。

⑤ 加样回收试验。精确吸取样品溶液 6 份，各 5 mL，精确吸取 100 μg/mL 的乳铁蛋白标准品溶液 6 份，各 5 mL，加入 0.15 mol/L NaCl 溶液补足到 20 mL，测定峰面积，计算平均加样回收率为 96.56%。

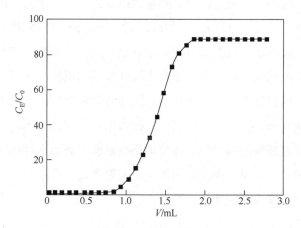

图 8-5　琼脂糖凝胶离子交换剂穿透曲线

注：穿透曲线的纵坐标 C_E/C_0% 表示流液中乳铁蛋白浓度占初始浓度的百分比，比值上升代表色谱柱的吸附饱和程度增高

综上所述，离子交换色谱法在测定牛初乳中乳铁蛋白的质量浓度方面表现出良好的准确性和重现性，是一种高效可靠的检测方法。

8.4　疏水作用色谱法

疏水作用色谱法（hydrophobic interaction chromatography，HIC）是利用蛋白质表面的

疏水区域与色谱柱固定相上疏水配体之间相互作用力的差异来分离蛋白质混合物的色谱技术。与离子交换色谱法和亲和色谱法相比，疏水作用色谱法的蛋白质-固定相之间的相互作用较弱，这有助于在分离过程中保持蛋白质的活性，降低其失活的可能性。自 1972 年首次成功用于糖原磷酸化酶的分离纯化以来，疏水作用色谱技术迅速获得了广泛的认可和应用。近年来，随着研究的不断深入，疏水作用色谱法在探索蛋白质折叠机制和解析蛋白质结构等领域也展现出了重要的应用价值。

8.4.1　疏水作用色谱法的基本原理

视频8-3
疏水作用色谱法
的基本原理

蛋白质表面主要由亲水性基团构成，但也包含一些由疏水性较强的氨基酸（如亮氨酸、缬氨酸和苯丙氨酸等）组成的区域。不同种类的蛋白质表面疏水性区域的数量和强度各不相同。对于同一种蛋白质，在不同的介质中，其疏水性区域的伸缩程度也有所不同，导致疏水性基团的暴露程度存在差异。疏水作用色谱法正是通过样品中各组分与色谱柱填料上疏水基团相互作用力的差异实现分离。

在不含盐的水溶液中，蛋白质等大分子电解质由于带有相同电荷而产生静电排斥作用，其溶解度较低。向溶液中添加盐时，静电排斥作用会被削弱，从而提高蛋白质的溶解度，这就是所谓的"盐溶"现象。然而，随着盐浓度的进一步增大，原本与蛋白质结合并维持其溶解状态的水分子会被盐夺走，导致蛋白质表面的疏水区域暴露出来，引发彼此之间的疏水相互作用，最终导致蛋白质沉淀，这就是"盐析"现象。在疏水作用色谱法中，通过使用高浓度盐的流动相，可在引入了疏水性官能团的填料与分析样品之间产生疏水相互作用，使样品组分结合到填料上。之后，通过逐渐降低盐浓度，疏水相互作用减弱，样品组分从填料中被洗脱出来。由于不同组分的疏水相互作用程度不同，因此可以在不同的盐浓度下实现分离。氨基酸的组成和立体结构是决定蛋白质疏水性的重要因素，同时，疏水相互作用与分子尺寸之间也存在一定的关联。一般来说，分子量较大的蛋白质，其疏水相互作用往往更强，表现为洗脱速度较慢。

8.4.2　疏水作用色谱法的填料

疏水作用色谱法的填料通常由惰性基质和共价连接在基质上的配基组成。

（1）基质　许多材料都可用于制备疏水作用色谱法的基质，但为了满足蛋白质分离的要求，基质的孔径必须大于 30 nm。根据基质对压力的耐受情况，疏水作用色谱法的基质可以分为软基质、硬基质、半硬基质及复合基质。

① 软基质。软基质主要是多糖类微球，如琼脂糖、葡聚糖、纤维素、壳聚糖等，或者是相应的交联微球，其中以琼脂糖最为常见。琼脂糖作为一种早期应用于疏水作用色谱法的基质，至今仍被广泛使用。其优点在于亲水性强，表面羟基密度大，可以制备具有较高配基取代程度和结合容量的疏水作用色谱介质。此外，其大孔结构能够容纳体积较大的分子，适用于大分子蛋白质及疫苗的纯化。琼脂糖在 pH1～12 范围内具有良好的稳定性，经

过化学交联处理后可承受高达 0.4 Mpa 的压力，非特异性吸附较低，并且能够在 1 mol/L 的氢氧化钠溶液中经受多次长时间的清洗而不破坏其结构。

② 硬基质。硬基质主要是大孔径硅胶。硅胶基质的表面羟基密度较低，因此制备的介质结合容量较小。然而，这类介质具有良好的机械稳定性，能够承受高达 60 MPa 的压力，常用于高效液相色谱。此外，硅胶介质具有较高的分离度，但其 pH 使用范围较窄，通常为 2～8，适用于蛋白质样品的分析和少量样品的制备。

③ 半硬基质。介于多糖微球和大孔硅胶之间的基质是高分子聚合物微球，如聚甲基丙烯酸酯类，属于半硬基质。这类基质具有较好的机械稳定性和化学稳定性，能承受的压力介于硅胶和多糖之间，可达 20 MPa。然而，这类疏水作用色谱介质在实际生产中的应用较少。

④ 复合基质。为了结合软基质和硬基质的优点，研究人员开发了一种在硅胶表面包裹一层高分子亲水材料的方法，形成复合基质。在这种基质上再键合不同的配基，制备成疏水作用色谱介质。

通过上述不同类型基质的应用，可以针对不同的分离需求选择最适合的材料，从而实现高效的蛋白质分离与纯化。

（2）配基　疏水色谱填料配基的一个重要特征是具有弱疏水性，能够温和地与蛋白质相互作用，从而保证蛋白质的生物活性不受损害。疏水色谱填料的配基密度通常较低，碳链长度一般在 C_4～C_8 之间。常用的疏水色谱填料配基包括烷基和苯基。图 8-6 展示了几种典型的疏水配基与基质连接的实例。

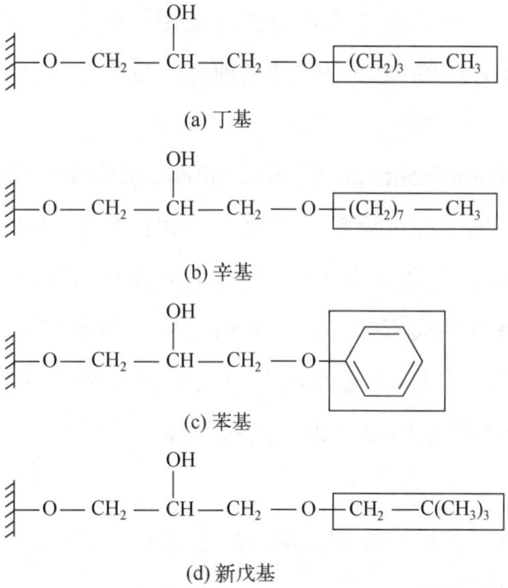

图 8-6　常见疏水作用色谱填料的配基

8.4.3　疏水作用色谱法的流动相

在疏水作用色谱法中，流动相的选择对分离的选择性影响不大。通常建议使用的流动相是浓度在 20～100 mmol/L 的磷酸盐缓冲液或 Tris-HCl 缓冲液，这些缓冲液在中性 pH 值附近具有较好的缓冲能力。流动相中常添加 1～2 mol/L 的硫酸铵，这是因为硫酸铵成本效益高且水溶性良好，即使在低温条件下也能保持溶解度。尽管有时为了改变选择性，也会使用硫酸钠或氯化钠，但需注意硫酸钠在低温时溶解度会显著降低，可能导致盐析现象。

在实验中，初始的盐浓度应设定在一个不会导致样品沉淀的水平。通常的做法是预先准备一系列不同浓度的硫酸铵溶液（1～2 mol/L），通过十二烷基硫酸钠-聚丙烯酰胺凝胶电泳（SDS-PAGE）等技术对上清液和沉淀物进行分析，以确定样品不发生沉淀的最高硫酸铵浓度，并以此浓度作为流动相的起始盐浓度。在条件允许的情况下，应优先选择高盐浓度的流动相，这样可采用过滤和离心等方法预先去除可能沉淀的杂质。

对于疏水性强的样品，仅降低盐浓度可能无法实现有效洗脱，甚至会导致色谱峰展宽。这种情况下，可考虑在低盐浓度的流动相中加入少量的水溶性有机溶剂，如异丙醇。由于疏水作用色谱法中通常使用较高浓度的盐溶液，因此添加有机溶剂时要防止盐的析出。此外，添加有机溶剂可能会导致色谱柱压力增大，因此需要监控压力变化，并根据实际情况调整流速。

8.4.4 疏水作用色谱法的应用案例

疏水作用色谱法很少使用昂贵的溶剂作为流动相，因而具有较高的成本效益。此外，这种方法采用的色谱条件温和，不会导致生物大分子失活，并且具有较高的回收率。在操作过程中，可以直接使用高盐浓度的样品进行上样，无须额外处理。疏水作用色谱法使用的介质具有良好的稳定性，并且盐水体系作为流动相不会造成环境污染。因此，疏水作用色谱法被广泛用于蛋白质等生物大分子的分离纯化，成为生物大分子分离纯化技术中的一个重要手段。

重组人血白蛋白（recombinant human serum albumin，rHSA）作为重要的生物医疗制品，其生产过程中需要确保产品的高纯度和高收率，因为即使是微量的有害杂质也可能带来严重的安全隐患。传统的人血白蛋白（HSA）主要从人血浆或胎盘血中提取，但由于血浆可能被肝炎病毒、艾滋病病毒等病原体污染，原料供应日益紧张且成本上升，因此，没有病毒污染、原材料无动物组分、供应不受限制且可大规模生产的 rHSA 成为 HSA 的理想替代品。本案例展示了如何利用疏水作用色谱法从毕赤酵母表达系统中纯化 rHSA，并去除其降解片段。

（1）仪器与实验材料 全自动色谱系统（用于色谱分离）；电泳仪（用于电泳分析）；苯基琼脂糖凝胶；rHSA 中间体。

（2）实验方法

① rHSA 中间体的制备。毕赤酵母发酵结束后，收集发酵液并通过离心分离得到上清液。上清液经加热灭活蛋白酶，再通过超滤处理去除杂质，得到滤液，进一步通过阳离子色谱分离及脱糖处理，制备 rHSA 中间体。

② 疏水作用色谱分离。使用苯基琼脂糖凝胶装填色谱柱，柱高 20 cm，柱体积 1.57 L。用 2 倍柱体积的 pH 6.0 的缓冲液（50 mmol/L 磷酸盐 + 0.1 mol/L NaCl）平衡色谱柱。将 rHSA 中间体样品（含 rHSA 30 g）上样，设定纯化水流速为 157 mL/min，样品流速为 50 mL/min，收集流穿峰，并继续通入纯化水和再生液（1mol/L NaOH+30%异丙醇）进行色谱柱的再生和洗涤。

③ 样品分析。使用 SDS-PAGE 还原电泳分析去除降解物的效果。使用考马斯亮蓝法测定蛋白质回收率。

（3）结果与分析

① 降解物去除效果。实验结果表明，采用 pH 6.0 的缓冲液（50 mmol/L 磷酸盐 + 0.1 mol/L NaCl）进行疏水作用色谱分离时，rHSA 的降解物去除效果显著。SDS-PAGE 电泳结果表明，经过优化后的工艺条件，降解物含量明显降低，rHSA 的纯度显著提高。

② 蛋白质回收率。通过考马斯亮蓝法测定，使用优化后的缓冲液和工艺条件，rHSA 的蛋白质回收率稳定在 72%以上，较之前工艺有显著提升。这表明疏水作用色谱分离在保持高效去除降解物的同时，也确保了较高的蛋白质回收率。

本案例基于蛋白质降解物与 rHSA 表面疏水性的差异，选择使用疏水作用色谱作为中间纯化步骤来去除降解物，并通过优化苯基琼脂糖凝胶疏水作用色谱的工艺控制条件，成功实现了 rHSA 的高效分离纯化。实验结果表明，在缓冲液为 50 mmol/L 磷酸盐 + 0.1 mol/L NaCl，pH 值为 6.0 的条件下，去除降解物的效果和蛋白质回收率均达到了最佳水平。该案例为疏水作用色谱法在生物制品分离纯化中的应用提供了新思路，并为 rHSA 的工业化生产提供了技术支撑。

8.5 亲和色谱法

亲和色谱法（affinity chromatography，AC）是一种利用生物大分子之间特有的专一性亲和力来进行分离、分析和纯化的液相色谱技术，例如酶与底物、酶与辅酶以及抗体与抗原之间的相互作用。这一概念最初是由 Cuatrecasas 等提出。传统的亲和色谱通常是在柔软的载体基质上进行，因此并不属于高效液相色谱的范畴。然而，在 1978 年，Ohlson 等首次使用了硅胶作为亲和色谱的硬基质，从而发展出了高效亲和色谱（high performance affinity chromatography，HPAC）。高效亲和色谱结合了传统亲和色谱的专一性和 HPLC 的快速、稳定及易于检测的优点，适用于生物活性物质的分离纯化及分析测定。此外，它还为研究生物体内分子间的相互作用及其机制提供了有效工具，可用于测定平衡常数和确定蛋白质的活性位点。

8.5.1 亲和色谱法的基本原理

亲和色谱法是通过样品中各组分与固定在载体上的配基之间的亲和力差异来实现分

离的技术。在亲和色谱法中，样品中的目标物质会与配基形成亲和复合物，随后这些复合物会在适当条件下解离（图 8-7）。亲和色谱法的分离步骤包括吸附、杂质清洗、洗脱目标产物及色谱柱的再生。

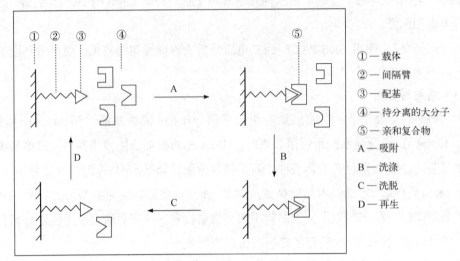

① — 载体
② — 间隔臂
③ — 配基
④ — 待分离的大分子
⑤ — 亲和复合物
A — 吸附
B — 洗涤
C — 洗脱
D — 再生

图 8-7　亲和色谱法分离原理图

　　具体操作时，将能与目标物质 X 发生亲和作用的配基 L 连接到合适的载体上，形成亲和色谱的固定相。在有利于 X-L 复合物形成的条件下，让含有 X 及其他成分的样品溶液通过色谱柱。此时，目标物质 X 会与固定相上的配基结合，而其他杂质由于没有亲和力则直接流出柱外。一些非专一性吸附的杂质可通过缓冲溶液清洗除去。接着，选择合适的流动相（洗脱剂）将与配基结合的目标物质 X 洗脱下来。如果 X 与配基的亲和力较弱，可在杂质被洗脱后继续使用平衡缓冲溶液作为流动相，从而获得纯化的 X，而对于亲和力较强的复合物，则可通过改变流动相的 pH 值、增加盐溶液的离子强度或添加有机溶剂来实现分离。

　　对于亲和力极强的物质，需要使用更强的流动相，如强酸或强碱溶液，或含有尿素或盐酸胍的溶剂。这些强效洗脱剂可能会破坏蛋白质的结构，导致其生物活性丧失。因此，在蛋白质纯化过程中，应在洗脱后立即进行中和、稀释或透析，以恢复蛋白质的天然构象和活性。对于紧密结合在固定相上的物质，可使用能与目标物质竞争配基的分子溶液，或高浓度配基溶液（可以是相同配基，也可以是不同配基）作为流动相来实现分离。

　　配基与待分离物质之间的亲和作用强度可通过亲和复合物的结合常数来衡量，这一常数不宜过低或过高。若结合常数过低，则表明亲和力不足，专一性较差；结合常数过高，则可能导致洗脱困难。结合在亲和色谱固定相上的生物分子的活力 (R) 与复合物的解离常数 (K) 及固定化配基的浓度 $([L])$ 相关，即 $R=[L]/K$。固定相上配基的浓度越高，亲和作用通常越强，但浓度过高可引起空间障碍或导致非专一性吸附。解离常数的大小通常取决于配基的选择。理想的配基应能在使用平衡溶液洗涤时完全除去非专一性吸附的杂质，而不使复合物解离，且在洗脱条件下，复合物应完全解离并迅速被流动相洗脱出柱。

8.5.2 亲和色谱法的固定相

亲和色谱法的固定相通常由载体、间隔臂和配基三部分组成。常用的载体材料包括硅胶、交联琼脂糖凝胶和聚丙烯酰胺凝胶。配基可根据其特性分为生物专一性配基和基团亲和配基两大类。抗原-抗体、酶-底物、酶-抑制物以及激素-受体等系统均属于生物专一性配基，其中的任何一方均可作为另一方的配基。对于小分子配基，由于其距载体表面过近，容易受到载体空间位阻的影响，从而降低亲和力，因此通常需要在配基与载体之间引入具有一定长度的间隔臂。

（1）载体 载体为配基提供了固定的支持结构，并且为亲和吸附提供了必要的空间环境。理想的载体应具备以下特性：①亲水性。载体材料通常含有多羟基等亲水性结构，以减少非特异性吸附的影响，确保分离过程的准确性。②可活化官能团。载体表面应具备可活化的官能团，便于后续与配基结合，形成稳定的固定相结构。③稳定性。载体性质稳定，表面惰性，不易被蛋白酶催化，且能耐受温度、pH 和缓冲溶液的变化，确保长期使用的可靠性。④多孔性。载体具备多孔结构，便于分子自由通过，同时具有较大的比表面积，有利于生物分子的吸附和分离。

（2）间隔臂 间隔臂的类型多样，包括烃类、链状聚胺类、肽类、链状聚醚类等。对于以小分子为配基分离大分子的亲和固定相来说，间隔臂的作用尤为重要，它能有效克服基质表面的位阻效应，使配基更容易与被分离物结合。间隔臂的选择与设计需考虑以下几点：①长度适中。间隔臂的长度应适中，通常为 $C_6 \sim C_8$，既能降低位阻效应，又能避免提供过多的疏水性位点，减少非特异性吸附。②活性官能团。间隔臂应具备活性官能团，以便与载体和配基发生结合，形成稳定的固定相结构。③亲水性。间隔臂应具有良好的亲水性基团，以降低载体表面的疏水性引起的非特异性吸附作用，提高分离效率。

（3）配基 配基决定了固定相对目标物质的特异性识别和吸附能力。配基可与载体直接偶联，也可通过间隔臂连接。常见的配基类型包括：①专用型配基。如染料配基、金属离子配基等，它们与目标分子之间存在特定的亲和作用。例如，三嗪活性染料可与酶活性蛋白质的活性位点结合，用于亲和色谱分离；金属离子，如 Cu^{2+}、Zn^{2+}、Ni^{2+} 等，通过螯合剂固定在基质或间隔臂上，利用金属离子与生物分子间的特异性亲和作用实现分离。②通用型配基。如包合物配基等，它们具有更广泛的适用性。包合物配基由主体与客体分子间特殊亲和作用力形成，如环糊精、杯芳烃等主体分子可与多种客体分子形成包合物，用于亲和分离。

8.5.3 亲和色谱法的流动相

亲和色谱法常用的流动相是具有不同 pH 值的缓冲溶液，这些缓冲体系由无机或有机弱酸、弱碱及其盐组成。缓冲溶液可维持流动相的 pH 值稳定，确保色谱分离过程在适宜的化学环境下进行，以此保持生物分子的活性。添加盐类可调节溶液离子强度，影响生物分子与配基之间的相互作用。有时也会加入一些表面活性剂，改善生物分子在流动相中的溶解度和稳定性。

通用型亲和配基与溶质之间的相互作用力通常较弱，大多数情况下，使用非选择性的流动相即可完成不同组分的分离。当生物分子与配基形成的配合物具有较低的稳定常数时，在等度条件下，采用洗脱能力较弱且具有不同 pH 值的缓冲溶液即可使配合物解离并实现洗脱。如果存在静电吸引力或疏水作用等非特异性相互作用，则可通过改变 pH 值、离子强度、流动相的极性或加入离液剂消除这些干扰。

专用型亲和配基与目标溶质之间的亲和作用较强，需要采用含有特定组分且具有强大洗脱能力的流动相进行洗脱。这时，通常在流动相中加入另一种游离配基，以替代固定相上的配基与目标化合物结合实现洗脱。此外，还可通过选择性断裂固定相基质与配基之间的化学键实现洗脱。由于洗脱后目标分子仍然与配基相连，需要采用适当方法（如改变 pH 值或加入变性剂等）将其游离出来。

8.5.4　亲和色谱法的应用案例

高效亲和色谱（high performance affinity chromatography, HPAC）结合了亲和色谱的特异性和 HPLC 的高效性，是一种用于分离生物大分子的先进技术。HPAC 通过将配基固定在凝胶柱上，利用生物分子与配基之间的特异性结合实现分离。其特点在于分析时间短、效率高且操作简便，目前广泛应用于生物大分子的分离与纯化。

牛初乳加钙咀嚼片是一种富含免疫球蛋白 IgG 的保健食品，旨在增强儿童免疫力。为确保产品质量，需要准确测定其中的 IgG 含量。传统的检测方法如浊度法、免疫扩散法等存在效率低下、操作复杂的问题。因此，采用 HPAC 法测定 IgG 含量，可获得更高效、准确的结果。

（1）仪器与实验材料　高效液相色谱仪；紫外检测器；IgG 免疫球蛋白亲和色谱柱；免疫球蛋白 IgG 对照品；牛初乳加钙咀嚼片。

（2）实验方法

① 色谱条件。流动相 A 为 pH 6.5 的 0.05 mol/L 磷酸缓冲液，流动相 B 为 pH 2.5 的 0.05 mol/L 甘氨酸盐酸缓冲液，流速 1.0 mL/min，柱温 40℃。

② 供试品溶液制备。取牛初乳加钙咀嚼片细粉约 0.2 g，精密称定，置 25 mL 量瓶中，用 0.05 mol/L 磷酸缓冲液稀释至刻度，摇匀，取上清液滤过。

③ 对照品溶液制备。取免疫球蛋白 IgG 对照品适量，精密称定，加甲醇制成每 1 mL 含 20 μg 的溶液。

④ 线性关系考察。精密吸取免疫球蛋白 IgG 对照品溶液不同体积分别置于量瓶中，用 0.05 mol/L 磷酸缓冲液定容，绘制标准曲线。

⑤ 样品测定。分别精密吸取对照品溶液与供试品溶液各 10 μL，注入高效液相色谱仪，按上述色谱条件，以外标法计算含量。图 8-8 为牛初乳加钙咀嚼片 HPAC 色谱图。

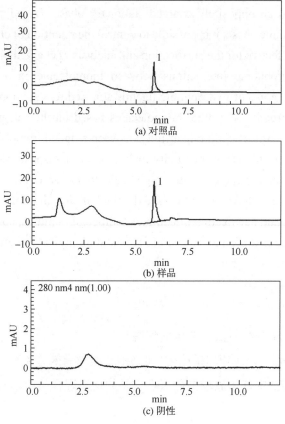

图 8-8　牛初乳加钙咀嚼片 HPAC 色谱图

1—免疫球蛋白 IgG

（3）结果与分析　实验结果显示，免疫球蛋白 IgG 在 0.1502～0.7512 mg/mL 的浓度范围内与峰面积呈良好线性关系，相关系数达到 0.9999。样品测定的平均回收率为 98.5%，相对标准偏差为 1.2%。三个批次的牛初乳加钙咀嚼片中免疫球蛋白 IgG 的平均含量分别为 25.69 mg/g、25.62 mg/g 和 25.85 mg/g。结果表明，该方法简单快速，重现性良好，可以作为牛初乳加钙咀嚼片的质量控制手段。此外，该方法还能有效排除样品中其他成分的干扰，确保测定结果的准确性。

【本章小结】

Summary　This chapter introduces various chromatographic techniques utilized for the separation and analysis of biomolecules such as proteins, nucleic acids, and polysaccharides. The focus is on size exclusion chromatography (SEC), ion exchange chromatography (IEC), hydrophobic interaction chromatography (HIC), and affinity chromatography (AC). These methods exploit the physical and chemical properties of biomolecules to achieve efficient separation. SEC utilizes the molecular size differences of samples to separate them through a process known as molecular sieving. Different types of porous materials, such as silica gel, cellulose derivatives, and agarose gels, act as stationary phases that enable the separation based on the exclusion or inclusion of molecules within their pores. IEC leverages the interaction between charged molecules and an oppositely charged stationary phase. By adjusting the pH and salt concentration of the mobile phase, it is possible to control the retention of charged species, making this technique highly effective for the purification and analysis of charged biomolecules. HIC takes advantage of the hydrophobic interactions between biomolecules and the stationary phase. Typically, it involves the use of hydrophobic ligands attached to a support matrix, which allows for the separation of proteins and other biomolecules based on their degree of hydrophobicity. Finally, AC relies on the specific binding affinity between a ligand immobilized on the stationary phase and its target molecule. This specificity makes AC an indispensable tool for the isolation and purification of biomolecules with high selectivity and efficiency. Overall, these chromatographic techniques have revolutionized the field of biotechnology by providing powerful tools for the separation and purification of complex biological mixtures, contributing significantly to drug development, disease diagnosis, and fundamental biological research.

 【复习题】

1. 生物大分子色谱分析方法主要包括哪些?

2. 体积排阻色谱法的基本原理是什么? 它为什么能够有效分离不同分子量的蛋白质?

3. 离子交换色谱法的基本原理是什么? 它是如何实现样品中不同组分的分离的?

 【讨论题】

1. 请描述不同种类生物大分子色谱法的优势和局限性, 以及针对某种特定生物大分子该如何选择合适的色谱方法。

2. 随着生物制药行业的快速发展, 对生物大分子的纯度和产量要求越来越高。色谱技术在满足这些需求中所面临的挑战, 以及未来发展趋势可能如何助力我们应对这些挑战?

团队协作项目

大分子色谱法在生物制药中的应用研究

【项目目标】 通过团队合作, 深入调研并总结大分子色谱技术在生物制药分离纯化中的应用现状, 分析其优势与局限性, 并探讨未来发展趋势。

【团队构成】 4 个小组, 每组 3～5 名学生。

【小组任务分配】

1. 体积排阻色谱法在生物制药分离纯化中的应用研究小组(任务内容: 查询并总结 SEC 在生物制药纯化中的应用案例, 如酶、疫苗等; 分析 SEC 的优势及其局限性, 探讨 SEC 技术未来可能的发展方向, 例如新型凝胶材料的研发和自动化在线检测系统)。

2. 离子交换色谱法在生物制药分离纯化中的应用研究小组(任务内容: 收集 IEC 在生物制药纯化中的应用实例, 包括单克隆抗体、重组蛋白等; 评估 IEC 的优势和挑战, 研究 IEC 技术的最新进展, 如智能缓冲液系统和多步梯度洗脱策略)。

3. 疏水作用色谱法在生物制药分离纯化中的应用研究小组(任务内容: 汇总 HIC 在

生物制药纯化中的使用情况，涵盖不同类型的蛋白质类药物；讨论 HIC 的特点、潜在问题及解决方案，探索 HIC 技术的前沿发展，如新型固定相材料和优化操作条件，特别是结合其他色谱模式的应用）。

4. 亲和色谱法在生物制药分离纯化中的应用研究小组（任务内容：调查 AC 在生物制药纯化中的实际应用，包括抗体、酶和其他生物活性分子；分析 AC 的优势和局限性，展望 AC 的未来趋势，如新型配基开发、多模式结合策略以及便携式设备的应用）。

【成果展示】 各小组需完成一份详细的综述报告，内容涵盖所选色谱方法的应用背景、具体案例、优势和劣势以及未来发展方向。此外，每个小组还需准备一个 PPT，用于在团体会议中汇报展示。PPT 应简洁明了，重点突出研究成果和关键观点。

【团队讨论】 团队成员共同参与讨论，对各小组的研究发现进行整合。鼓励学生提出自己的见解和思考，特别是关于如何克服现有技术的局限性和推动技术创新的想法。最终，团队将汇总所有信息，撰写一篇关于大分子色谱法在生物制药分离纯化中应用的综述文章。

案例研究

如何使用色谱法纯化护肤品中的透明质酸

透明质酸，也称玻尿酸，是一种广泛应用于护肤产品中的保湿成分。它能够吸收自身重量数百倍的水分，帮助皮肤保持水润和弹性。然而，在原料生产过程中，透明质酸可能受到杂质污染，影响其效果和安全性。某知名化妆品品牌致力于提高其护肤品的质量，希望通过优化纯化工艺来确保原料透明质酸的纯净度和高效性。

案例分析：

1. 透明质酸原料中常见的杂质有哪些？它们如何影响产品质量？
2. 哪些色谱分析法适用于透明质酸的纯化？
3. 如何选择和优化色谱条件以提高透明质酸的纯化效果？

参考文献

[1] 李存保，王含彦. 生物化学[M]. 武汉：华中科技大学出版社，2019.

[2] 赵楚斌，汪海林. 生物大分子液-液相分离研究方法[J]. 化学进展，2023，35(10)：1486-1491.

[3] D'Atri V, Imiolek M, Quinn C, et al. Size exclusion chromatography of biopharmaceutical products: from current practices for proteins to emerging trends for viral vectors, nucleic acids and lipid nanoparticles[J]. Journal of Chromatography A, 2024, 1722: 464862.

[4] 李梅，杨朝霞，尹花，等. 体积排阻色谱法测定啤酒寡糖[J]. 中外酒业，2023(07)：34-41.

[5] Wallace R G, Rochfort K D. Ion-exchange chromatography: basic principles and application[J]. Protein Chromatography: Methods and Protocols, 2023, 2699:161-177.

[6] 刘佳欣，贺梦瑶，汤兴楠，等. 离子交换色谱法测定牛初乳中乳铁蛋白的质量浓度[J]. 辽宁化工，2021，50(03)：419-422.

[7] 崔斌，张嵘. 疏水色谱分离在重组人血白蛋白分离纯化中的应用研究[J]. 煤炭与化工，2019，42(03)：133-136.

[8] Rodriguez E L, Poddar S, Iftekhar S, et al. affinity chromatography: a review of trends and developments over the past 50 years[J]. J Chromatogr B, 2020, 1157: 122332.

[9] 邢俊波，曹红，陈玉敏，等. 高效亲和色谱法测定牛初乳加钙咀嚼片中免疫球蛋白 IgG 的含量[J]. 中国野生植物资源，2014，33(05)：23-25.

[10] Liu S X, Li Z H, Yu B, et al. Recent advances on protein separation and purification methods[J]. Adv Colloid Interface Sci, 2020, 284:102254.

（任畅　编写）

第9章 色谱联用技术

 学习目标

掌握：气相色谱、液相色谱、毛细管电泳与质谱联用技术的接口技术、离子化方法及其适用的分析对象；

熟悉：色谱联用技术相比单纯色谱在复杂样品分析中的优势及不同领域的主要应用；

了解：其他常见的色谱联用技术的工作原理、技术优势和应用场景；

能力：能够根据分析物的结构和性质，选择合适的色谱质谱联用技术及离子化方式。

开篇案例

色谱质谱联用：守护食品安全的卫士

在现代社会，食品的质量与安全是关乎每个人健康的头等大事。其中，食品中痕量农药的残留问题犹如潜藏的"定时炸弹"，时刻威胁着消费者的身体健康。过去，化学家们在检测食品中的农药残留时，面临着重重困难。农药残留的浓度极低，检测过程犹如大海捞针，传统检测方法往往难以准确捕捉到这些微量的有害物质，而且，食品基质复杂多样，其中的各种成分犹如重重迷雾，容易干扰检测结果，导致误判。更为棘手的是，农药种类繁多，过去需要依赖多种方法分别进行检测，既烦琐又低效。

随着科学技术的不断进步，色谱质谱联用技术（GC-MS、LC-MS 等）如同一道曙光，照亮了痕量农药多残留可同时分析的道路。GC-MS 和 LC-MS 凭借其卓越的性能，已成为解决这一难题的关键工具。GC-MS 在分析挥发性和半挥发性农药残留时表现出色，而 LC-MS 则在处理热不稳定和难挥发性农药残留时具有显著优势，这两种技术已广泛用于食品安全检测。在农药残留检测中，色谱通过不同农药组分在流动相和固定相之间的分配差异，将各类农药逐一分离，类似一场精确的"分馏竞赛"；质谱则通过检测离子的质荷比，给每种农药分子赋予独特的"指纹"，从而精确鉴定其种类。色谱质谱联用技术依赖保留时间和离子信息进行定性分析，无须完全分离色谱峰，这使得多种农药残留物能够同时分析，甚至在极低浓度下，也能快速、精准地检测出。色谱质谱联用技术的出现，极大提高了食品中痕量农药残留分析的效率和准确性，为食品安全提供了可靠保障，让消费者能更加放心地享用食品，同时也为食品科学研究注入了强大动力。

9.1 概　　述

9.1.1　色谱联用技术发展概况

早在 20 世纪中叶，科学家就开始尝试将不同的分析技术结合，以克服单一技术在分离和鉴定复杂样品成分时的局限。最早的 GC-MS 设备诞生于 20 世纪 50 至 60 年代，通过结合气相色谱和质谱的优势，实现了复杂样品中化合物的分离与结构解析。通过气相色谱对复杂样品进行分离，再结合质谱检测的高选择性和高灵敏度，GC-MS 迅速成为挥发性和半挥发性有机化合物分析中的"金标准"，广泛应用于环境监测、食品安全、法医分析和药物代谢研究等领域。例如，在环境分析领域，GC-MS 在持久性有机污染物（POPs）的检测方面具有极高的准确性和灵敏度，成为不可或缺的分析工具。

不同于气相色谱，液相色谱对样品的挥发性要求较低，尤其适合热不稳定或非挥发性的大分子化合物的分析。随着技术的进步，液相色谱-质谱（LC-MS）联用技术逐渐受到重视并快速发展。这得益于 20 世纪 80 年代电喷雾电离（ESI）和大气压化学电离（APCI）等离子化技术的发明。这些离子化方法能够在温和条件下有效地将液相色谱分离出的分子转化为带电离子，适合热不稳定或非挥发性的大分子化合物，尤其是蛋白质、核酸及代谢物的分析需求。由于 LC-MS 在分析生物大分子方面具有极高的灵敏度和特异性，迅速成为蛋白质组学、代谢组学、毒理学等生命科学领域的核心技术。

在联用技术的发展历程中，单维联用向多维联用的演变趋势显著提升了分析性能。单维联用指的是将单一色谱柱与质谱检测结合，而多维联用则采用多根色谱柱或多个分离机制，以提高对复杂样品的分离能力。例如，二维气相色谱（GC×GC）和二维液相色谱（LC×LC）技术的问世，极大地提升了复杂混合物的分辨率。GC×GC 通过将两根不同极性的色谱柱串联，实现了样品的多维度分离，特别适合分析具有结构相似性的挥发性有机化合物，如石油和精油中的成分分离。LC×LC 能够在复杂的生物样品中实现更高效的分离和检测，广泛应用于代谢组学和中药研究，用于分析复杂生物样本中的多种成分。

视频9-1
二维气相色谱
动画介绍

联用技术的快速发展不仅体现在仪器设备的持续优化上，还展现在数据处理方法的革新中。随着多维联用技术带来的海量多组分信息，传统的数据处理方法难以应对如此庞大的数据量。近年来，基于机器学习与人工智能的数据处理技术逐渐被应用于联用分析中，有助于在复杂数据中快速提取目标物信息，提升分析效率和准确性。例如，化学计量学方法被广泛用于多维数据的解析，帮助研究人员有效分辨和分析复杂样品中的微量组分。这些数据处理技术与联用分析技术的结合，使得复杂样品的分析成为可能。

9.1.2　色谱联用技术未来发展趋势

随着现代分析任务的复杂度持续升高，以及对分析精度的要求不断提升，色谱联用技术的未来发展也愈加注重如何实现更高的检测灵敏度、设备微型化、系统自动化及智能化等多方面的技术革新。新型色谱联用技术不仅需应对传统分析方法的挑战，还必须在微量物质检测、生物标志物识别及实时现场分析等前沿应用领域展现出卓越的灵敏度和选择性，以满足日益增长的高精度分析需求。

（1）提升检测灵敏度　随着分析任务日益复杂，色谱质谱联用技术将更加注重如何在极低样品量条件下实现对目标成分的高精度检测。例如，单细胞分析中由于样品量有限且成分复杂，系统需具备超高灵敏度，以精准捕捉微量生物分子的信号，通过整合色谱、质谱与微量采样技术，未来的色谱质谱联用技术将能够有效实现对单细胞内代谢物、蛋白质及核酸的精确定量分析，为精准医学和细胞异质性研究提供支持。

（2）设备微型化与便携化　微型化设备将是未来色谱质谱联用技术的一个重要发展方向，特别是在现场检测和便携化需求持续增长的背景下，传统的大型色谱质谱设备将逐渐无法满足快速响应的需求。微型化设备不仅可以有效降低成本，还提升了操作的灵活性和便携性，适用于环境监测、公共安全和应急检测等需要现场分析的场景。便携式色谱质谱联用设备有望在空气质量监测、毒品检测等多个关键领域发挥更加显著的作用。

（3）自动化与智能化　自动化和智能化将进一步提升色谱质谱联用系统的操作效率和精度。未来，色谱质谱联用系统将向全流程自动化发展，从样品前处理到进样，再到数据分析，每一个环节都能实现智能化管理，这将大大降低人工操作的误差，提升实验的稳定性和可重复性。同时，人工智能和机器学习将被用于优化分析条件和监控设备运行状态，提高系统的自适应能力和故障预警能力。

（4）多维联用技术　随着技术的进步，未来的色谱质谱联用技术将进一步向多维联用发展，结合不同的分离机制和检测方法，实现对更复杂样品的高效分析。例如，将色谱质谱联用技术与电感耦合等离子体-发射光谱（ICP-AES）、拉曼光谱等技术相结合，可以提供更全面的信息，进一步提高分析的准确性和可靠性。这将使得色谱质谱联用技术在环境监测、食品安全和生物医学等领域的应用更具优势。

9.2　气相色谱与质谱联用接口问题的解决

9.2.1　气相色谱与质谱联用的仪器系统

视频9-2
GC-MS动画演示

气相色谱-质谱（GC-MS）联用仪器系统的基本结构包括载气系统、进样系统、色谱柱、接口部分、质谱检测器以及数据处理系统等核心组成部分。各部分密切配合，使 GC-MS 能够对复杂样品中的成分进行定性和定量分析。

在 GC-MS 中，载气系统的主要作用是将样品从进样口引入色谱柱，并利用色谱柱的分离能力，将样品中的不同成分逐一分离后导入质谱仪进行检测。载气在整个分析过程中不应与样品或色谱柱中的固定相发生化学反应，也不应干扰质谱检测，以确保分析过程的准确性。氦气因其化学惰性和优异的分离效果，成为 GC-MS 系统中最常用的载气之一。与气相色谱一样，载气的纯度和流速稳定性对 GC-MS 的分析结果至关重要。通常，载气的纯度要求达到 99.999%，并且需要配备高精度流量控制装置，以确保流速的精确和稳定。

在 GC-MS 系统中，进样系统的设计与常规气相色谱总体相似，但更加精细，以适应质谱检测对高灵敏度和痕量分析的需求。GC-MS 系统对分流控制、密封性和温控精度的要求更为严格。此外，由于 GC-MS 具有高灵敏度，通常只需极少量样品即可获得良好响应，因此 GC-MS 系统通常采用分流/不分流进样器，以便灵活控制样品的进入量，满足不同浓度样品的分析需求。

在 GC-MS 系统中，色谱柱作为分离的核心部件，其设计与常规气相色谱柱相比具有一些特殊要求。由于质谱（MS）是高灵敏度的检测器，GC-MS 使用的色谱柱必须具备极低的柱流失特性。柱流失会引入杂质干扰，降低质谱的灵敏度，从而影响分析的准确性。因此，在 GC-MS 中，通常选择经过特殊处理的毛细管柱，以最大程度减少柱流失，确保质谱检测的稳定性和准确性。此外，与常规气相色谱相比，GC-MS 系统通常采用内径较小的毛细管柱，这种设计不仅提高了分离效率，还能更好地适应质谱系统较低的气体流量需求，避免因流量过大而影响质谱的真空状态。一般来说，GC-MS 系统中使用的毛细管柱内径在 0.18～0.25 mm 之间。小内径的毛细管柱还能够提高分离速度和分辨率，使得 GC-MS 系统在复杂样品分析中能够更精准地分离和检测目标成分。

接口部分是连接气相色谱与质谱检测器的关键部件，确保从色谱柱流出的样品能够顺利进入质谱分析器。由于气相色谱和质谱的工作环境存在差异，接口设计需要综合考虑样品流速、压力、温度等多个因素。接口必须能够在高真空条件下将样品从气相色谱系统引入质谱系统，同时减少样品损失和污染，确保系统的稳定性。此外，接口温度的控制是设计中的重要环节。通过精确调节接口温度，可以有效防止样品在进入质谱检测器之前发生冷凝，确保样品在传输过程中的稳定性。

质谱检测器是 GC-MS 系统的核心检测装置，负责对通过色谱柱分离出的样品成分进行检测和鉴定。质谱仪的工作原理是将样品离子化，形成带电的离子，然后根据离子在电场和磁场中的运动特性进行分离和检测。GC-MS 中常见的离子源包括电子轰击（EI）离子源和化学电离（CI）离子源。离子化后，带电的离子进入质量分析器。质量分析器通过对不同质荷比的离子进行分离，以获得质谱图，从而提供样品分子的质量和结构信息。常用的质量分析器有四极杆、离子阱和飞行时间分析器等，它们各有不同的分辨率和分析速度，适用于不同的分析需求。

视频9-3
质谱动画

数据处理系统负责接收质谱检测器生成的信号，并对信号数据进行记录、处理和分析。数据处理系统不仅能将检测到的离子信号转化为可视化的色谱图和质谱图，还可通过复杂的数据分析算法识别和解析色谱峰，从而准确计算出样品中各组分的保留时间和质量数。同时，数据处理系统通常内置标准数据库，能够根据质谱图中的碎片离子信息自动与数据库进行比对，以便对未知化合物进行初步鉴定。现代 GC-MS 数据处理系统还具备峰面积积分、谱图去卷积和背景扣除等功能，帮助用户提高分析结果的精确度和可靠性。数据处理系统通常采用高效的图形界面，提供多种参数调整和数据校正功能，支持结果的导出和归档，为后续分析和报告提供了极大便利。

GC-MS 联用系统的各个组成部分紧密协作，共同完成复杂样品的分离与检测。载气系统确保了样品在色谱柱中的平稳流动，进样系统精确引入样品，色谱柱实现样品组分的高效分离，接口部分保证了色谱和质谱的顺利连接，质谱仪则以高灵敏度和高分辨率的方式实现样品组分的定量定性分析。未来，随着各部件技术的不断优化，GC-MS 系统的分析性能将进一步提升，为复杂样品的分析提供更强大的技术支持。

9.2.2 气相色谱与质谱联用的接口技术

接口技术在气相色谱与质谱仪的联用中扮演着至关重要的角色，其主要作用在于实现色谱与质谱系统的匹配与无缝连接，确保色谱分离出的各组分能够顺利进入质谱进行离子化和检测，同时维持质谱所需的高真空环境不被破坏。在 GC-MS 联用系统中，气相色谱与质谱的工作环境存在显著差异：气相色谱通常在接近大气压的条件下运行，而质谱则需要在极高的真空环境中工作。克服这一巨大的压力差异是接口技术首先要解决的关键问题。接口的主要功能是通过合理设计，使色谱系统的气流与质谱系统的高真空环境有效匹配，确保样品顺利进入质谱进行离子化和检测。此外，接口还需确保色谱分离出的样品组分能够快速、有效地传输至质谱的离子源。接口技术必须满足以下要求：保持样品完整性，适应不同的离子化方式，确保分析物能够顺利离子化。同时，接口还需最大限度地减少样品的损失和分解，保证足够的样品量进入质谱，以提高检测的灵敏度和准确性。

理想的接口设计应能够完全去除载气，同时毫无损失地将待测物从气相色谱仪传输至质谱仪。随着色谱与质谱联用技术的发展，出现了多种接口设计，常见的类型包括分子流接口、直接接口和加热毛细管接口等。其中，最常用的是直接导入型接口（图 9-1）。在这种设计中，毛细管色谱柱的内径通常在 0.25~0.32 mm 之间，载气流量为 1~2 mL/min。这些毛细管柱通过一根金属毛细管直接将样品引入质谱仪的离子源，确保样品在流出后立即进入离子源的作用场。由于载气（如氦气）是惰性气体，不会发生电离，而待测物会形成带电粒子，在电场作用下被加速进入质量分析器进行检测，同时载气则通过真空泵被抽走。接口技术的另一个关键作用是保持温度，以防样品在流出色谱柱后发生冷凝。接口不仅提供物理支撑，确保毛细管准确定位，还确保样品在传输过程中维持适宜的温度环境，从而确保样品以最佳状态进入质谱进行分析。

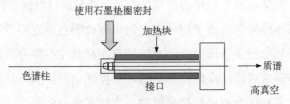

图 9-1　GC-MS 直接导入型接口技术

9.2.3 气相色谱与质谱联用中的离子化技术

气相色谱与质谱联用中，离子化方式是至关重要的一环。离子化技术将样品分子转化为带电粒子，使其能够在质谱仪中通过电场进行加速和质量分析。GC-MS 中，最常用的两种离子化技术是电子轰击（EI）和化学电离（CI），这些离子化方式适用于不同种类的分析物和应用需求。

（1）EI GC-MS 中最广泛使用的离子化方式之一。它是一种硬电离技术，能产生丰富的碎片信息，适用于挥发性有机化合物的结构解析。其工作原理是在质谱仪的离子源中，通过加速电子束轰击从色谱柱传输过来的中性样品分子，从而产生分子离子（M⁺·）及其碎片离子。通常，电子束的能量被设定在 70 eV 左右，这一能量能够将大多数有机化合物离子化并使其裂解为多个碎片离子（图 9-2）。EI 的主要优势在于它能够生成丰富的碎片离子，这些碎片信息对于分子的定性分析至关重要，特别是在复杂化合物结构的鉴定中，碎片离子的独特模式可以提供更多关于化合物结构的信息。此外，由于 EI 产生的碎片离子具有高度可重复性，研究者可利用已有的质谱谱库进行自动化的谱图匹配和化合物鉴定。然而，作为一种硬电离技术，EI 也存在局限性，对于某些热不稳定或极性较强的化合物，EI 会导致过度碎片化，甚至完全分解，难以保留完整的分子离子。

视频9-4
电子轰击电离
动画演示

视频9-5
EI分子离子峰
动画演示

视频9-6
EI碎片离子峰
形成动画演示

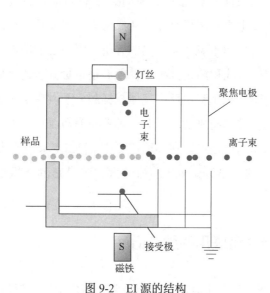

图 9-2　EI 源的结构

（2）CI 为了克服电子轰击的局限性，CI 技术作为一种较为温和的软电离技术被开发出来。与 EI 不同，CI 利用反应气体（如甲烷、异丁烷、氨气等）在离子源中通过电子轰击，先生成气态试剂离子，这些离子随后与样品分子发生反应，从而生成样品的分子离子或准分子离子（[M+H]⁺ 或[M-H]⁻）（图 9-3）。CI 的优势在于它能够产生更少的碎片，保留更多的分子离子信息，这种特性使得 CI 技术能够更精确地测定样品分子的分子量。相比于 EI，CI 更适合分析那些不耐高能电子束的热不稳定化合物。此外，CI 离子化方式还能够通过调整反应气体的种类和压力，来优化不同类型样品的离子化效率。然而，CI 的缺点在于碎片化信息较少，虽然这有助于保持分子结构的完整性，但同时也限制了其在化合物结构解析方面的应用。因此，在某些需要更详细的碎片信息来进行结构鉴定的场景中，CI可能不如 EI 有效。为了补充这一不足，CI 通常与 EI 等离子化技术结合使用，以便在保留分子离子信息的同时，也能获得部分碎片化信息。

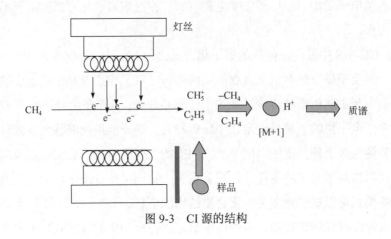

图 9-3　CI 源的结构

基于化学电离（CI）的原理，根据样品的化学性质，正化学电离（PCI）和负化学电离（NCI）作为两种具有不同极性的 CI 技术，被广泛用于样品分析中。PCI 使用甲烷、氨气等反应气体，与样品分子发生质子转移反应或加成反应，生成正电荷的分子离子或准分子离子（$[M+H]^+$）。这种方式适用于碱性化合物的分析，因为它们能够容易地接受质子并形成正电荷分子离子。在有机合成和药物分析中，PCI 是定量分析的重要工具，尤其在分析含氮、含氧的杂环化合物时。NCI 利用反应气体与样品分子发生电子捕获反应，生成负电荷的分子离子（M^-），这种技术特别适用于分析那些具有较强电子亲和力的化合物，例如含卤素、硝基等吸电子基团的化合物。在环境监测中，NCI 广泛用于检测农药、卤代有机物等具有较高电子亲和力的污染物。NCI 的另一大优势是它的灵敏度非常高，适用于痕量分析。

9.2.4　气相色谱与质谱联用的质谱谱库

GC-MS 的一个显著优势在于其能够与质谱谱库结合使用。质谱谱库是一个包含大量化合物的质谱信息数据库，提供了每种化合物的特征质谱图和相关信息。这一数据库为 GC-MS 定性分析提供了强大的支持，可帮助研究者快速、准确地进行化合物的定性分析。质谱谱库的广泛应用大大提高了 GC-MS 的分析效率，使得复杂样品的鉴定过程变得更加快捷。

质谱谱库的核心功能是通过比较样品的质谱图与数据库中的已知质谱图，自动识别出样品中的化合物。质谱仪通过 EI 等离子化技术生成样品的质谱图，随后与质谱谱库中的标准谱图进行比对。每个化合物的质谱图都包含特定的碎片离子信息，这些碎片离子的相对丰度和质荷比（m/z）形成了化合物的独特"指纹"，使得不同的化合物可以被区分开来。

当样品的质谱图与数据库中的某一质谱图高度匹配时，系统便能初步推断出该化合物的"身份"。

质谱谱库的构建需要通过实验获得大量化合物的质谱数据，这些数据包括分子离子峰、碎片离子峰及其相对丰度信息。随着技术的发展，现代质谱谱库的覆盖范围越来越广泛，包含了数以万计的有机化合物和无机化合物的质谱信息。例如，NIST（National Institute of Standards and Technology）质谱谱库是目前最常用的质谱谱库之一，NIST库中收录了超过30万条化合物的质谱图，涵盖了从简单的小分子到复杂大分子的多种类型化合物。这些数据库在分析应用中的广泛性，极大增强了GC-MS在各个领域的应用能力。此外，质谱谱库还在不断扩展和更新，以适应新兴领域和新化合物的分析需求。科研人员可以通过自建谱库，将新合成的化合物或实验中遇到的特殊样品加入谱库中，形成具有针对性的专业质谱谱库。例如，在药物研发领域，研究者可以建立包含特定药物和代谢物的专属谱库，帮助快速鉴定药物代谢产物或检测杂质。

然而，质谱谱库也有其局限性。尽管目前的质谱谱库包含大量化合物，但仍有许多未知化合物未被收录，尤其是那些新合成的分子或罕见的化合物。在这种情况下，GC-MS系统只能提供已知化合物的质谱图，研究者需要通过其他方法或进一步的实验对未知化合物进行鉴定。此外，质谱图的碎片信息可能因离子化方式、实验条件等因素的不同而有所变化，这可能导致匹配度下降，影响鉴定的准确性。因此，在使用质谱谱库时，结合实际经验、其他分析方法和跨学科合作是确保结果可靠性的关键。展望未来，随着技术的进步，质谱谱库有望通过机器学习和大数据分析技术实现更智能化的化合物识别和定量分析。同时，随着全球各行业对化学物质分析需求的增加，质谱谱库的规模也将继续扩大，涵盖更多新型化合物，为GC-MS技术的广泛应用提供更加有力的支持。

9.3 液相色谱与质谱联用接口问题的解决

9.3.1 液相色谱与质谱联用的仪器系统

LC-MS结合了液相色谱的分离能力与质谱的高灵敏度，可用于复杂样品的定性和定量分析。LC-MS系统的结构包括液相色谱部分、质谱部分以及两者之间的接口装置。液相色谱负责分离复杂样品的各组分，而质谱检测器则对这些分离的组分进行分析。接口是该系统的关键部分，其作用是将液相色谱流出的液体转化为适合质谱检测的气相离子，同时尽量减少流动相的干扰。

视频9-7
LC-MS动画演示

LC-MS系统中，液相色谱的配置基本与常规液相色谱相似，但为适应质谱检测的高灵敏度需求，对泵、进样器和色谱柱等部件有更高要求。LC-MS系统通常采用高压或超高压泵，以确保流动相的稳定流动，从而支持样品的高效分离。进样器通常采用自动进样器，以确保进样的高精度。色谱柱是 LC-MS 系统中实现分离的核心部件，与常规液相色谱相似，但 LC-MS 通常使用内径较小的色谱柱（1.0～2.1 mm），以适应质谱系统的低流速需求，并提高检测灵敏度。小内径色谱柱还可以减少流动相的消耗，降低基质效应对质谱信号的抑制，从而提供更清晰的检测结果。

接口是连接液相色谱与质谱的桥梁，负责将色谱分离出的样品成分转化为适合质谱检测的气相离子。接口的转化过程对 LC 与 MS 信号的有效传递至关重要，因为质谱要求样品以气相或离子状态进入，才能实现高效检测。接口技术必须确保较高的离子化效率，以提高 LC-MS 检测的灵敏度和准确性，同时去除溶剂，避免破坏质谱的高真空环境。常见的 LC-MS 接口技术包括电喷雾电离（ESI）和大气压化学电离（APCI），两者可根据样品特性和分析需求灵活选择。接口的任务是高效地将 LC 分离出的液体样品迅速气化，并将其电离成带电离子，进入质谱仪进行检测。接口的稳定性和转化效率直接影响质谱检测的灵敏度和分辨率，因此，在 LC-MS 系统中，接口技术的选择与调控对确保高质量的分析结果至关重要。

在 LC-MS 系统中，质谱检测器及其配套的数据处理系统的整体设计与功能，与气相色谱-质谱联用（GC-MS）系统中的相应组件存在相似性。质谱检测器首先将经过色谱分离和接口电离的样品分子进一步电离为带电离子，然后根据质荷比（m/z）进行分离。LC-MS 系统中常见的质量分析器与 GC-MS 分析器类型相似，包括四极杆质量分析器、离子阱质量分析器和飞行时间质量分析器等，不同类型的质量分析器提供不同的分辨率和灵敏度，能够满足多样化的样品分析需求。与 GC-MS 系统相似，现代 LC-MS 系统配备了先进的数据处理软件，具备峰识别、基线校正、峰面积积分和定量分析等功能。此外，LC-MS 系统还支持将质谱图中的特征离子与数据库进行比对，从而快速识别未知化合物。

9.3.2 液相色谱与质谱联用的接口技术

液相色谱-质谱联用系统（LC-MS）中，接口技术发挥着重要作用。由于液相色谱（LC）和质谱（MS）在不同的物理条件下工作，LC 的流动相为液体，而 MS 则需要气相或离子状态的样品进行检测，因此 LC-MS 的接口必须能将液相样品高效地转化为气相离子。这一转换过程对样品的完整性、离子化效率以及质谱信号的稳定性至关重要，接口技术的质量直接影响 LC-MS 系统的分析精度和灵敏度。在 LC-MS 中，最常用的接口技术包括电喷雾电离（ESI）和大气压化学电离（APCI），这两种技术各有特点，适用于不同类型的分析物。

ESI 是 LC-MS 系统中使用最广泛的接口技术之一，其基本原理是利用电场的作用，将样品中的分子以离子的形式喷射进入质谱检测器。ESI 接口首先通过高压电场作用将液相中的分析物和流动相喷射成细小的液滴，随着溶剂的蒸发，液滴逐渐缩小并增大了表面的电荷密度，直至液滴无法再稳定存在时发生库仑爆炸，液滴进一步破裂，释放出携带电荷的分子离子，从而进入质谱仪（图 9-4）。ESI 技术的一个显著特点是能够在室温和常压下

视频9-8
电喷雾电离
动画演示

工作，不需要过高的温度或压力，因此非常适合热不稳定或高极性分子的检测。ESI 的另一个优势在于其具有多重电荷特性，能在相对低的质荷比范围内检测大分子，如蛋白质等生物大分子。这种多重电荷的生成使得 ESI 在蛋白质组学和代谢组学等领域得到了广泛应用，尤其适合极性强、分子量大的化合物的检测。

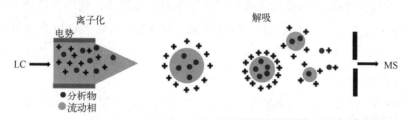

图 9-4　ESI 源的结构

ESI 的应用范围较为广泛，但仍存在一定的局限性。电喷雾电离依赖于液滴的蒸发和离子化过程，样品中的非挥发性成分或高盐溶液可能会在接口处形成盐沉淀，导致信号抑制或离子源污染。同时，ESI 对样品的纯度和基质要求较高，复杂样品可能会产生基质效应，影响分析灵敏度。因此，在使用 ESI 进行分析时，通常需要对样品进行适当的预处理，以减少基质效应对检测结果的干扰。为了进一步提高 ESI 的灵敏度，研究者还开发了纳升电喷雾电离（Nano-ESI），它使用更小的流量和更小的毛细管内径，在超低流速下进行离子化，从而实现对微量样品的高灵敏度检测。

与 ESI 不同，APCI 是一种通过化学电离过程实现样品离子化的接口技术，尤其适用于低极性和中等极性的小分子化合物的分析。在 APCI 接口中，样品和流动相首先通过加热雾化器转化为气相，然后在高温条件下进入离子源进行化学电离。APCI 的电离过程发生在大气压下，不依赖于电喷雾和液滴的蒸发过程，因此不易受到非挥发性基质成分的干扰。APCI 的离子化机制基于试剂气体（如水或甲醇）的电离，这些试剂气体在放电针的作用下生成带电离子，然后这些带电离子与样品分子发生碰撞，最终将样品分子电离为带电离子进入质谱（图 9-5）。与 ESI 相比，APCI 更适合不易电离的非极性小分子化合物的分析，在药物分析、环境监测和小分子代谢物研究中被广泛应用。

视频9-9
大气压化学电离
动画演示

图 9-5　APCI 源的结构

APCI 采用的是热蒸发和化学电离的方式，不需要样品带有天然电荷，使得 APCI 在分析非极性或低极性化合物时效果尤为突出。此外，APCI 接口的加热雾化器可将样品迅速加热至高温，确保样品能够迅速蒸发并气化，而不会在离子源中产生沉积物，从而保持装置的清洁性和信号的稳定性。与 ESI 相比，APCI 的一个主要优势是对基质效应不敏感，可以较好地消除由盐类或其他非挥发性组分引起的干扰，提高了检测的灵敏度和稳定性。不过，由于 APCI 依赖于高温蒸发，其不适合高温易分解的热不稳定化合物的分析。

除了 ESI 和 APCI，其他接口技术也在特定应用场景中发挥作用。例如，大气压光电离（APPI）是一种适合检测非极性和低极性化合物的离子化技术，利用紫外光源将样品分子电离，适用于某些不适合 ESI 和 APCI 的分析物。与 APCI 相似，APPI 在大气压下工作，但通过光电离的方式避免了与样品溶剂的反应，对非极性化合物的电离效果较好，因此常用于石油化工和复杂有机分子的分析。

在 LC-MS 分析中，接口技术的选择取决于待测样品的性质以及分析需求。ESI 适合检测极性大分子，且灵敏度较高，但要求样品较纯净；而 APCI 则适用于检测低极性小分子，且对基质效应不敏感，更适合复杂基质样品的分析。在实际应用中，不同的离子化方法各有特点，需要针对不同类型的样品需求选择合适的离子化方式，以便在多样化的分析环境中获得更高的检测灵敏度和分辨率。

9.3.3 液质联用分析的优化与选择

液相色谱-质谱联用技术因其高灵敏度和高选择性，在复杂样品分析中得到了广泛应用。在优化和选择分析方法时，需特别关注与传统液相色谱的区别，以适应质谱的独特需求。LC-MS 在流动相选择、分离模式选择及离子化条件上与传统液相色谱相比有显著不同。

（1）流动相选择 传统 LC 常采用非挥发性缓冲盐（如磷酸盐）以改善分离效果，但这些盐会在质谱离子源中形成沉积，影响灵敏度和仪器性能。为适应 LC-MS 的需求，流动相需使用挥发性缓冲盐（如甲酸铵、乙酸铵）或酸性添加剂（如甲酸、乙酸），这不仅避免了沉积问题，还能增强目标化合物的离子化效率，特别是在正离子模式下，流动相通常添加适量酸（如 0.1%甲酸），以提供质子化环境，显著提高信号响应。

（2）分离模式的选择 LC-MS 通常更倾向于反相色谱模式（如 C_{18} 柱），而非传统正相模式。正相色谱所使用的流动相（如正己烷或其他低极性溶剂）因极性较低、电导率差，不利于质谱中的离子化过程。此外，非极性流动相的蒸发效率低，容易在质谱离子源中残留，增加背景噪声和污染风险，而反相色谱采用水-乙腈或水-甲醇体系作为流动相，这些溶剂不仅挥发性高，与质谱良好兼容，还能通过添加挥发性缓冲盐（如甲酸铵）进一步优化离子化条件。结合梯度洗脱程序，反相色谱能够高效分离复杂样品中的多种成分。此外，对于高极性化合物的分析，亲水作用色谱模式提供了一种理想的补充方案，其使用的极性流动相（如高比例乙腈-水体系）与质谱高度匹配，同时保留了优异的分离性能。

（3）质谱参数优化 离子化条件直接决定了目标化合物的响应强度和检测灵敏度。根据化合物的性质，需选择适当的离子源模式（如电喷雾电离或大气压化学电离）和电离极性（正离子模式或负离子模式）。在正离子模式下，添加酸性组分有助于提高质子化效率，而在负离子模式下，则需使用弱碱性缓冲液（如氨水）促进去质子化反应。此外，多反应监测模式通过优化母离子与子离子的选择性反应和碰撞能量，进一步提升了检测的灵敏度和特异性。

（4）样品前处理 对于复杂样品，采用合理的前处理方法（如液液萃取、固相萃取或蛋白沉淀）可以有效去除基质干扰，提高目标化合物的回收率，保护仪器稳定运行。在实际操作中，避免使用非挥发性试剂是至关重要的，因为这些试剂可能会在质谱检测中产生额外的干扰，影响检测结果的可靠性。最后，在优化完成后，需要通过方法验证对分析性能进行评估，包括线性范围、检测限、精密度、回收率和基质效应等，确保方法满足分析需求。

通过合理优化，液质联用技术在复杂样品的分离和检测中表现出独特优势。相比传统LC，液质联用技术采用挥发性流动相、兼容性更高的分离模式以及灵敏度更高的质谱检测，其克服了传统分析方法的局限性，为药物分析、食品安全和环境监测等领域提供了高效、可靠的技术支持。优化后的 LC-MS 方法不仅提升了检测效率，还极大增强了其在多组分复杂体系中的应用潜力。

9.4 毛细管电泳与质谱联用接口问题的解决

9.4.1 毛细管电泳与质谱联用的仪器系统

毛细管电泳（CE）与质谱（MS）联用技术将 CE 的高分离能力和 MS 的高灵敏度检测相结合，同样适用于复杂样品的分析。CE-MS 系统的基本配置包括 CE 分离模块、MS 检测模块及两者之间的接口模块，这些模块需要紧密协作，以确保分离和检测的无缝衔接。毛细管电泳系统通过施加高电压驱动样品迁移，依赖于分子迁移率的差异实现成分分离。典型的 CE 系统包含高压电源、毛细管、电解液系统和检测器。在 CE-MS 联用中，通常使用内径为 25～100 μm 的熔融石英毛细管，并对内壁进行特殊涂层处理以降低电渗流的干扰，增强分离性能。质谱模块是 CE-MS 系统中的核心检测部分，其基本结构包括离子源、质量分析器和检测器。离子源负责将样品离子化，为 MS 的质量分析创造条件。在 CE-MS 中，最常用的是 ESI 源，它适应 CE 低流速样品的特点，能够实现样品的高效离子化。

CE 与 MS 联用的最大挑战是两者在操作环境上的差异，尤其是 CE 的低流速和 MS 对离子化的高要求。为此，接口技术在 CE-MS 系统中至关重要。最常用的是电喷雾接口，通过将毛细管末端与喷雾针连接，将分离后的样品喷入质谱离子源。分流接口和无分流接口是两种主要的接口类型。分流接口通过在毛细管末端引入鞘液，将电泳液与鞘液混合后喷入 ESI。鞘液的使用既提供了稳定的电导性连接，又弥补了 CE 低流速的不足。但是，鞘液可能会稀释目标物质，降低检测灵敏度。相比之下，无分流接口直接将 CE 毛细管连接至 ESI 喷嘴，避免了稀释效应，从而提高了灵敏度。为确保无分流接口的稳定性，通常需要对毛细管喷嘴的导电性和电场分布进行精确优化。

此外，CE-MS 系统还配备了一些辅助设备，以提升分析性能。样品进样装置可精准控制注入毛细管的样品量，在线浓缩设备（如场增强样品堆积技术）能显著提高低浓度目标物的检测能力，而信号处理系统则将质谱数据转化为易于解读的图谱。这些装置的协同作用，使得 CE-MS 能在纳升级样品中高效分离和检测多成分。通过优化各模块的配置，CE-MS 已成为生物分析、药物代谢研究和环境监测等领域不可或缺的重要技术，展现了巨大的应用潜力。

9.4.2　毛细管电泳与质谱联用的接口技术

毛细管电泳（CE）与质谱（MS）联用的核心挑战在于如何对接口技术进行设计和优化。由于 CE 和 MS 在操作原理、工作环境及流量需求上的差异，如何将两者高效衔接成为实现联用的关键。接口技术的主要目标是将 CE 的纳升级流速和分离后的带电组分，稳定地引入质谱离子源中，同时保持样品的完整性和离子化效率。

（1）流速匹配　CE-MS 接口的首要问题是流速匹配。CE 的典型流速为 nL/min，而质谱离子源（如电喷雾离子化源）通常需要较高的流速以保持稳定的喷雾效果。为了解决这一不匹配问题，同轴液体鞘流接口成为早期常用的解决方案（图 9-6）。分流接口在毛细管末端引入鞘液，将鞘液与电泳液混合后再喷雾，提供足够的流速以支持质谱检测。同时，鞘液通过导电性连接确保 CE 和 MS 的电场连续性。然而，鞘液的引入可能会稀释目标化合物，导致检测灵敏度降低，这在痕量分析中尤为不利。

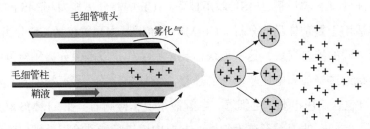

图 9-6　CE-MS 联用中的同轴液体鞘流接口

为提高灵敏度，无分流接口被广泛研究并应用。无分流接口直接将 CE 毛细管连接至电喷雾针，避免了鞘液对样品的稀释，极大地提高了检测限和灵敏度。然而，无分流接口对系统的设计和调控要求较高。例如，毛细管末端通常需要涂覆导电涂层，以确保电场的稳定传递，同时避免样品流动过程中电位波动对分离和检测的影响。此外，无分流接口的毛细管末端喷雾针需要精确加工，以形成稳定的喷雾锥体，从而保证离子化效率。

（2）电场稳定性　接口技术的另一个重要挑战是电场的稳定性。在 CE 系统中，分离依赖于高压电场，而质谱离子化则需要稳定的电场驱动离子化过程。如果两者的电场分布不一致，可能导致分离性能下降或离子化效率降低。因此，接口的设计需特别注重电场的平衡。例如，分流接口通过鞘液形成导电路径，有效解决了电场不连续的问题，而无分流接口则需在喷嘴与电源之间建立高效电场传输机制。

（3）样品基质兼容性 样品基质的兼容性也是接口设计中的关键考虑因素。CE 分离的样品通常以水性溶剂为主，可能含有高浓度的盐或其他干扰物质，这些组分在质谱离子源中可能导致信号抑制或污染。因此，接口技术需要在样品进入质谱前对基质成分进行有效控制，以减少这些干扰。例如，通过在线过滤或在线浓缩技术，可以减少基质干扰，增强目标化合物的信号强度。

随着技术的不断发展，一些新型接口技术正在逐步应用于 CE-MS 中。例如，纳米电喷雾接口利用超微喷雾针，实现了低流速下的高效离子化，同时，微流体芯片技术也被探索用于 CE 与 MS 的连接，通过将毛细管电泳通道与质谱离子化腔集成在一个芯片上，实现更高的灵敏度和系统集成度。

综上所述，毛细管电泳与质谱联用的接口技术是实现 CE-MS 高效检测的核心。不断优化分流接口、无分流接口以及其他新型接口，能有效解决流速匹配、电场稳定性和基质干扰等问题，使 CE-MS 在痕量分析、复杂样品分离和高通量检测中展现更大的应用潜力。未来，随着微流体技术和纳米材料的进一步发展，CE-MS 接口技术将朝着更高灵敏度、更强兼容性和更高稳定性的方向迈进。

9.5 其他联用技术

9.5.1 超临界流体色谱-质谱联用

超临界流体色谱-质谱联用（SFC-MS）是一种结合超临界流体色谱（SFC）与质谱（MS）技术的先进分析方法，利用 SFC 的高效分离能力和 MS 的高灵敏度检测优势，为复杂样品的分析提供了有力支撑。SFC-MS 具有分离速度快、分离度高、环境友好等特点，广泛应用于药物化学、食品安全、环境监测和天然产物化学等领域。SFC 基于流体在超临界状态下的独特物理特性实现分离，超临界流体兼具气体的高扩散性与液体的强溶解能力，从而达到更优的分离效果。二氧化碳（CO_2）是 SFC 中最常用的超临界流体，因其低毒性、低成本及临界温度和压力较低（约 31℃，73 atm❶），使得 SFC 成为一种环保且温和的分离技术。通常，超临界二氧化碳还可与极性改性剂（如甲醇或乙醇）组合使用，以提高对极性和非极性化合物的分离效率。这种组合使 SFC 特别适合处理热不稳定或易降解的化合物，同时减少了有机溶剂的使用，降低了对环境的影响。

在 SFC-MS 中，SFC 模块承担着对样品各组分进行分离的关键任务。样品被注入 SFC 系统后，首先流经色谱柱，在此过程中，各组分依据其在超临界流体与固定相之间分配系数的差异得以分离。相比于传统液相色谱和气相色谱，SFC 在保持高分辨率的同时，具有

---

❶ 1 atm = 101 325 Pa。

更高的流速和较短的分离时间。由于超临界流体具有良好的扩散性和较低的黏度，SFC 可以在较低的压力下实现高效分离，从而缩短分析时间，特别适用于高通量筛选和复杂样品的快速分离。此外，SFC 还能够选择性分离某些难以通过 LC 或 GC 分离的化合物，为质谱检测提供更为清晰的样品成分。当样品在 SFC 系统内完成分离流程后，随即进入 MS 系统进行检测和鉴定。SFC 的输出可直接进入质谱系统，超临界流体二氧化碳在常压下会迅速转化为气体，能够被质谱系统有效处理。这一特点使 SFC-MS 在分离和检测的衔接上非常流畅，减少了中间步骤带来的样品损失和污染风险。MS 通过将样品离子化并根据质荷比（m/z）对离子进行检测和分析，生成的质谱图可以提供各成分的质量和结构信息，从而实现样品的定性和定量分析。在 SFC-MS 中，常用的离子化方法与 LC-MS 类似，包括 ESI 和 APCI，两者能够适应不同类型化合物的离子化需求。

SFC-MS 具有显著的特点和优势。SFC-MS 能在环境友好的条件下实现高效分离，特别适合分析那些难以在传统 LC 或 GC 中处理的化合物。SFC 的流动相主要使用二氧化碳，大幅减少了有机溶剂的用量，对环境更加友好，符合绿色分析的理念。此外，由于 SFC 操作温度较低，对于热不稳定或易降解的样品能够保持良好的分离效果，这为天然产物、药物和生物分子等复杂化合物的分析提供了新的可能。SFC-MS 的另一显著特点是分离速度快且分辨率高。相比 LC 或 GC，SFC 能在较短时间内实现复杂样品的分离，同时保持较高的分离度。这种高效分离在药物筛选、天然产物分析等领域尤为重要，因为这些领域需要快速处理大量样品，提高实验效率。此外，SFC 的分离特性使其在手性分离中表现出色，能有效分离对映异构体，为药物开发中的手性化合物分析提供了关键支持。

SFC-MS 已在多个领域中得到广泛应用。在药物化学中，它主要用于药物化合物的筛选、手性分离和代谢产物分析，特别是在快速、高效的手性分离方面，为药物筛选和结构鉴定提供了理想工具，显著加快了药物研发进程。在食品安全检测中，SFC-MS 用于检测农药残留、添加剂和污染物，通过其对复杂基质的高效分离和灵敏检测，确保了食品质量与安全。在环境监测方面，SFC-MS 适用于水体、土壤和空气中低浓度污染物的分析，通过减少有机溶剂的使用，达到既环保又高效的污染物检测效果。SFC-MS 还在天然产物化学和植物研究中用于复杂天然产物和生物活性化合物的分离与鉴定，通过高效分离获得纯净的成分，再借助质谱实现结构和定量分析。

尽管 SFC-MS 技术具有显著优势，其在发展进程中依然遭遇了一系列技术挑战。首先，SFC 的操作需要维持较高压力，这对设备的稳定性和耐压性提出了更高要求，增加了系统的复杂性和维护成本。其次，二氧化碳作为流动相在分离过程中易受温度和压力波动的影响，可能导致分离不稳定，虽然可以通过添加极性改性剂来改善分离效果，但对于某些极性较强的化合物，SFC 的分离能力仍存在局限性。最后，SFC-MS 的应用成本较高，对设备和操作人员的技术水平要求较高，这在一定程度上限制了其广泛推广。展望未来，随着仪器设备的持续改进以及自动化水平的稳步提升，其应用范畴有望获得进一步的拓展与延伸。特别是在药物开发、环境保护和食品安全领域，SFC-MS 在绿色分析和快速筛查方面展现出不可替代的价值。未来，通过对 SFC-MS 技术的不断优化与完善，其能够更加契合复杂样品所呈现出的多样化分析需求，从而为实现高效、灵敏且精准的分析检测工作提供坚实而有力的技术支撑，有力推动各相关领域的科学研究与实际应用迈向新的高度。

9.5.2　气相色谱−傅里叶变换红外光谱联用

气相色谱-傅里叶变换红外光谱联用（GC-FTIR）是一种将气相色谱（GC）和傅里叶变换红外光谱（FTIR）技术相结合的分析方法，用于对复杂样品的分离与结构鉴定。GC-FTIR中 GC 的高效分离能力和 FTIR 的分子结构解析能力，使得研究人员能够在分离样品成分的同时获得红外光谱图，为结构分析提供丰富的分子信息。

GC-FTIR 的工作原理基于两部分。其一为气相色谱（GC）的分离环节。样品经 GC 系统的进样口注入后，随即进入气相色谱柱。在此过程中，通过设定适宜的温度条件，并借助流动气体的推动作用，样品各组分依据其自身特性逐步实现分离。气相色谱的分离原理核心在于，样品所含不同成分在流动相和固定相之间有着各异的分配系数。正是基于这一差异，各组分在色谱柱内的滞留时间不尽相同，进而按照先后顺序依次从色谱柱流出。其二是傅里叶变换红外光谱（FTIR）的光学检测部分。当从气相色谱柱流出的成分进入 FTIR检测区域后，样品分子便会受到红外光源的照射，在此过程中，分子会选择性地吸收特定频率的红外光。由于不同的化学键对红外光具有特征性的吸收表现，相应地，各异的官能团在红外光谱中就会呈现出特定的特征吸收峰。FTIR 系统通过精准测量样品吸收的红外光波数来生成相应的光谱图，随后，借助傅里叶变换处理器，对所获取的所有波长下的吸收数据实施快速傅里叶变换处理，最终生成具备高分辨率的红外光谱图。该光谱图能够精确地反映出样品的分子结构信息，其中，每一谱带所处的位置以及展现出的强度，分别与特定的化学键和官能团存在对应关系，进而为研究人员提供了明晰且准确的分子结构相关信息，助力其开展后续的分析与研究工作。

GC-FTIR 技术具有独特的优势。首先，通过 GC 的色谱分离能力，相较于单纯的 FTIR，它可以直接分析复杂样品中的多种成分，无须进行大量样品预处理。其次，在某些应用场景中，样品经过气相色谱分离后可能无法通过传统检测器（如质谱）获取完整的结构信息，而 FTIR 能够提供独特的红外指纹信息，通过红外光谱清晰地鉴定样品中每一组分的化学结构。最后，GC-FTIR 具有非破坏性分析的特性，红外光谱检测无须电离或分解样品分子，与 GC-MS 等联用方法形成鲜明对比。GC-MS 需要在高温或离子化条件下将样品分解为碎片离子，从而丢失分子结构的完整性，而 GC-FTIR 则能够保持分子的完整结构信息，这对于精确研究分子特征的应用至关重要。除此之外，GC-FTIR 还有一个显著优势是对官能团鉴定的特征性。红外光谱能够提供样品中不同化学键的特征峰，通过谱图比对和分析，研究人员可以快速识别未知化合物的分子结构。红外光谱的高特征性使得 GC-FTIR 在鉴定有机化合物的官能团方面极具优势，尤其适用于石油化工和精细化工领域，能够有效识别烷烃、烯烃和芳香族等复杂碳氢化合物结构，分析结果更加直观准确。

尽管 GC-FTIR 技术具有诸多优势，但在某些方面仍存在一定的局限性。例如，无极性或对称分子因缺乏明显的红外吸收而难以被准确检测。尽管 GC-FTIR 的检测灵敏度较高，但在低浓度样品的分析中，其灵敏度仍不及 GC-MS，因此在痕量分析中可能有所不足。这些局限性使得 GC-FTIR 在某些应用场景中受到限制。尽管存在这些局限，但凭借其非破坏性检测的独特优势，GC-FTIR 还可以与其他检测技术联用，例如 GC-FTIR-MS，以弥补单一技术的不足，进一步提高样品检测的灵敏度和分辨率，扩展其在复杂样品分析中的应用范围。

9.5.3 液相色谱-核磁共振光谱联用

液相色谱-核磁共振光谱联用（LC-NMR）是一种将 LC 与 NMR 相结合的分析技术，用于复杂样品中各成分的分离与化合物结构鉴定。这种联用技术综合了 LC 的高效分离能力和 NMR 的分子结构解析能力，使得研究人员能够在分离样品组分的同时获得详细的分子结构信息。正是基于上述显著优势，LC-NMR 在天然产物化学、药物开发、代谢组学和复杂有机化合物的结构解析等领域具有广泛应用价值。

LC-NMR 的工作原理包括两部分。首先是液相色谱（LC）的分离部分。在这个阶段，样品先经液相色谱分离，在流动相驱动下，样品各组分因分配系数的差异而依次从色谱柱流出，随后直接进入 NMR 分析部分。LC-NMR 系统中常使用的流动相为氘代溶剂，确保在 NMR 检测过程中流动相不会产生强烈的干扰信号，从而提高分析的信噪比。通过 LC 的高效分离能力，研究人员可以在复杂样品中识别出不同的化合物，为随后的结构鉴定提供条件。然后是 NMR 的分析部分。当分离后的样品进入 NMR 部分后，样品被置于强磁场中，分子中的氢原子核或碳原子核会发生磁化，形成不同的自旋状态。在外加射频脉冲的作用下，这些原子核的自旋状态会发生跃迁，并在返回基态的过程中释放能量。这些能量变化会产生 NMR 信号，通过傅里叶变换处理生成 NMR 谱图。NMR 光谱能够提供分子结构、官能团环境、相邻原子的空间关系等详细信息，为化合物的结构解析提供重要依据。LC-NMR 通过这种联用方式实现了分离与结构解析的无缝结合，有效提升了样品分析的精度和分辨率。

LC-NMR 技术结合了 LC 的分离能力和 NMR 的结构解析功能，具有独特的优势。首先，它能够直接解析样品的完整分子结构信息，尤其在新化合物和未知成分的结构鉴定中，NMR 提供了无可替代的精细结构解析功能。不同于其他联用技术（如 LC-MS），NMR 无须电离或破坏样品分子，从而保留了分子的完整结构信息，尤其适合分析不稳定或易分解的天然产物。此外，LC-NMR 的 NMR 部分能够识别化合物中不同类型的氢原子和碳原子，提供详尽的化学环境信息，以揭示分子中的官能团类型和相邻原子的空间关系。更为重要的是，NMR 在定性时不需要标准品比对即可直接解析化学结构，对于复杂结构的样品，NMR 光谱中的化学位移、耦合常数和积分面积等特征为分子结构的全面鉴定提供了多重依据，使得 LC-NMR 在结构解析中拥有极高的准确性和可靠性。

LC-NMR 技术的应用领域非常广泛，主要包括天然产物化学、药物开发和代谢组学等。

在天然产物化学中，LC-NMR 常用于从植物、微生物等来源的天然产物中分离并鉴定新的活性成分。这些天然产物通常结构复杂，包含大量的未知化合物，而 LC-NMR 能够在分离的基础上提供清晰的结构信息，便于研究人员确定分子结构并识别其生物活性。在药物开发中，LC-NMR 为研究药物合成产物、代谢产物和杂质提供了强大的分析手段，通过对药物分子及其代谢路径的深入解析，LC-NMR 能够帮助研究人员优化药物的化学结构，提高药物的疗效与安全性。在代谢组学领域，LC-NMR 可用于生物体内小分子代谢物的分析，帮助科学家识别与特定疾病相关的代谢产物变化，为疾病诊断和治疗提供数据支持。

尽管 LC-NMR 具有诸多优势，但也面临一些技术难点。第一个技术难点在于，NMR 检测对样品浓度的要求较高，通常需要较大的样品量，而 LC 分离后的样品浓度通常较低，这在一定程度上限制了 LC-NMR 的检测灵敏度。因此，为提高信号质量，LC-NMR 系统通常配备流动池累积装置，通过不断累积同一成分的信号以提升灵敏度。然而，这种信号累积方法需要较长的时间，可能会导致检测效率降低。此外，NMR 检测需要使用高纯度的氘代溶剂，以减少流动相对信号的干扰，这增加了实验成本。另一个技术难点在于数据的解析。NMR 光谱图信息量丰富，但解析复杂，尤其是对于结构复杂的分子，光谱图中的化学位移、耦合常数等信息可能出现重叠，给结构鉴定带来挑战。LC-NMR 数据通常需要较多的专业知识和较高的解析经验，因此，操作人员的技能水平在很大程度上会影响数据的可靠性。为解决这一难题，现代 LC-NMR 系统通常配备数据处理软件，支持自动化的数据分析与谱图解析，部分系统甚至集成了数据库比对功能，可以根据标准化的 NMR 谱库快速初步鉴定化合物。

LC-NMR 的应用前景非常广阔，尤其在精细化工、天然产物和生物医药等领域。随着科学研究对分子结构解析的需求不断增加，LC-NMR 技术为化合物结构解析提供了不可替代的手段。未来，随着 NMR 仪器灵敏度的提升和流动池设计的改进，LC-NMR 的检测效率和适用范围有望进一步拓展，尤其是在微量成分的分析中，技术的进步将可能显著提升 LC-NMR 的灵敏度，使其应用于更广泛的样品类型检测中。此外，LC-NMR 与其他分析技术（如 LC-MS 和 LC-UV）的联用前景同样广阔，这种多技术组合的分析方法将为复杂样品的多维解析提供更丰富的信息支持。

9.5.4　样品前处理与色谱的在线联用

样品前处理与色谱在线联用技术是一种将样品前处理过程与色谱分析过程直接结合的分析方法，旨在简化分析流程，提高样品处理效率和检测灵敏度。这种联用技术尤其适用于复杂样品的分析，能够在样品进入色谱系统前完成必要的纯化、浓缩、去除干扰物等处理步骤，从而保证分析的准确性和可靠性。在线样品前处理的引入不仅减少了手动操作的时间和误差，还降低了样品损失和污染的风险，提高了分析效率。

在线样品前处理的核心在于将样品前处理装置直接与色谱系统相连，使得样品从进样到分离分析能够一体化进行。目前已经广泛使用的在线样品前处理系统包括固相萃取

（SPE）、固相微萃取（SPME）、磁固相萃取（MSPE）等。典型的在线样品前处理方法是顶空固相微萃取（HS-SPME）和气相色谱-质谱联用（GC-MS）联用与自动化 MSPE（又称为磁珠法）和液相色谱-质谱联用（LC-MS）分析。以下将详细介绍这两种技术的工作原理、联用特点及实际应用。

视频9-10
SPME-GC联用
动画演示

固相微萃取（SPME）与 GC-MS 的在线联用是一种非侵入式的样品前处理方法，尤其适用于挥发性和半挥发性有机化合物的分析。在 SPME 中，样品通过直接浸入或顶空方式与固相微萃取纤维接触。对于顶空 SPME（HS-SPME），样品首先被加热，以促进挥发性成分进入气相，然后利用固相微萃取纤维（通常为二氧化硅或聚合物涂层）插入顶空位置，通过吸附或分配作用捕获气相中的目标化合物。对于直接浸入 SPME（DI-SPME），纤维直接浸入液体样品中，吸附溶解在液相中的目标化合物。无论是顶空还是直接浸入，萃取完成后，纤维直接插入 GC 进样口进行热解吸，挥发出的化合物立即进入色谱柱进行分离，再由质谱进行检测。由于样品直接从气相或液相转移至固相纤维，且不使用液体介质，SPME-GC-MS 不仅减少了溶剂的使用，还减少了样品中非挥发性杂质的干扰，极大地提高了检测的灵敏度和选择性。SPME-GC-MS 的在线联用在环境监测、食品安全和香料成分分析中有着广泛的应用。例如，在检测饮用水中的污染物时，SPME 可以高效萃取如苯系物、酮类和卤代烃等挥发性有机物，随后通过 GC-MS 实现高灵敏度的检测。由于 SPME 过程不涉及溶剂，避免了样品基质的复杂干扰，同时减少了前处理时间，适合大批量样品的快速检测。再如，在食品香气成分分析中，SPME 可有效萃取香气中的挥发性成分，通过 GC-MS 分离和鉴定香气分子，广泛应用于食品质量控制和风味研究。

自动化磁珠法（MSPE）与液相色谱（LC）的在线联用是一种专门为处理复杂生物样品、食品及环境样品而设计的前处理方法。磁珠法利用磁性固相材料的吸附特性，将样品中的目标物高效纯化和浓缩后，再通过 LC 系统进行分离和检测。自动化磁珠法在样品前处理方面展现了出色的性能，尤其适用于生物样品中蛋白质、药物代谢物及其他微量化合物的检测。在此过程中，样品中的目标物首先被磁性固相材料捕获，未被吸附的杂质则被移除，通过磁场控制，磁珠与样品分离，随后对目标物进行洗脱，再注入 LC 系统进行进一步分析，实现前处理和检测的一体化。自动化磁珠法与 LC 的在线联用在药物分析和生物标志物的检测中具有显著优势。例如，在药物代谢研究中，生物样品如血浆和尿液中通常含有极低浓度的药物代谢产物，自动化 MSPE 能够高效地从复杂基质中富集这些代谢物，随后通过 LC-MS 实现灵敏度极高的定量检测。磁珠法在此类检测中的优势在于其快速分离的能力，减少了样品的前处理步骤，从而降低了操作误差和样品损失，使其适用于高通量筛查。在生物标志物分析中，自动化 MSPE 同样可以用于微量激素、肽类和其他小分子化合物的检测，通过高效去除基质干扰，磁珠法能够在极低检测限下实现高灵敏度分析，非常适合疾病诊断和药物疗效监控中的痕量成分分析。

然而，尽管在线样品前处理与色谱联用技术在各领域展现出众多优势，但其发展和应用也面临一些挑战。一方面，系统的复杂性对设备和操作人员的技术要求较高，尤其是对在线前处理装置的准确性和稳定性有较高的依赖。一些样品中的干扰物在前处理过程中可能无法完全去除，这对系统的前处理方法和色谱条件提出了更高的优化要求。另一方面，在线样品前处理系统的开发和维护成本较高，特别是在涉及高精度传输和流路控制的装置时，设备成本和维护成本都会相应增加。因此，在线样品前处理系统的研发在设备简化、降低成本、提高操作便捷性等方面仍有很大的改进空间。

9.6　色谱-质谱联用案例分析

色谱质谱联用技术（GC-MS、LC-MS 等）凭借其强大的分离能力、高灵敏度和良好的选择性，在药物分析、环境监测、食品安全、临床诊断和法医毒理学等多个领域得到了广泛应用。色谱-质谱联用技术不仅能够高效分离复杂样品中的成分，还能准确识别并定量分析目标物质，为科学研究和实际应用提供了强有力的技术支持。以下将具体分析色谱-质谱联用技术在不同领域中的应用及其优势。

9.6.1　食品分析应用案例

高血压是一种常见的慢性病，部分患者倾向于通过保健食品进行日常调理。然而，极少数不法厂商为牟取暴利，常在保健食品中非法添加降血压药物。二氢吡啶类钙拮抗剂是较常用的一种降血压药物，但这类药物过量服用会危害健康。因此，建立针对降压类保健食品中非法添加降血压药物的检测方法具有重要意义。本案例建立了一种超高效液相色谱-串联质谱法，用于同时检测降血压类保健食品中的 13 种二氢吡啶类钙拮抗剂。色谱柱采用反相 C_{18} 色谱柱（2.1 mm × 100 mm, 1.7 μm），流动相为 2 mmol/L 甲酸铵-0.1%甲酸水溶液和乙腈，采用梯度洗脱方法。色谱柱柱温为 40℃，流速 0.4 mL/min，进样量 5 μL。质谱检测采用电喷雾离子源正离子模式（ESI+）和多反应监测（MRM）模式。在上述检测条件下，13 种二氢吡啶类钙拮抗剂的色谱峰型良好，可在 10 min 内实现分离和分析（图 9-7）。

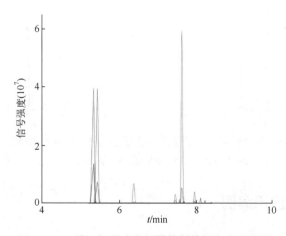

图 9-7　13 种二氢吡啶类钙拮抗剂的提取离子流图

方法学考察结果显示，13 种化合物在 3 种样品基质中的线性关系良好（$R^2 \geqslant 0.99$），回收率与相对标准偏差(RSD)实验结果显示，平均回收率为 85.1%～119%，日内 RSD 为 0.37%～5.6%，日间 RSD 为 1.6%～13.0%。在实际样品检测中，对 46 批次样品进行检测，发现 2 批阳性片剂样品，分别检出硝苯地平和马尼地平，其余样品未检出目标物。综上所述，本案例建立的方法具有快速、简便、可靠的特点，灵敏度高，准确度、精密度和重复性良好，适用于检测保健食品中非法添加的二氢吡啶类钙拮抗剂，为相关部门执法提供了参考依据。

9.6.2　药品分析应用案例

乳核内消液收载于中华人民共和国国家卫生健康委员会药品标准中药成方制剂中，但原质量标准中未包括柴胡含量的测定方法。柴胡作为其处方成分之一，具有多种药理活性，但市场上柴胡品种混乱，藏柴胡常被非法掺入，藏柴胡具有药理毒性，威胁临床用药安全。此外，柴胡皂苷 a、d 等成分的结构不稳定，在煎煮或炮制过程中易发生转化，现有的检测方法也存在色谱峰干扰的问题。本案例采用超高效液相色谱-串联质谱技术，针对乳核内消液中的柴胡皂苷 a、k、d、b_1、b_2 进行了定量分析。色谱条件采用反相 C_{18} 色谱柱（150 mm×2.1 mm，3 μm），以乙腈和 0.1%甲酸水溶液为流动相，梯度洗脱，流速为 0.3 mL/min，柱温为 35℃，进样量为 5 μL。质谱检测采用电喷雾离子源负离子模式（ESI$^-$）和选择反应监测（SRM）模式。通过优化色谱分离条件，采用梯度洗脱法实现了 5 种柴胡皂苷成分的快速分离（图 9-8）。方法学考察结果显示，乳核内消液中 5 种柴胡皂苷（a、k、d、b_1、b_2）在 3 种样品基质中的线性关系良好（$R^2 \geqslant 0.99$），回收率与相对标准偏差（RSD）实验结果显示，5 个成分的加样回收率在 96.6%～103.8%，RSD 为 1.2%～1.9%，方法回收率符合要求。利用该方法对 10 个厂家生产的 25 批次乳核内消液样品进行了检测，发现样品中柴胡皂苷含量差异显著，尤其是柴胡皂苷 k 的异常含量提示部分样品可能掺杂了其他柴胡品种。综上所述，本案例建立的方法可实现多成分同时检测、掺杂鉴别和质量评价，为乳核内消液的质量控制提供依据，为中药行业的生产提供技术支持。

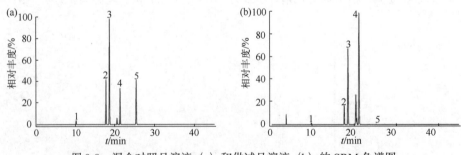

图 9-8　混合对照品溶液（a）和供试品溶液（b）的 SRM 色谱图

1—柴胡皂苷 k；2—柴胡皂苷 a；3—柴胡皂苷 b_2；4—柴胡皂苷 b_1；5—柴胡皂苷 d

9.6.3　环境分析应用案例

草甘膦是一种广泛使用的除草剂，草铵膦用于防治抗草甘膦的杂草，乙烯利则是一种植物生长调节剂。检测这些物质的残留对于评估环境污染、确保水体安全以及合理控制农业化学品的使用具有重要意义。草甘膦、氨甲基膦酸（草甘膦的主要代谢物）、草铵膦和乙烯利均为强极性化合物，分析检测难度较大，且多数现有检测方法需衍生化，操作烦琐。本案例建立了一种直接进样的超高效液相色谱-三重四极杆质谱法，用于检测环境水样中这四种物质的残留。环境水样经 0.22 μm 滤膜过滤或冷冻离心去除杂质后，滤液无须衍生化，可直接进样进行分析。四种农药通过阴离子色谱柱（150 mm × 4.0 mm, 5 μm）分离，以碳酸氢铵-氨水溶液和纯水为流动相，梯度洗脱，在负离子模式下以多反应监测（MRM）方式进行检测。四种农药（50.0 μg/L）在 MRM 模式下的提取离子色谱图呈现了良好的色谱峰形（图 9-9）。定量分析方法结果表明，四种农药在 0.50～50.0 μg/L 范围内的线性关系良好（$r > 0.999$），方法的检出限为 0.05～0.09 μg/L。利用所建立的方法，本案例对海南省不同地点的 34 个水样进行了检测，结果显示 30 个饮用水源地样品未检测到任何目标物，但在槟榔园和香蕉园附近的水样中，分别检出草甘膦、草铵膦及其代谢物氨甲基膦酸，浓度范围为 0.21～1.67 μg/L。这一结果表明农田周围水体中的农药残留问题值得关注，而超高效液相色谱-三重四极杆质谱法可为区域污染物监测提供强有力的技术支持。

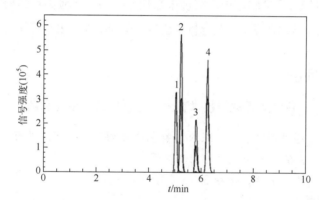

图 9-9　四种农药（50.0 μg/L）在 MRM 模式下的提取离子色谱图
1—草甘膦；2—氨甲基膦酸；3— 草铵膦；4—乙烯利

 【本章小结】

Summary　This chapter focused on the principles, applications, and recent advancements in the coupling of chromatography with other analytical techniques, with a primary emphasis on chromatography-mass spectrometry (GC-MS, LC-MS, and CE-MS). GC-MS is particularly effective for analyzing volatile and semi-volatile compounds, while LC-MS excels in the analysis of polar and thermally labile substances. The chapter covered the fundamental components of GC-MS and LC-MS systems, including sample introduction methods, ionization techniques, and common types of mass analyzers. It also highlighted the crucial role of interface technology in linking the separation techniques (chromatography or electrophoresis) with the mass spectrometer. Additionally, the chapter briefly introduced other coupling techniques, such as LC-NMR, which combines the separation power of liquid chromatography with nuclear magnetic resonance for structural elucidation, and GC-FTIR, which provides complementary functional group information alongside GC-MS analysis. Through this exploration, the chapter emphasized the growing importance of coupling chromatography with other techniques to enhance the sensitivity, selectivity, and versatility of analytical methods. These advancements contribute significantly to applications in trace analysis, complex sample separation, and multi-component analysis across a wide range of scientific disciplines.

【复习题】

1. 色谱质谱联用技术相比单一色谱技术的优势是什么？常用的定性和定量指标有哪些？

2. GC-MS 中，EI 和 CI 的工作原理是什么？它们的谱图各有什么特点？

3. LC-MS 中，ESI 和 APCI 有何区别？各自适用于哪些类型的化合物？

4. GC-MS 与 LC-MS 的主要区别以及各自的应用范围是什么？

【讨论题】

1. 如何通过色谱与质谱联用技术实现未知代谢物的高效检测和结构鉴定？

2. 色谱质谱联用技术在复杂样品分析中还有哪些局限性？未来可能有哪些技术突破？

👥 团队协作项目

色谱质谱联用技术在生物分析中的应用与创新

【项目目标】 通过团队合作，深入了解色谱质谱联用技术在生物分析中的应用，探索色谱质谱联用技术在生物分析中的创新应用。

【团队构成】 4 个小组，每组 3～5 名学生。

【小组任务分配】

1. 色谱质谱联用技术在治疗药物浓度监测中的应用研究小组（任务内容：研究色谱质谱联用技术在治疗药物浓度监测中的应用原理和方法；调查和总结色谱质谱联用技术在临床药物监测中的常见应用场景，分析其在治疗药物监测中的优势和局限性）。

2. 色谱质谱联用技术在疾病早期诊断中的应用研究小组（任务内容：探讨色谱质谱联用技术在疾病早期诊断中的应用，特别是在癌症、代谢性疾病等早期筛查中的应用；研究其在生物标志物检测中的创新应用和挑战）。

3. 色谱质谱联用技术在公安司法毒物分析中的应用研究小组（任务内容：研究色谱质谱联用技术在公安司法领域的应用，尤其是在毒物分析中的应用；分析其在法医毒理学、毒物定性定量检测中的优势和创新点）。

4. 色谱质谱联用技术在临床营养代谢检测中的应用研究小组（任务内容：研究色谱质谱联用技术在临床营养代谢检测中的应用原理和方法；调查色谱质谱联用技术在临床营养学和代谢性疾病检测中的创新应用和实际应用场景）。

【成果展示】 各小组分别准备一份报告，总结研究成果和解决思路，并在团队会议上进行展示。

【团队讨论】 团队成员将对各小组的研究成果进行讨论，整合各方意见，形成最终的合作报告，并提出色谱质谱联用技术在生物分析中的应用与创新策略。

案例研究

如何检测急性中毒患者血液中的毒物种类

2024 年 7 月，某市医院接诊了多名急性中毒患者。患者表现出神经系统和呼吸系统异常症状，怀疑为某些毒物或药物的急性中毒反应。医院急需对患者血液中的毒物成分进行快速、精准地分析，以确定中毒物质并制订治疗方案。急性中毒的毒物种类繁多，常见的包括镇静剂、抗抑郁药、类固醇、麻醉药等药物类毒物和有机磷、有机氯、氨基甲酸酯类等农药类毒物，请问如何判断患者是哪种毒物中毒？

案例分析：

1. 急性中毒中常见的毒物种类及其毒理学特征有哪些？
2. 急性中毒血液检测中常用的分析技术有哪些？
3. 色谱质谱联用技术在急性中毒血液分析中的优势和应用分别是什么？

参考文献

[1] Jung Y S, Kim D B, Nam T G, et al. Identification and quantification of multi-class veterinary drugs and their metabolites in beef using LC-MS/MS[J]. Food Chem, 2022, 382:132313.

[2] Zhao X, Yuan Y, Wei H, et al. Identification and characterization of higenamine metabolites in human urine by quadrupole-orbitrap LC-MS/MS for doping control[J]. J. Pharm. Biomed Anal, 2022, 214:114732.

[3] Al-Asmari A. Method for the identification and quantification of sixty drugs and their metabolites in postmortem whole blood using liquid chromatography tandem mass spectrometry[J]. Forensic Sci Int, 2020, 309:110193.

[4] 王清艺, 熊梦钒, 涂青, 等. 顶空固相微萃取-气相色谱-质谱法分析不同产地普洱茶发酵阶段样香气组分[J]. 食品安全质量检测学报, 2024, 15(18): 40-47.

[5] 赵一擎, 王艳伟, 杨元, 等. UPLC-MS/MS 法同时测定乳核内消液中柴胡皂苷 a、柴胡皂苷 d、柴胡皂苷 b_1、柴胡皂苷 b_2 和柴胡皂苷 k 的含量[J]. 药物分析杂志, 2023, 43(10): 1702-1708.

[6] 何书海, 曹小聪, 吴海军, 等. 直接进样超高效液相色谱-三重四极杆质谱法快速测定环境水样中草甘膦、氨甲基膦酸、草铵膦及乙烯利残留[J]. 色谱, 2019, 37(11): 1179-1184.

（陈迪　编写）

第 10 章　复杂样品前处理技术

学习目标

掌握：样品前处理技术的选择原则、常用方法及应用场景；

熟悉：每种技术的操作步骤、所需试剂及仪器设备；

了解：复杂样品前处理新方法；

能力：建立样品前处理方法，提高被分析物的检测灵敏度和特异性。

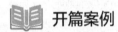

葡萄酒中的"隐形"杀手

在风光旖旎的葡萄园旁，坐落着一座声名远扬的葡萄酒厂，其生产的葡萄酒口感醇厚，色泽如红宝石般璀璨，透明度堪比水晶，深受消费者的喜爱。然而，好景不长，有消费者反映，在品尝过该厂的葡萄酒后，出现了不同程度的过敏症状，这让厂方和质量监测人员倍感困惑。为了查找原因，质量监测人员决定对葡萄酒样品进行全面检查。在实验室里，他们首先对未经处理的样品进行色谱法检测，但令人失望的是，并未发现任何异常。难道这"隐形"杀手真的如此狡猾，能逃脱色谱法的"法眼"吗？不甘心就此放弃，检测人员决定对样品进行一番"美容"。他们先将葡萄酒样品进行过滤，去除杂质，然后加入活性炭，搅拌 30 分钟。在这段时间里，活性炭像一位勤劳的清洁工，将葡萄酒中的色素和异味物质一一吸附，使样品变得更加纯净。将前处理后的样品再次进行色谱法检测，这次，检测结果让人眼前一亮。原来，葡萄酒中竟然含有微量的二氧化硫，正是这种物质，让消费者在品尝美酒的同时，也遭受了过敏的困扰。对比前后的检测结果，未经处理的样品如同蒙上了一层面纱，让人看不清真相，而经过前处理的样品如同拨云见日，让二氧化硫这个"隐形"杀手无处藏身。厂方立即采取措施，降低了葡萄酒中的二氧化硫含量。

如今，消费者又可以放心品尝美味的葡萄酒，再也不用担心过敏问题了，而那座葡萄酒厂，也凭借严谨的质量管理和精湛的工艺，重新赢得了消费者的信任。在阳光的照耀下，葡萄园里的葡萄更加饱满，酒厂的生产线也恢复了往日的繁忙，一切都那么美好。

10.1 概述

样品前处理是指对样品采用适当的分解、溶解等方法，将待测组分提取、净化和浓缩的过程。其目的是解决样品污染或堵塞色谱柱、样品待测组分浓度低于仪器检出限、样品中复杂的基质组分影响分析测定结果等问题，使采集保存的样品转变为能被仪器检测的形式，从而进行定性、定量分析。样品前处理的主要作用是消除基体干扰，提高分析方法的准确度、灵敏度和专属性。

在过去的几十年中，色谱技术及方法学得到了空前发展，其应用涵盖化学化工、环境分析、生命科学、材料科学、食品药品等领域。随着国计民生的发展和社会对快速、准确和灵敏度分析技术的迫切需求，色谱分析面临着前所未有的样品多样性和复杂性问题。绝大多数样品受其基质组分的干扰或待测组分含量过低，无法直接进入色谱仪器被测定，因此，需要对样品进行科学有效的前处理，将待测组分从样品中提取出来，排除基质对待测组分的干扰。样品前处理作为色谱分析过程中的关键环节，发展快速、高效、特异、无污染和自动化的样品前处理新技术逐渐成为色谱分析乃至整个分析化学领域的研究前沿。

迄今为止，传统的样品前处理技术（如溶剂萃取、蒸馏、吸附、过滤、离心等）得到了完善。此外，近年来发展了许多样品前处理新技术（如固相微萃取、超临界流体萃取、微波辅助萃取、反胶团萃取等），特别是为了解决分析过程中溶剂带来的负面影响，无溶剂样品前处理技术发展迅猛。选用何种样品前处理技术取决于样品的状态、样品的基质组分及分析待测组分所需的浓度水平。如果样品前处理技术选择不当，则会造成待测组分的损失、基质影响无法完全消除、引入其他干扰因素等。目前，样品前处理仍是色谱分析中相对薄弱的环节，发展高效、快速、无污染的样品前处理技术具有重要意义。

10.1.1 进行样品前处理的原因

一个完整的色谱分析过程包括四个步骤：采集样品、样品前处理、分析测定、数据处理与结果报告。现代色谱仪器对一个样品的分析测定所用的时间越来越短，一个样品的分析测定只需几分钟至几十分钟便可完成，而样品前处理需要的时间最长，将原始样品处理成可以直接被色谱仪器分析测定的上机样品通常需要几小时甚至几十小时。因此，前处理环节决定了整个分析过程的时长。

实际样品种类繁多、组成和浓度复杂多变、物理形态各异，采用色谱分析方法直接分析测定样品时面临的干扰因素多，故需要选择并实施科学有效的处理方法，达到分析测定或评价的目的。采用何种前处理方法应依据样品基质组成、被测组分、干扰组分和测定方法等决定。对于样品基质简单、与被测组分性质相近的干扰物质少、后续测定方法选择性高的情况，往往仅需简单的过滤或稀释便可直接测定，而对于复杂基质中微量被测组分的分析，常需要同时采用多种前处理技术进行分解和净化后才能测定。样品前处理过程不仅决定了分析全过程耗时的长短，也决定了测定结果的准确性，因为相对于前处理过程而言，后续仪器测定不仅速度快，而且产生测定误差的因素也相对较少。快速、简便、自动化的前处理技术不仅省时、省力，而且可减少由不同人员操作及样品多次转移带来的误差，同时可避免使用大量的有机溶剂，减少对环境的污染。

10.1.2　样品前处理应遵循的原则

如何从众多的样品前处理技术中选择最佳的技术处理某一具体样品？迄今为止，没有一种样品前处理技术能适合所有样品。即便是同一样品，所处的分析测试条件不同，选择的样品前处理技术也不同。选择最佳的样品前处理技术，不仅要考虑各种前处理技术的特点、样品特性、色谱分析条件、分析测定目的，还需要操作者具有丰富的实践经验，熟知操作细节。一般而言，样品前处理技术的选择和实施应遵循如下原则。

（1）待测组分的回收率应尽可能高　回收率低会导致分析结果的重复性和准确度差，对于常量分析通常要求回收率在95%以上，而对于复杂样品中痕量组分的分析，有时可以容许约80%甚至更低的回收率。

（2）最大限度地消除基质组分的干扰　消除干扰是样品前处理的主要目的，干扰消除越彻底，越有利于提高后续色谱分析的准确度。大多数样品的前处理方法不是专一性的，混入少量基质组分不可避免，只要将影响色谱分析的干扰组分控制在可接受的范围内即可。

（3）样品前处理应尽可能简便、快速　样品前处理的步骤越复杂，操作过程中引起的样品损失越大，后续的色谱分析误差也越大。使用自动化程度较高的样品前处理技术能有效避免操作误差。

（4）待测组分的化学衍生化反应需已知并定量完成　如果样品前处理过程必须将待测组分进行化学衍生化反应，例如，将不能气化的待测组分转化成可气化物质的衍生化过程，或将不适合测定的待测组分通过化学反应转化成适合测定的物质，那么这一反应必须是已知的，并且能定量完成，否则将大大影响定量的准确性。

（5）待测组分的富集倍数与后续色谱法的灵敏度相匹配　待测组分的浓度和绝对含量通常应高于其定量限，以降低后续色谱分析结果的相对误差。

（6）少用或不用有毒有害试剂　在现代社会，随着经济的快速发展，环境问题日益突出，应努力实现人与自然和谐共生，尽量避免使用危害操作者健康和污染环境的试剂，倡导绿色化学是人类的必然选择。如近年发展迅速的固相萃取技术可大幅度减少有机溶剂的使用量。

总之，应根据色谱分析测定的目的、被分析物的特征、分析测定条件，选择并制订最佳、可实施的样品前处理流程。

10.2　常用的物理分离和浓缩手段

10.2.1　溶剂萃取技术

溶剂萃取是经典的分离和纯化方法，也是最常用的样品前处理技术之一。广义的溶剂萃取是指萃取相为液相的萃取体系，包括样品相为液相的液-液萃取、样品相为固相的固-液萃取和样品相为气相的气-液萃取。气-液萃取应用范围较窄，主要用于大气采样。最常用的液-液萃取技术是利用互不相溶的两相溶剂将目标物进行转移、分离和浓缩。为了减少有机相溶剂的使用，增加生物相容性，可采用双水相萃取技术。液相微萃取技术包括单滴液相微萃取、中空纤维液相微萃取和分散液相微萃取，是将液-液萃取微型化，减少有机溶剂使用的绿色样品前处理技术，近年来发展迅速。

（1）液-液萃取（liquid-liquid extraction, LLE）　LLE 是最早应用的样品前处理技术之一，因其具有技术成熟、适用性广、操作简便、成本低等优势，至今仍广泛用于样品前处理。LLE 体系中通常包括两种互不相溶的溶剂相，一种溶剂相是水，另一种是有机溶剂。LLE 的原理是利用样品中不同组分在两种互不相溶的溶剂中溶解度或分配系数的差异达到分离、纯化和富集的目的。被萃取组分在不同溶剂中的溶解度符合"相似相溶"原理，即极性化合物更易溶于水相，而低极性或非极性化合物则更易溶于有机溶剂。

视频10-1
液相萃取

以 LLE 分离提纯某样品中的待测组分 A 为例，在一定温度下，如 A 在两相溶剂中不发生形态转化，则达到平衡时 A 在两相溶剂中的浓度比值是一个常数，用以下公式表示：

$$K_d = \frac{C_{org}}{C_{aq}} \tag{10-1}$$

式中，K_d 为分配系数；C_{org}、C_{aq} 分别表示 A 在有机溶剂相和水相中的浓度。溶剂萃取效果通常用萃取率表示，如以下公式所示：

$$E = 1 - \frac{1}{1 + K_d V} \tag{10-2}$$

式中，E 代表萃取率；V 是有机相和水相的体积比，即相比（V_{org}/V_{aq}）。从式（10-2）可看出，为了获得较高的萃取率，必须保证 $K_d V$ 足够大，如 $K_d V > 20$ 时，能保证一次萃取的萃取率达 95%。在实际操作中，相比常保持在 0.1～10 之间，因此通常要求 $K_d > 10$。但在实际工作中，经常出现待测组分 $K_d < 10$ 的情况，此时须进行多次萃取以提高萃取率，n 次萃取的总萃取率 E 可表示为：

$$E = 1 - \left(\frac{1}{1 + K_d V} \right)^n \tag{10-3}$$

多次萃取比一次萃取的萃取率高，例如，某一待测组分的分配系数为 5，相比为 1，则进行 3 次萃取后，待测组分的萃取率高达 99%。

按操作方式进行分类，LLE 可分为手工断续萃取（分液漏斗萃取）、连续液-液萃取和在线液-液萃取。目前，LLE 的主要操作方式仍然是手工断续萃取，应选用容积为液体样品体积 2 倍以上的分液漏斗，一次使用的溶剂体积一般为样品溶液体积的 30%～35%，加入两相溶剂，塞紧塞子，关闭活塞开始振荡，振荡几次后应将漏斗下口向上倾斜，打开活塞放气，之后关闭活塞再次进行振荡，重复操作 3～5 min 后静置分层。如果长时间静置仍不能清晰分层，可加入适量无水硫酸钠或醇类化合物，改变溶液的表面张力，也可调节溶液 pH。一般萃取 2～3 次即可达到要求的萃取率，萃取次数取决于分配系数的大小。

对于分配系数较小或前处理的样品量较大的情况，可采用连续液-液萃取（图 10-1）。有机溶剂在烧瓶中被加热蒸馏，上升到冷凝管中进行冷凝，冷凝后的有机溶剂穿过样品溶液，萃取待测组分后回流至烧瓶中，此过程持续进行，直到足够量的待测组分被萃取出来。连续液-液萃取过程中有机溶剂可被反复利用，多次萃取，提高萃取率。与手工断续萃取相比，连续液-液萃取有机溶剂用量少、无须人工操作、效率高，但蒸馏时高挥发性或热不稳定化合物可能会损失。

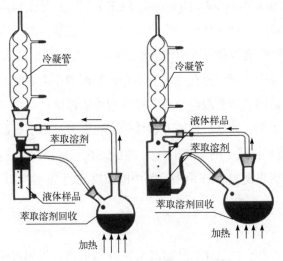

图 10-1　连续液-液萃取装置图

简单的在线液-液萃取装置（图 10-2）基于流动注射分析的设计原理，待萃取样品被连续导入水相，待萃取样品与萃取剂在混合器中充分混合，然后，样品中待测组分在萃取盘管中被有机相萃取，通过相分离器实现两溶剂相的分离。含有待测组分的一相通常配备流通池**进行**在线监测和定量分析。此外，在线液-液萃取装置可添加膜分离器件、微柱分离器、预浓缩装置等浓缩待测组分。在线液-液萃取的优势在于可用于毫升级小体积样品的分离纯化，萃取剂和有机溶剂用量少；自动化程度高，避免人为因素带来的误差；采用闭环系统，防止样品污染，减少操作人员与有机溶剂的接触；样品的萃取率较高。

（2）双水相萃取（aqueous two-phase extraction, ATPE）　Beijerinck 在 1896 年首次发现琼脂与可溶性淀粉组成的溶液互不相溶，经混合静置，琼脂水溶液与淀粉水溶液形成了互不混溶的两相。Albertsson 提出双水相体系的概念，并使用聚合物双水相体系分离提纯蛋白质。1979 年，德国 Kula 等将 ATPE 用于发酵液中生物酶的分离。目前，ATPE 的应用

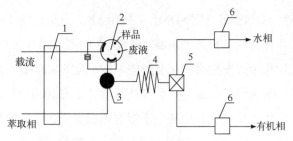

图 10-2　在线液-液萃取装置示意图

1—蠕动泵；2—六通阀；3—相混合器；4—萃取管；5—相分离器；6—检测器

已扩展至各种核酸、蛋白质、细胞器和菌体等的分离。双水相是由两种聚合物水溶液或一种聚合物与一种盐的水溶液形成的互不相溶的体系。双水相的形成通常是由不同种类高分子间存在空间位阻效应，导致它们互不相溶，有相互分离的趋势，进而形成两相，如聚乙二醇/葡聚糖、聚丙二醇/聚乙二醇和甲基纤维素/葡聚糖等两种聚合物水溶液混合形成双水相。尽管两种聚合物水溶液形成的双水相体系能有效保持生物分子的活性，但存在高成本和高黏度等缺点，限制了其应用范围。某些聚合物水溶液与无机盐溶液混合时同样能形成双水相，如聚乙二醇/磷酸钾、聚丙烯乙二醇/磷酸钾、聚乙二醇/碳酸钠等聚合物/无机盐双水相体系，这类体系虽然成本低且黏度小，但不适用于高盐环境中易失活的生物物质的分离。

ATPE 是一种高效、温和、简便的分离技术，特别适合生物样品的分离纯化。ATPE 与 LLE 的原理相似，都是根据被萃取组分在两相间的选择性分配进行分离纯化。当样品进入双水相体系后，在范德瓦耳斯力、疏水作用、分子间的氢键、电荷作用等分子间非共价相互作用下，被萃取组分在上下两种水相中的浓度不同，从而达到分离纯化的目的。两水相的性质差异越大，被萃取组分在两相中的分配系数也越大，当双水相固定时，分配系数是一个常数，与样品浓度无关。通过调控双水相体系的浓度、pH 和离子强度等条件，可实现生物分子或其他目标物质的高效分离。新型廉价 ATPE 体系的开发、萃取过程的乳化现象等是 ATPE 亟待解决的问题。新的研究进展包括离子液体双水相萃取体系、双水相萃取与膜分离相结合以及与细胞破碎过程相结合等。离子液体双水相萃取体系最早由 Rogers 等提出，其与传统的双水相体系优势互补，缩短了分相所需的时间，降低了体系乳化的概率，提高了产物的分离效率，在分析化学、生物制药、医疗卫生等领域具有广阔的应用前景。

（3）液相微萃取（liquid-phase microextraction，LPME）　LPME 作为一种溶剂萃取的新技术，在减少传统 LLE 方法中有机溶剂的高消耗和环境污染方面表现出显著的优势。经典的 LLE 萃取相体积需要达到几十甚至几百毫升，大量有机溶剂的消耗不仅提高了检测成本，还会造成二次污染，大体积的萃取液往往需要经过浓缩才能满足色谱仪器检测限的要求，费时费力。LPME 的诞生克服了 LLE 的弊端，通过缩小接收相与样品相的体积比，LPME 显著降低了溶剂用量，同时集成了萃取、净化、浓缩和预分离等功能，具有高效、快速、灵敏等特点，是一种环境友好的萃取方法。

① 单滴微萃取（single drop microextraction，SDME）。按操作方式进行分类，SDME

分为直接 SDME、顶空 SDME 和三相 SDME（图 10-3），分别适用于不同类型化合物的萃取。直接 SDME 是将悬挂微量有机溶剂液滴（接收相）的进样器针头直接浸入样品溶液中，该技术适用于非挥发性和半挥发性有机化合物的萃取。顶空 SDME 是利用顶端中空的特氟龙探头悬挂微量有机溶剂液滴（接收相），在样品溶液上方的顶空气相中进行萃取。该技术适合挥发性有机化合物的萃取，其优势在于能有效减少进入萃取液的杂质，有利于提高后续色谱分析的准确性。三相 SDME 则包括样品相、有机相和接收相，其萃取过程为样品相中待测组分先被萃取到有机相中，再经过反萃取进入接收相。通常样品相的 pH 不利于待测组分的电离，待测组分在样品相中具有一定的疏水性，易被有机相萃取，而接收相（通常为亲水相）pH 有利于待测组分的电离，通过液液接触实现待测组分的反萃取。因此，通过有机相与接收相的液液接触，能够实现待测组分的反萃取。三相 SDME 技术具有较强的抗干扰能力，可有效去除样品中的复杂基质组分，适合环境污水、组织液和血浆等复杂样品中待测组分的萃取分离。

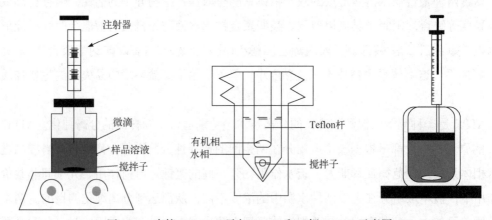

图 10-3　直接 SDME、顶空 SDME 和三相 SDME 示意图

　　SDME 的萃取过程受搅拌速率、温度和萃取时间等多种因素的影响，这些因素会导致接收相液滴体积发生变化，从而影响 SDME 技术的重复性和准确性。为确保液滴的稳定性，通常使用表面张力大、沸点高的有机溶剂作为接收相。在实际操作过程中，萃取液滴往往无法完全回收，例如，2 µL 的液滴在萃取完成后抽回时可能仅剩 1 µL。这是因为萃取溶剂挥发、液滴部分溶解在水相中和搅拌导致的液滴部分脱落等原因导致液滴体积损失。近年来，离子液体作为环境友好型溶剂具有蒸气压低、不易挥发、稳定性好和可调节的水溶性等特点，非常适合作为 SDME 技术的萃取溶剂代替传统的有机溶剂。

　　SDME 技术具有溶剂消耗低、成本低、操作简便和环境友好等优势，然而该方法对复杂样品的前处理存在一定局限，通常需要在萃取前对样品进行过滤处理，以减少颗粒对萃取液滴稳定性的影响。此外，为避免萃取液滴损失，萃取时间和搅拌速率需进行调控，否则会影响后续色谱分析的灵敏度和准确性。影响 SDME 技术萃取效率的因素有萃取溶剂本身、液滴体积、搅拌速率、样品离子强度、pH 和萃取时间。萃取溶剂需遵循"相似相溶"原则，对待测组分具有高选择性，此外，萃取溶剂应兼容后续色谱分析的要求，避免溶剂对后续分析产生干扰。萃取液滴体积的选择会影响富集倍数和灵敏度。通常，萃取液滴体积越小，富集倍数越大，而液滴体积增大时，待测组分的萃取量随之增大，有利于提高灵敏度。综合考虑，萃取液滴的体积一般选择 $1 \sim 3$ μL。向样品相中加入无机盐（例如 NaCl、Na_2SO_4 等）增加离子强度，基于盐析效应能够增加待测组分在接收相中的分配。通过调节样品相 pH 降低待测组分在样品相中的溶解度，也能够增加待测组分在接收相中的分配。此外，萃取时间越长越有利于待测组分在两相间达到分配平衡，但萃取时间过长会导致有机溶剂的损失，通常 SDME 的萃取时间需控制在 15 min 内。

② 中空纤维液相微萃取（hollow fiber liquid-phase microextraction，HF-LPME）。SDME 技术存在悬浮液滴不稳定，处理复杂样品时容易引起进样针和检测系统的污染等缺陷，为克服 SDME 技术的缺陷，1999 年，Pedersen-Bjergaard 等对 SDME 技术进行了改进，利用多孔中空纤维管作为载体保护萃取溶剂，发展出 HF-LPME 技术。图 10-4 为 HF-LPME 的装置图，首先将多孔中空纤维浸泡在有机溶剂中，使纤维壁饱和形成液膜，再将适量有机溶剂（接收相）注入纤维空腔中，并将其固定在微量进样器针头上，放入样品相中进行搅拌。在萃取过程中，待测组分先进入多孔中空纤维壁的液膜中，再扩散至纤维空腔中的接收相，萃取完成后，用微量进样器抽取接收相进行后续的色谱分析。HF-LPME 技术分为两相 HF-LPME 和三相 HF-LPME。在两相 HF-LPME 体系中，纤维壁和空腔内所用的有机溶剂相同，待测组分直接从水相萃取至有机相，两相 HF-LPME 常用于 GC 或 GC-MS 样品的前处理。在三相 HF-LPME 体系中，纤维壁微孔中填充有机溶剂，而纤维空腔内注入水相（接收相），形成待测组分从样品相萃取到有机相，再反萃取到接收相的三步转移过程。通常应控制样品相的 pH，使待测组分在样品相中处于未电离状态，以便待测组分更易进入纤维壁的有机相中，而接收相的 pH 应调控在待测组分易于电离的范围，以便将其反萃取至纤维空腔的接收相中。三相 HF-LPME 常用于 HPLC 或 LC-MS 样品的前处理。

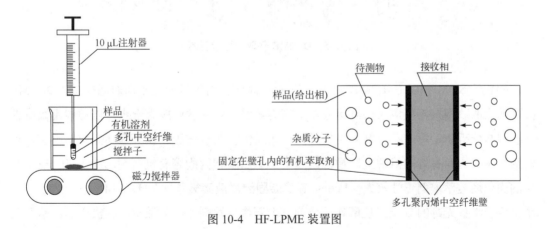

图 10-4　HF-LPME 装置图

在 HF-LPME 体系中，萃取溶剂置于多孔中空纤维空腔内，不与样品相直接接触，抗干扰能力强，不会发生液滴部分脱落导致的体积损失，因此可以加快搅拌速率，提高萃取效率。此外，多孔中空纤维微孔尺寸小（约 0.2 μm），能有效阻隔大分子和颗粒等杂质进入接收相，特别适合复杂基质样品的前处理。然而，HF-LPME 萃取时间较长（通常为 15～

45 min），且中空纤维重复使用可能造成交叉污染。目前，HF-LPME 技术所用的多孔中空纤维材质通常是价格低廉的聚丙烯，可一次性使用避免交叉污染。

HF-LPME 的萃取条件与 SDME 类似，但 HF-LPME 的萃取溶剂在满足 SDME 的基本要求外，还应与多孔中空纤维具有较强的亲和力，使其能够稳定存在于纤维空腔中。接收相体积的选择与 SDME 类似，接收相体积越小富集倍数越大，然而，接收相体积增大，待测组分的萃取量也随之增大，有利于提高灵敏度。综合考虑，接收相的体积一般控制在 20 μL 以内。此外，尽管中空多孔纤维对接收相有一定的保护作用，但萃取时间过长仍会导致接收相部分溶解在样品相中，因此萃取时间一般不超过 45 min。搅拌速率提高会加快萃取过程，但搅拌速率不可过快，以免产生气泡，通常搅拌速率控制在 2000 r/min 以内。

③ 分散液-液微萃取（dispersive liquid-liquid microextraction，DLLME）。DLLME 是 2006 年由 Rezaee 等报道的一种简便、高效的 LPME 技术。DLLME 技术的操作步骤如下。首先，将少量萃取剂（10～50 μL）和数十倍体积的分散剂（0.5～1.5 mL）混合形成萃取相。然后，将萃取相快速注入含有一定体积样品溶液的具塞锥形离心试管中，轻轻振荡，形成水/分散剂/萃取剂的乳浊液体系。此时，萃取剂均匀分散在水相中，与待测组分充分接触，几秒内便可达到水相和有机相间的分配平衡。最后，通过离心分层使萃取剂沉积在锥形离心试管底部，用微量进样器抽取萃取剂，进行后续的色谱分析（图 10-5）。

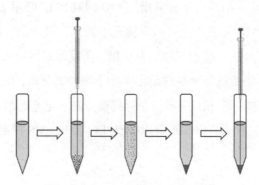

图 10-5　DLLME 萃取过程示意图

相较于 SDME 和 HF-LPME，DLLME 操作简便、高效且分配平衡时间极短。DLLME 技术所用的萃取剂不仅应对待测组分具有高溶解度，其密度还应大于水，以便利用微量进样器取样分析。常用的萃取剂为卤代烃类，如氯仿、四氯化碳、氯苯等，分散剂则应在萃取剂和水中均有良好的溶解度，通常选用甲醇、乙腈和丙酮等有机溶剂。DLLME 技术所用的卤代烃类萃取剂毒性较大，Leong 等将凝固漂浮液滴微萃取与 DLLME 技术结合，采用密度较小且无毒的 2-十二烷醇作萃取剂，丙酮作分散剂，经分散萃取、离心后，萃取剂漂浮在样品溶液上方，冷冻后将凝固的萃取剂转移至小样品瓶中熔化，再进行后续色谱分析，富集倍数达 174～246 倍。

DLLME 与 SDME、HF-LPME 一样无须后续处理，萃取相可以直接注入 GC 或 HPLC 进行检测。若直接进样至 HPLC，需优化流动相条件以避免溶剂峰干扰。对于高灵敏度分析，可用流动相稀释萃取相，若萃取溶剂对后续分析有影响，可将其吹干，溶解定容后再进样。

10.2.2　固相萃取技术

固相萃取（solid phase extraction, SPE）是 20 世纪 70 年代发展起来的样品前处理技术，基于液-固色谱原理，通过固定相选择性吸附样品中的待测组分，使待测组分与样品基质组分分离，再利用溶剂选择性洗脱或热解吸，实现分离富集待测组分的目的。SPE 适用于液态和气态样品的前处理，而固态样品需转化为液态或气态后方可处理。与 LLE 相比，SPE 具有如下优点：①回收率和富集因子较高；②有机溶剂消耗量低，减少对环境的污染；③采用高效、高选择性的吸附剂，能更有效地将待测组分与基质组分分离；④无相分离操作过程，分析物易采集；⑤能处理小体积样品；⑥操作简便且易于实现自动化，同时与色谱分析具有良好的兼容性。目前，国内外已开发出许多商品化的全自动 SPE 仪器，在环境、食品、农业、生物和医药等领域的样品前处理中广泛应用。根据 SPE 固定相的性质，固相萃取技术可分为正相萃取、反相萃取、离子交换萃取和疏水作用萃取等。

（1）正相萃取　其原理基于极性吸附剂对极性或中等极性化合物的吸附作用。在正相萃取中，固定相通常使用极性较强的吸附材料（如硅胶或氧化铝），流动相为非极性或弱极性有机溶剂（如正己烷、戊烷等）。当样品通过这些极性吸附剂时，极性或中等极性的被分析物会与吸附剂表面的极性基团发生相互作用，如氢键、偶极-偶极作用等，从而被保留在吸附剂上。正相萃取主要适用于极性或中等极性的有机化合物，如酚类、酸类、醇类等。在环境分析、食品分析和药物分析等领域，正相萃取常用于从非极性或弱极性样品基质中提取极性污染物，如多酚类化合物等。由于其选择性和净化效果较好，正相萃取在复杂样品的前处理中发挥着重要作用，但吸附剂种类有限、强吸附、重复使用受限及可能的交叉污染也是其存在的弊端。

（2）反相萃取　其基于"相似相溶"原理，在反相萃取中，使用非极性或弱极性的固定相（如 C_{18} 键合硅胶）和极性较强的流动相（水溶液）。当样品通过固定相时，非极性或弱极性的目标化合物会被固定相吸附，而极性杂质则随流动相流出。通过使用极性较弱的洗脱剂（如乙腈、乙酸乙酯等）可将目标化合物从固定相上洗脱下来。反相萃取主要适用于非极性或弱极性的化合物，如药物、农药、环境中的有机污染物等。反相萃取的优势在于能高效地从极性样品基质中提取目标化合物，同时实现良好的净化效果，并且其操作简便，重复性好，因此在分析化学领域得到了广泛应用。

（3）离子交换萃取　固定相为离子交换树脂，适用于带电化合物的分离，如氨基酸、蛋白质、生物碱、酸性或碱性药物等。在环境分析中常用于去除干扰离子，提高检测灵敏度。其原理是利用固定相（离子交换树脂）上携带的电荷与样品中带相反电荷的离子进行交换，从而实现被分析物的富集和纯化。离子交换萃取的原理主要包括两个方面：一是树脂上的离子与样品中的离子发生交换；二是通过改变洗脱条件（如 pH 值、离子强度等）来释放目标离子。这种技术分为阳离子交换和阴离子交换两种类型，分别针对带正电和带负电的化合物。由于离子交换萃取的特异性，它对于复杂样品中的特定离子具有高选择性。然而，需要注意的是，在离子交换萃取过程中，样品的 pH 值、离子强度等因素都会影响萃取效果，因此操作时需严格控制实验条件。总的来说，离子交换萃取是一种高效、简便的固相萃取技术，广泛应用于生物、医药和环境等领域。

（4）疏水作用萃取　固定相为疏水性吸附剂，适用于疏水性化合物的分离。其原理基于样品组分与固定相之间的疏水相互作用。在疏水作用萃取中，固定相通常是由非极性或弱极性材料构成（如 C_{18} 键合硅胶、C_8 键合硅胶、苯基键合硅胶、氰基键合硅胶、分子印迹聚合物、石墨化炭黑等）。当样品溶液通过固定相时，疏水性较强的化合物会与固定相发生更强的相互作用，被保留在固定相上，而亲水性较强的化合物则容易随流动相通过。流动相常用缓冲溶液（如硫酸铵、磷酸盐和柠檬酸盐等），通过调节离子强度和 pH 值，影响疏水作用萃取。有时也会加入一定比例的有机溶剂（如乙腈、甲醇和异丙醇等）调节流动相的极性，影响疏水作用。尿素或盐酸胍等添加剂，往往用于变性蛋白质，增加其在疏水作用萃取中的溶解度。疏水作用萃取常用于蛋白质和其他生物大分子的分离纯化，以及小分子化合物的萃取，如多环芳烃、多氯联苯和一些农药残留物。通过优化固定相和流动相的条件，可以实现高效的分离效果。

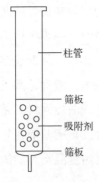

视频10-2
固相萃取操作
流程示意

图 10-6　固相萃取柱示意图

（图中标注：柱管、筛板、吸附剂、筛板）

无论是何种 SPE 技术，均包括吸附、解吸和洗脱三大主要过程。首先，样品通过填充有固体吸附剂的萃取柱（图 10-6），被分析物与吸附剂发生相互作用而被吸附，然后，通过改变洗脱剂的极性或 pH 值，使被分析物从吸附剂上解吸，最后，将洗脱的化合物收集，实现分离和富集。详细的操作步骤如下：①萃取柱活化，用适量溶剂湿润萃取柱，使吸附剂充分活化；②上样，将样品加入萃取柱中，使目标化合物与吸附剂发生相互作用；③洗涤，用适量溶剂洗涤萃取柱，去除杂质；④洗脱，用洗脱剂将目标化合物从吸附剂上洗脱；⑤收集洗脱液，进行后续色谱分析。

综上所述，SPE 技术具有简便快捷、灵敏度高、净化效果好、溶剂消耗少、易于实现自动化等特点。目前，SPE 技术已广泛用于环境分析、食品安全、药物分析、临床诊断、法医毒物分析等痕量物质的检测。深入研究和发展 SPE 技术，将为我国科研、生产等领域提供有力支持。

10.2.3　膜分离技术

膜分离技术是一种基于膜孔径大小和膜材料对特定组分选择性透过，实现混合物分离的物理过程。它是指利用具有一定孔径的膜作为分离介质，在膜两侧施加某种推动力（如压力差、浓度差、电位差等），使混合物中的组分选择性通过膜，从而达到分离、提纯、浓缩的目的。膜材料通常具有特定的孔径范围，允许小于孔径的分子通过，而大于孔径的分子则被截留。根据膜材料的不同，膜分离技术可分为：①有机膜分离，如聚砜、聚酰胺、聚偏氟乙烯等高分子材料制备的膜；②无机膜分离，如陶瓷膜、金属膜和沸石膜等；③复合膜分离，将有机膜和无机膜材料相结合，发挥各自优势。根据分离过程中推动力的不同，膜分离技术又可分为：①压力驱动膜分离，如微滤、超滤、纳滤和反渗透等；②电力驱动膜分离，如电渗析、离子交换膜等。膜分离技术操作简便，易于自动化控制，无相变，节能环保，分离效率高，产品纯度高。膜材料种类繁多，可根据需求选择合适的膜材料。但膜材料需要定期清洗，防止膜污染和堵塞，延长膜的使用寿命。

目前，膜分离技术在水处理（海水淡化、废水处理、饮用水净化等）、食品工业（果汁浓缩、乳品加工、酿酒等）、医药领域（药物提纯、生物制品浓缩等）、环境保护（气体净化、烟气脱硫等）和化工行业（有机溶剂回收、化学品分离等）应用较为广泛。

10.2.4 其他样品前处理新技术

在复杂样品前处理中用到的分离富集的方法有很多，本章前面几节讲到的溶剂萃取、固相萃取和膜分离是使用最多的几大类分离富集技术。随着科学技术的发展，一些基于新原理或者在传统分离方法基础上发展起来的新的分离技术不断涌现，例如微波辅助萃取、固相微萃取、反胶团萃取、超临界流体萃取和分子印迹技术等，这些分离技术在复杂样品前处理中使用得越来越多，为复杂样品的分析提供了更多选择。以下介绍几种新型样品前处理技术。

（1）微波辅助萃取（microwave-assisted extraction, MAE） 微波是频率在 300 MHz～100 GHz 的电磁波，介于红外线和无线电波之间。作为一种非电离辐射能，微波的能量不足以破坏化学键，但能引起分子转动或离子移动，从而产生热效应。MAE 是利用微波作用使固体或半固体物质中的待测物组分与样品基质组分有效分离，并保持待测组分原始化学形态的一种萃取方法。MAE 作为一种通过微波加热效应和微波场作用强化传热和传质的样品萃取技术，可利用物质吸收微波能力的差异实现被萃取物质快速、选择性地从不同基体中分离，从而能够将样品萃取时间由几小时缩短至几分钟到几十分钟，且其萃取效果与索氏提取相当。它具有快速、高效、选择性强、环境友好和操作简便等特点，在化工、环境、食品、医药、生命科学等复杂基体微痕量有机化合物的分离富集中得到了广泛应用。

（2）固相微萃取（solid-phase microextraction, SPME） SPME 是一种几乎无须溶剂的样品前处理技术，通过涂有固定相的纤维头来吸附目标化合物。基于目标化合物在固定相和样品基质之间的分配系数差异进行萃取。常用固定相有聚二甲基硅氧烷（适用于非极性或弱极性化合物的萃取）、聚丙烯酸酯（适用于极性化合物的萃取）、二乙烯基苯/聚二甲基硅氧烷（适用于中等极性化合物的萃取）、碳分子筛（适用于挥发性化合物的萃取）、分子印迹聚合物（针对特定目标化合物的高选择性萃取）。SPME 与 SPE 均使用固定相来吸附目标化合物，只是形式上有所不同。此外，在萃取原理上，二者也都是基于目标化合物在固定相和样品基质之间的分配系数差异进行萃取。不同之处在于：①操作方式，SPME 无须使用柱子，而是通过一个涂有固定相的纤维头直接进行萃取，而 SPE 则需要使用填充有固定相的柱子；②溶剂使用，SPME 无须使用大量溶剂，而 SPE 通常需要使用较多有机溶剂进行样品的加载、洗涤和洗脱；③设备，SPME 设备简单，便于携带，适合现场分析，

SPE 设备相对复杂，通常在实验室环境下使用；④萃取容量，SPME 的萃取容量相对较小，适合痕量和微量分析，SPE 的萃取容量较大，适合宏量和半微量分析。

（3）反胶团萃取（reversed micellar extraction, RME） RME 是近年来发展起来的一种新型萃取技术，传统的溶剂萃取方法在分离蛋白质时容易导致其变性。为满足生物化工领域的需求，RME 应运而生。采用 RME 分离提取蛋白质，既能避免有机试剂对其造成破坏，又能获得较高的萃取率。当水溶液中的表面活性剂浓度超过临界胶束浓度时，表面活性剂会聚集形成胶团，非极性端朝内形成疏水空腔，极性端朝外使胶团稳定地溶于水中。胶团的特殊结构可以将许多不溶于水的非极性物质溶解在水中。在非极性有机溶剂中，表面活性剂浓度超过临界胶束浓度时，也会形成聚集体，称为反胶团。此时，表面活性剂极性端朝内，非极性端朝外，形成亲水空腔，能够溶解亲水性物质。反胶团萃取利用这一特性，可将蛋白质等亲水物质从水相转移到有机相，再通过改变条件将其带回水相，达到分离的目的。

蛋白质在水中的电荷状态受 pH 值影响，pH 大于等电点时带负电，小于等电点时带正电。反胶团的内表面通常带负电，且根据表面活性剂的不同，电荷情况也会有所变化。基于静电相互作用原理，反胶团可以选择性地萃取蛋白质，还可通过调节条件提高选择性和萃取效率。水相 pH 值不仅影响蛋白质的电荷状态，还影响反胶团对蛋白质的溶解能力和稳定性。在实际操作过程中，优化 RME 的操作条件就能有效提取和分离蛋白质。RME 在分离提取生物活性物质方面具有显著优势，主要用于蛋白质、抗生素、氨基酸和核酸等物质的分离，蛋白质的选择性分离是其主要应用领域，可以用于选择性分离蛋白质混合物、回收发酵液中的酶、提取细胞内的酶等。

（4）分子印迹技术（molecularly imprinted technology, MIT） MIT 常被描述为"分子钥匙-人工锁"方法，是一种高效的分离和分子识别技术。分子印迹技术的原理是将目标待测物质作为模板分子，根据模板分子的结构特征选择具有合适化学基团的功能单体。待功能单体（与模板分子反应形成稳定复合物的单体）在模板分子的特定位点以共价或非共价形式发生相互作用后，加入交联剂（用于形成三维网络结构的聚合物）和引发剂（启动聚合反应），通过聚合反应在模板分子周围形成高度交联的聚合物。模板分子被去除后，聚合物中留下与其形状和功能基团相匹配的空腔，这些空腔对模板分子及其类似物具有选择识别特性，类似于制备了一把"印迹锁"，可用于后续样品前处理过程中目标分子的识别和富集。与传统生物抗体相比，分子印迹聚合物具有设计自由度高、材料稳定性强、制备简单、成本低的特点。因此，分子印迹技术具有选择性高、稳定性好、制备简单及环境友好的特点，在样品前处理中应用广泛，尤其在生物、医药和环境样品的前处理中表现出色。

（5）超临界流体萃取（supercritical fluid extraction，SFE） SFE 的基本原理是在高于临界温度和临界压力的条件下，用超临界流体作萃取剂溶解待测组分，然后降低流体压力或升高流体温度，使超临界流体恢复至气态，与萃取溶质分离。SFE 的操作方式主要分为动态萃取、静态萃取和循环萃取。动态萃取是指超临界流体萃取剂一次性通过样品萃取管，从而直接将待测组分从样品中分离，进入吸收管。这种方法简单快捷，特别适合萃取在超临界流体中溶解度较大且样品基体易被超临界流体渗透的物质。静态萃取则是将样品浸泡在超临界流体中一段时间后，再将含有目标组分的萃取剂引入吸收管。相比动态萃取法，静态萃取法速度较慢，但更适用于目标组分溶解度较低或基体较致密的样品。循环萃取是先将超临界流体充满装有样品的萃取管，再通过循环泵让流体多次流经样品，最终进入吸收管。近年来，SFE 受到研究者的高度重视，已在食品、药品、环境及天然产物等领域得到了广泛应用。

二氧化碳作为一种常用的超临界流体萃取剂，因其萃取温度低、易分离的特点，非常适合萃取非极性有机物，尤其是热敏性化合物，如色素和香精类物质。例如，使用二氧化碳作为超临界流体萃取剂萃取红果仔中的类胡萝卜素和玉红黄质，萃取率分别能达到 78% 和 74%，番茄红素的萃取率也达到了 74%。在萃取白刺种子中的油脂时，SFE 的效率要优于其他方法，并检测到了 39 种脂肪酸，其中不饱和脂肪酸至少占 79%。目前，超临界流体萃取技术已在工业化生产中实现应用，尽管 SFE 技术具有较高的萃取效率与选择性，后续处理也较为简便，但由于其需要高压设备，初期设备投资大，运行成本也相对较高。

10.3　常用的化学衍生化法

化学衍生化法是指在一定条件下，利用衍生化试剂与待测组分发生化学反应，生成特定衍生物以有利于色谱分离和检测的方法。其目的是：①改变分析物的理化性质；②提高检测性能；③改善色谱分离效果；④增强挥发性；⑤稳定分析物。化学反应种类繁多，并非都能满足色谱分析的要求，必须满足下列条件。①反应特异性强。衍生化反应应具有高度的特异性，最好仅与目标化合物或特定的官能团反应，避免与非目标物质发生反应。②产物的挥发性好。衍生化后的产物必须具有足够的挥发性，以便能在气相色谱系统中被有效地气化和检测。③产物稳定。衍生化产物在色谱分析过程中必须保持稳定，不会在进样、气化、色谱分离或检测过程中发生分解。④反应效率高。衍生化反应必须高效，以确保高转化率，减少未反应的原始物质对分析结果的影响。⑤衍生化产物不应干扰色谱柱的分离性能，例如，不应导致严重的峰拖尾或峰分裂。

10.3.1　气相色谱法常用的衍生化反应

气相色谱法中化学衍生化的目的是将极性化合物转变为非极性、易挥发的化合物，便于分离，增强化合物的稳定性，提高仪器对光学异构体的分离能力。主要包括硅烷衍生化、酯化衍生化和酰基衍生化等，其中硅烷衍生化前处理的应用最为广泛。

（1）硅烷衍生化　硅烷衍生化是气相色谱样品处理中应用最广泛的方法之一，它常用于处理含有羟基、羧基、氨基、巯基等极性基团的物质。在样品前处理时，将这些质子性化合物与硅烷衍生化试剂反应，使其形成挥发性的硅烷衍生物。硅烷衍生化反应通常在数分钟内完成。硅烷衍生化能降低化合物的极性，增强其挥发性和稳定性，如尿样中硝西泮的代谢物 7-氨基硝西泮的硅烷衍生化前处理。硝西泮是一种控制使用的镇静催眠药，除了正常临床医疗外，还被用于麻醉抢劫等犯罪活动，以及存在药物滥用的情况，它在人体内代谢快，绝大部分转变为代谢物 7-氨基硝西泮随尿液排出体外，在司法鉴定中，常需对当事人尿液中硝西泮的代谢物 7-氨基硝西泮进行检测。样品经萃取分离和特丁基二甲基硅烷衍生化后，采用 GC-MS 联用法分析人体尿液中硝西泮的代谢物 7-氨基硝西泮，该方法灵敏度高，可检测到受试者 72 h 内尿液中痕量的 7-氨基硝西泮。

（2）酯化衍生化　酯化衍生化常用于有机酸类样品的前处理。由于此类样品极性强，易产生拖尾现象，且大多数有机酸挥发性差，热稳定性低。因此，在样品前处理时常通过酯化反应将这些有机酸转化为酯，以提高其挥发性和热稳定性，从而改善其在气相色谱法中的分离和检测性能。常用的酯化衍生化法有甲醇法、重氮甲烷法和三氟乙酸酐法等，这些方法的选择依赖于具体的分析需求和可用的实验条件。例如，大气颗粒物中存在一元羧酸和二元羧酸等多种极性化合物，它们源于机动车排放尾气、食品烹饪和大气二次转化等过程，对大气颗粒物的吸湿性和人体健康都有重要影响。建立大气采样-甲酯衍生化测定大气中极性化合物的前处理方法，对北京市某年从夏季至冬季半年间大气气溶胶中一元羧酸和二元羧酸等化合物进行监测，酯化衍生化提高了大气颗粒物中极性有机化合物的挥发性，大大改善了其分离和检测效果。

（3）酰基衍生化　酰基衍生化是通过酰基化反应，将含有羟基、氨基、巯基等官能团的化合物转化为相应的酯类、酰胺类或硫酯类化合物。这种转化可降低原化合物的极性，提高其挥发性，并增强易氧化化合物的稳定性，进而提高色谱分析的效率和灵敏度，改善色谱性能。例如，采用衍生化 GC-MS 测定食品接触材料中的双酚 A，样品通过索氏提取，富集其中的双酚 A，双酚 A 再与乙酸酐衍生化后用 GC-MS 技术测定。不同温度对双酚 A 衍生化的产率影响不大，室温下即可发生衍生化反应，反应速度快，5 min 就能保证乙酰化反应完全。乙酸酐用量为 50 μL 时，衍生化产物单一，无杂峰，响应值较高。

（4）其他衍生化法　选择合适的衍生化方法需要对被分析物的反应基团、实验目的等多方面进行综合判断，因此除了以上常用的衍生化方法之外，还有一些其他衍生化方法也被用于气相色谱法中。例如，用于检测食品中脂肪酸的烷基衍生化法，用于多糖组分分析的糖腈衍生化法，以及用于处理含有有机锡、有机铅和有机汞等有机金属化合物的样品的四乙基硼酸钠衍生化法等。

10.3.2　液相色谱法常用的衍生化反应

液相色谱法是现代分离分析的重要仪器方法，可与多种检测器联用。然而，当待测组分与检测器不匹配时，可能无法获得有效的检测信号。例如，荧光检测器的灵敏度远高于紫外检测器，但许多分析物不具备荧光特性，难以用荧光检测器检测。通过荧光衍生试剂对样品进行前处理，可在分析物上引入荧光基团，显著提升检测灵敏度。采用特定化学试剂对待测组分的特定原子或官能团进行标记，使其具备特定的分析化学响应，以适应后续的液相色谱分析过程，这种化学标记就是液相色谱法常用的衍生化样品前处理方法。根据衍生化反应类别的不同，主要分为紫外衍生化、荧光衍生化、电化学衍生化和手性衍生化等。

（1）**紫外衍生化**　紫外衍生化方法通过引入含有紫外吸收基团的试剂，增强小分子化合物的紫外吸收，从而提高检测灵敏度。这种方法适用于本身不具有紫外吸收或紫外吸收较弱的化合物，常用于氨基酸的分析，如苯丙氨酸与 2,4-二硝基氟苯的反应，生成含有紫外吸收基团的衍生物，增强紫外吸收，提高检测灵敏度，但该法只适用于能够与 2,4-二硝基氟苯发生反应的化合物，且可能受到样品基质的干扰。

（2）**荧光衍生化**　荧光衍生化方法是采用荧光衍生化试剂与目标化合物在一定条件下发生反应，使衍生化产物带有荧光基团的样品前处理方法。荧光衍生化试剂可显著提高化合物的荧光信号，提高其在荧光检测器中的检测灵敏度和选择性。这种方法广泛用于检测生物标志物、药物在体内的分布和代谢等。氨基乙酸可通过与异硫氰酸荧光素反应生成荧光衍生物，提高荧光检测灵敏度，但该法可能受到荧光背景干扰，且异硫氰酸荧光素的制备和纯化成本较高，在一定程度上限制了其应用。

（3）**电化学衍生化**　电化学检测器灵敏度高、专属性强，但只适用于具有电化学活性的物质。电化学衍生化法即将被分析物与某些试剂反应，生成有电化学活性的物质，以便被电化学检测器检测到。如氨基丁酸结构中不含可直接用于光学检测的发色团，一般可采用柱前衍生化，使用特定的试剂，如过氧草酸与氨基丁酸反应，生成有电化学活性的产物，然后进行分离检测。

（4）**手性衍生化**　通过手性衍生化试剂将药物对映异构体转变为相应的非对映异构体，用常规非手性 HPLC 进行分离分析。这种方法特别适用于对映异构体具有不同生物活性的药物分析，如布洛芬对映异构体可采用手性衍生化试剂 Marfey's 试剂（由 2,3-萘二羧酸和 1-氨基萘-3,6-二磺酸钠组成）进行衍生化，实现对映异构体的分离分析，该方法灵敏度高、特异性强、手性信息保留好。

10.4　样品前处理应用案例分析

10.4.1　生物样品前处理案例分析

抗抑郁药是治疗各种类型抑郁症的一类重要药物。因其剂量小、药效强、过量服用副作用大，往往需要灵敏度高的分析手段开展临床治疗药物监测。尽管色谱技术具有高灵敏度和可重复性，是抗抑郁药检测的主要方法，但较低的血药浓度仍然需要进一步提高方法灵敏度和专属性，以满足临床监测要求。

木棉纤维是一种疏水亲油材料，含有羟基及芳环等吸附位点，可吸附待测组分，具有生物相容性好、绿色环保和独特中空结构等优点，是样品前处理中潜在的绿色吸附剂。本案例将其作为一种高效的天然固相吸附剂，提高了固相萃取前处理方法的绿色环保性能，并结合 HPLC-UV 技术用于生物体液中抗抑郁药的萃取。

天然木棉纤维作为固相吸附剂，无须预处理。注射器内木棉纤维固相萃取过程如图 10-7 所示。首先，从 200 μL 的移液器枪头尖端切下一小部分（距离顶部约 5 mm），确保与 2.5 mL 注射器的完全连接。之后，将 15 mg 的木棉纤维装入 200 μL 枪头的尖端。由于纤维特性，不需要额外的滤板。然后，将装有木棉纤维的 200 μL 移液枪枪头固定在 2.5 mL 的一次性注射器上。通过控制注射器柱塞杆吸取样品溶液，以实现快速萃取过程。具体萃取过程如下：抽吸 1 mL 样品溶液，共 6 个抽吸循环，将待测组分从样品溶液中吸附到木棉纤维上。之后，使用 500 μL 的 PBS 溶液（20 mmol/L，pH 9.0）进行两次抽吸循环去除溶液残留物。最后，使用 200 μL 的乙腈进行 6 次解吸循环。然后，将萃取液直接进行 HPLC-UV 分析。

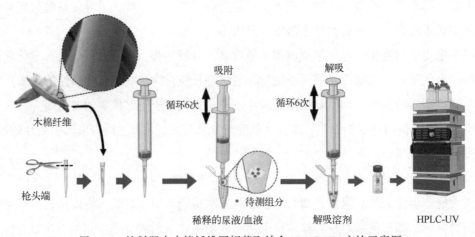

图 10-7　注射器内木棉纤维固相萃取结合 HPLC-UV 方法示意图

色谱条件：C_{18} 色谱柱（250 mm×4.6 mm，5 μm），流动相为 63% 2-氨基-3-氯-1，4-萘醌(ACN)-37% 50mmol/L PBS（pH3.0），流速为 1.0 mL/min，检测波长 230 nm，柱温 35℃，进样体积 20 μL。

为获得最佳萃取效率，采用单因素优化法对影响萃取回收率的主要条件进行优化，包括样品 pH、萃取剂种类和用量、木棉纤维用量、样品上样体积及萃取和解吸时间。最终确定样品 pH 为 8.0，萃取剂为 200 μL 无水乙醇，木棉纤维用量为 20 mg，上样体积为 1 mL，采用 6 次"拉-推"循环进行萃取和解吸，能够获得较高的萃取率。通过线性范围、标准曲线、检测限及定量限等进行方法学验证。最后，使用单盲测试考察方法的适用性和可靠性，加标尿液样品和加标血浆样品的相对回收率分别为 81.6%~108.8% 和 81.6%~113.7%，RSD 分别低于 12.1% 和 8.1%。这些结果表明该方法在检测生物样品中的抗抑郁药物浓度时，具

阅读材料10-1
天然木棉纤维作为绿色高效吸附剂用于注射器内固相萃取检测生物体液中的抗抑郁药

有良好的精密度和准确度。

10.4.2　食品前处理案例分析

人们日常生活中每天离不开的食用油富含不饱和脂肪酸，在加热条件下易产生氢过氧化物，其进一步可分解为醛、酮和其他小分子副产物。其中，醛的丰度最高，这些醛通过改变生物分子的功能引发肺癌、慢性炎症和动脉粥样硬化等疾病。因此，醛类化合物的定量分析是食用油质量控制的重要指标。GC-MS 和 LC-MS 因其具有定性能力强、分离效能高及灵敏度高等特点，是检测醛的主要分析方法。二者相比，LC-MS 通用性好，是最常用的醛类物质分析方法之一。然而，醛类的弱电离性对直接进行 LC-MS 分析构成挑战，需要用 2,4-二硝基苯肼或丹磺酰肼等试剂进行衍生化处理，以提高对醛类检测的灵敏度。除了必须进行衍生化处理外，食用油基质复杂，不能直接进样分析，在分析前对样品进行有效的前处理以提高检测灵敏度是十分必要的。已有文献报道食用油基质前处理方法，如固相萃取、超声辅助分散液-液微萃取、磁固相萃取及支撑液相萃取等。其中，支撑液相萃取因不会出现乳化现象、免于离心、重复性好、可实现自动化等特点，备受关注。木棉纤维具有中空度高、比表面积大、疏水亲油等特点，是理想的支撑载体。

综上所述，本案例建立了木棉纤维支撑液相萃取/原位衍生化法（图 10-8），用于加热油中醛的 LC-MS/MS 检测分析新方法，并实现了萃取和衍生化的一体化，衍生和萃取效率不受影响。该方法仅需以下步骤。

（1）加入油样　首先将油样加入装有木棉纤维的 1 mL 移液枪枪头中，并静置 10 s，由于木棉纤维的疏水亲油作用，食用油样品将牢牢吸附在木棉纤维表面。

（2）加入 2,4-二硝基苯肼和萃取剂乙腈的混合溶液　加入油样后，随后加入 2,4-二硝基苯肼溶液，在重力作用下，2,4-二硝基苯肼溶液渗透到木棉纤维的空隙，与吸附在木棉纤维表面的油样充分接触。其中，2,4-二硝基苯肼在磷酸存在的酸性条件下与食用油中的醛类发生反应，生成醛-2,4-二硝基苯肼衍生物，静置一段时间使得衍生化反应和萃取充分进行。

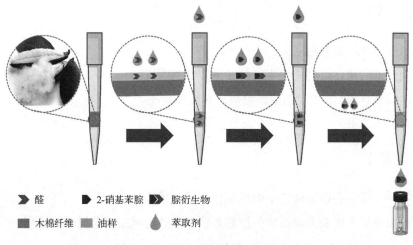

图 10-8　微型木棉纤维支撑液相萃取/原位衍生化示意图

（3）**洗脱** 使用 1 mL 移液枪将空气压力施加在移液枪枪头尖端。空隙中的萃取液被挤出萃取装置，而被吸附在木棉纤维表面的油样依旧保留在萃取装置中，以此实现食用油与萃取液的分离。

（4）**检测** 上述萃取液可直接用 LC-UV 或 LC-MS/MS 进行检测。

本案例中影响萃取效率的主要因素包括木棉纤维的用量、油样加样量、萃取剂类型及用量、2,4-二硝基苯肼浓度及衍生化时间。为了验证建立的方法是否适用于食用油中醛的检测分析，将传统的先液相萃取后衍生化和先固相支撑液相萃取后衍生化两种方法进行了比较，结果显示，所建立的新方法实现了萃取和衍生化步骤的集成，避免了溶剂乳化、长时间离心，且提取效率不受影响，是一种简便、高效、可靠的新型样品前处理技术。

阅读材料10-2
微型木棉纤维支持液相萃取原位衍生化技术便捷监测加热食用油中醛类变化

【本章小结】

Summary This chapter focuses on the importance, selection principles, common methods, and emerging technologies of sample pretreatment techniques. Through this chapter, students should master the role of sample pretreatment in eliminating matrix interference and improving the accuracy, sensitivity, and specificity of analytical methods. They should understand the selection principles of sample pretreatment techniques, including high recovery rate, simplicity and speed, chemical derivatization reactions, and matching the enrichment factor with the sensitivity of subsequent chromatographic methods. Students should also be familiar with commonly used sample pretreatment methods, such as solvent extraction, solid-phase extraction, etc., and understand their operating steps, required reagents, and instrument equipment. At the same time, students should also be aware of the emerging sample pretreatment technologies developed in recent years, such as microwave-assisted extraction and solid-phase microextraction. They should recognize that sample pretreatment is still a relatively weak link in chromatographic analysis. Developing efficient, rapid, and pollution-free sample pretreatment technologies is of great significance.

【复习题】

1. 常用的样品前处理物理方法有哪些?
2. 液相色谱的化学衍生化法常用前处理方法有哪些?
3. 描述固相萃取（SPE）的装置组成及其操作步骤。

【讨论题】

1. 试着对本章各种前处理方法的优缺点进行评价。
2. 以植物样品中多酚类化合物的提取为例，探讨超声波辅助提取的原理、操作要点及影响提取效果的因素。

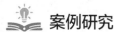
固相萃取技术在化妆品检测前处理中的应用与创新

【项目目标】 通过团队合作，深入了解固相萃取技术在化妆品色谱前处理中的应用研究，了解固相萃取技术的发展前沿，探索通过固相萃取技术解决色谱分析化妆品中非法添加物时基质干扰大的问题。

【团队构成】 4 个小组，每组 3～5 名学生。

【小组任务分配】

1. 化妆品中可能出现的非法添加物研究小组（任务内容：查阅化妆品法律法规，了解化妆品的禁用和限用组分；了解化妆品的功效宣称和在该功效宣称下可能出现的非法添加物）。

2. 化妆品中非法添加物的色谱分析研究小组（任务内容：通过查阅文献和国家标准总结哪些非法添加物可以通过色谱分析的手段被检测；总结色谱分析化妆品中非法添加物的优势和局限性）。

3. 固相萃取技术在化妆品色谱检测前处理中的应用研究小组（任务内容：查阅文献了解哪种固相萃取技术能够用于化妆品色谱检测的前处理；了解固相萃取技术用于化妆品色谱检测的前处理的优势和局限性分别是什么，可以通过什么方法改善局限性）。

4. 固相萃取技术的新方法、新材料研究小组（任务内容：查阅文献，追踪固相萃取技术发展的新技术和新材料；总结哪些固相萃取的新方法或新材料能用于化妆品中非法添加物的分离纯化，这些新方法或新材料有什么优势）。

【成果展示】 各小组准备一份报告，总结研究成果和解决思路，并在团队会议上进行展示。

【团队讨论】 团队成员将对各小组的研究成果进行讨论，整合各方意见，形成最终的合作报告，并提出自己的观点和想法。

案例研究

如何通过样品前处理技术分离并富集化妆品中的激素

我国《化妆品安全技术规范》（2015 年版）中明确规定禁止在化妆品中添加激素类化合物，但一些不法企业由于经济利益驱使，为达到快速增强化妆品功效的目的，在产品中非法添加激素类化合物，如某款婴幼儿宝宝霜中非法添加氯倍他索丙酸酯，多名儿童使用后出现库欣综合征。为有效识别化妆品中是否含有非法添加的激素类化合物，请尝试用一种样品前处理技术快速分离并富集化妆品中的激素类化合物，并检测其是否超标。

案例分析：

1. 化妆品中非法添加的激素类化合物有哪些，它们的结构有什么特点？

2. 有哪些样品前处理技术可以分离并富集化妆品中的激素类化合物？

3. 这些前处理技术的优势和劣势分别是什么？

参考文献

[1] 丁明玉. 分析样品前处理技术与应用[M].北京：清华大学出版社，2017.

[2] 李攻科，汪正范，胡玉玲，等. 样品制备方法及应用[M]. 北京：化学工业出版社，2023.

[3] Jiang H, Yang S, Tian H, et al. Research progress in the use of liquid-liquid extraction for food flavour analysis[J]. Trends Food Sci Tech, 2023, 132:138.

[4] Shen L, Pang S, Zhong M, et al. A comprehensive review of ultrasonic assisted extraction (UAE) for bioactive components: principles, advantages, equipment, and combined technologies[J]. Ultrason Sonochem, 2023, 101:106646.

[5] Büyüktiryaki S, Keçili R, Hussain C M. Functionalized nanomaterials in dispersive solid phase extraction: advances & prospects[J]. TrAC Trend Anal Chem, 2020, 127:115893.

[6] Gan Y, Hua L, Zheng Y, et al. Natural kapok fiber as a green and efficient adsorbent for in-syringe solid-phase extraction in the determination of antidepressants in biofluids[J]. Microchem J, 2024, 201:110638.

[7] Wang B, Chen Y, Li W, et al. Conveniently monitoring aldehyde changes in heated edible oils using miniaturized kapok fiber-supported liquid-phase extraction/in-situ derivatization coupled with liquid chromatography-tandem mass spectrometry[J]. Food Chem, 2024, 439:138099.

（杜晓鸣　编写）

第11章
色谱分析方法的验证、转移和确认

 学习目标

掌握：分析方法验证、转移、确认相关的基本概念与区别；

熟悉：分析方法验证的主要内容与参数；

了解：分析方法确认、转移的内容；

能力：色谱分析方法的验证方案的设计。

 开篇案例

从不确定到可控的突破

在食品、药品和化妆品行业中，产品的质量和安全直接关系到消费者的健康与安全。色谱分析方法作为确保这些产品符合质量标准的关键技术，其准确性和可靠性至关重要。然而，早期的色谱分析方法缺乏系统的验证和确认，导致了不同实验室间的分析结果存在显著差异。这种不一致性不仅限制了实验室间的可比性，还影响了整个行业的生产效率和质量控制的可靠性。

在色谱分析方法的验证、转移和确认的要求被明确之前，不同实验室在条件设定、仪器配置和操作流程上的差异导致了即使是同一批次样品，在不同实验室的色谱分析结果也可能截然不同，同一实验室，使用不同方法对同一样品进行检测时，也可能出现结果不同的情况。这种数据的不一致性在药品、食品和化妆品的生产和质量控制过程中，导致了重大问题。以药品领域为例，分析结果的不一致可能直接影响药物成分的准确测定。药品中有效成分的含量直接关系到药物的治疗效果，未经验证的分析方法可能导致实验室得出的测定值差异过大，进而影响药品的质量评估以及药品的安全性和疗效。无论是在药品研发阶段，还是在批量生产的质量控制过程中，未经验证的分析方法都可能引发数据误差，甚至可能导致批次产品因质量不达标而被召回或废弃。对于杂质、添加剂等潜在有害物质的色谱分析，如果实验室使用的分析方法未经验证，不一致的结果可能会导致存在安全隐患的产品未被检测出来，从而对公众健康构成威胁。美国食品药品管理局（Food and Drug Administration，FDA）网站显示，2022年，某公司的药品在生产

中与其他药品的主成分发生了交叉污染，使用经验证的方法检测出了不合格的产品后，为将药品投入市场，又使用未经验证的分析方法对被污染的药品进行检测，并获得了通过的结果。此举收到了 FDA 的警告信，要求其彻查所有检测结果不合格的样品并分析原因，制订详细的行动计划，包括通知潜在的客户和召回所有涉及的药品，以解决已销售的所有药品的产品质量或患者安全风险问题。

引入色谱分析方法的验证、转移和确认流程，不仅提升了分析结果的可靠性，减小了数据误差，还为产品的监管提供了统一的质量标准，确保了药品、食品和化妆品等行业的产品质量和安全性。这一标准化流程的实施，标志着色谱分析从最初的不确定性走向了高度可控，为食品、药品、化妆品等行业的可持续发展提供了坚实的基础。

11.1 色谱分析方法的验证

11.1.1 方法验证的目的和重要性

分析方法验证是确保所选分析技术适合其预定用途的关键步骤。这一过程旨在证实，在特定条件下，分析方法能够稳定且有效地测定样品中的目标成分。它不仅增强了实验室间的测试结果一致性，确保不同实验室分析相同样品时能得到相似结果，还有助于识别潜在的局限性，从而优化分析条件。在药品、食品和化妆品行业中，分析方法验证对于遵守严格的法规和标准至关重要，其结果直接影响产品的质量和消费者的安全。

全球多个国家和地区的药品监管机构，如美国、日本、澳大利亚、中国等，以及国际组织如人用药品注册技术要求国际协调会（The International Council for Harmonisation of Technical Requirements for Pharmaceuticals for Human Use，ICH）、世界卫生组织（World Health Organization, WHO）和国际标准化组织（International Organization for Standardization, ISO）等，都提供了分析方法验证的指导原则。ISO/IEC 17025:2017 是检测实验室方法学中的核心文件，被多行业检测检验领域广泛采用，许多国家和地区在此基础上制定了自己的准则。FDA 分别发布了化学药品和生物分析方法验证的指导原则，欧洲药品管理局（European Medicines Agency, EMA）的《药品生产质量管理规范》(Good Manufacturing Practice of Medical Products, GMP) 指导原则对分析方法验证提出了明确要求，并发布了生物分析方法验证指南。ICH 在 2023 年 11 月 1 日发布了《Q2（R2）：分析方法验证》，主要包括了分析方法验证的目的、范围、一般考虑、验证试验、方法学和评价、术语、参考文献等内容。此外，《美国药典》(United States Pharmacopoeia, USP)、《欧洲药典》(European Pharmacopoeia, EP)、《日本药局方》(The Japanese Pharmacopoeia，JP) 和《中国药典》(Pharmacopoeia of the People's Republic of China, ChP) 等药典也包含分析方法验证的专门章节或附录。国家标准如 GB/T 27417—2017《合格评定 化学分析方法确认和验证指南》和 GB 5009.295—2023《食品安全国家标准 化学分析方法验证通则》也提出了相关要求。这些文件在定义和解释分析方法验证时基本一致，核心目标是证明所建立的方法适合其检测要求。

分析方法验证是分析方法生命周期中不可或缺的一部分，对于确保分析结果的准确性和可靠性至关重要。在药品质量控制中，无论是建立药品质量标准、变更生产工艺或制剂成分，还是修订原有分析方法，都必须进行分析方法验证。在产品研发过程中，随着研发的深入，质量控制方法会根据产品的变化不断调整和优化，最终形成产品的质量控制方法。企业的研发部门或相关检验检测机构在建立这些方法时，必须充分验证其有效性，以确保能够达到控制产品质量的目的。在分析方法验证过程中，需要对涉及的方法学参数进行详细验证，具体验证的内容和方法与具体用途密切相关。

11.1.2　方法验证的研究

在进行分析方法验证时，面对不同的生物制品和化学样品，虽然研究对象有很大差别，但是从色谱分析的视角来看，生物制品和化学样品的色谱分析都依赖于色谱技术（例如液相色谱、气相色谱等）来进行被测物的定性和定量分析。两者的主要区别在于生物制品通常包含复杂的生物基质，这些基质可能会对样品的检测造成干扰。因此，在分析生物制品时，需要选择或开发合适的样品前处理方法，以有效减少基质干扰。尽管生物分析方法的验证过程相对复杂，但由于分析手段和实验操作的相似性，其验证原则和内容与化学样品的分析方法验证基本一致。

色谱分析通常需要验证的项目包括鉴别、杂质测定（无论是限度还是定量分析）以及含量测定等。验证的指标通常涵盖专属性、准确度、精密度（包括重复性、中间精密度和重现性）、检测限、定量限、线性、范围和耐用性等。在分析方法验证中，必须使用标准物质进行试验。由于每种分析方法都有其独特的特点，并且这些特点会随着分析对象的不同而变化，因此在制订验证指标时需要根据具体情况进行调整。在实际操作中，可以参考表 11-1 中列出的分析项目及其相应的验证指标，但执行验证时还需充分考虑行业内的具体法规和政策要求，以确保所采用的方法符合相关标准并具备可靠性。

表 11-1　分析项目与验证指标[①]

指标		鉴别	杂质测定		含量测定
			定量	限度	
专属性[③]		+	+	+	+
准确度		–	+	–	+
精密度	重复性	–	+	–	+
	中间精密度	–	+[②]	–	+
检测限		–	–[④]	+	–
定量限		–	+	–	–
线性		–	+	–	+
范围		–	+	–	+

①–代表此项验证通常不需要进行，+代表此项验证通常需要进行；

②已有重现性验证，并且可以从重现性数据集中推导出中间精密度，则不需要对中间精密度进行单独研究；

③如一种方法不够专属，可用其他分析方法予以补充；

④视具体情况予以验证。

分析方法验证不是一个孤立的过程，而是与方法开发紧密相连的整体。在分析方法开发过程中获得的相关数据可以作为有效的替代验证数据，如果有科学依据，已建立的方法的验证工作也可以相应简化。因此，在进行分析方法验证时，选择与产品质量属性相对应的最合适的验证方法和方案至关重要。

在整个分析方法的生命周期中，随着对产品理解的深入、技术水平的提升和监管要求的增强，分析方法可能会经历必要的变更。这些变更后的分析方法通常需要进行部分或全部的重新验证。是否需要重新验证已给定的性能特征，必须通过前期的研究成果、文献数据、历史数据或类似方法的验证经验等科学依据和基于风险的评估原则进行评估。重新验证的程度则依赖于分析性能特征受到变更影响的程度。因此，在进行分析方法验证时，应始终保持对分析方法开发及其变更的关注，确保验证过程能够有效反映方法的适用性和可靠性。通过科学、合理的验证策略，能够在应对变化的同时，确保分析结果的准确性和一致性。

11.1.3　方法验证的内容和参数

（1）专属性　专属性指的是在多种潜在干扰物质（例如基质成分、杂质、降解产物和内源性物质等）存在的情况下，分析方法准确测定目标分析物的能力。在药品和食品行业的不同领域标准中，专属性有时也被称作特异性或选择性。任何涉及鉴别反应、杂质检查和含量测定的分析方法都必须进行专属性的评估。如果一个方法的专属性不足，可能需要引入一个或多个基于不同原理的分析方法来加以补充。当使用色谱法对样品进行鉴别时，样品的色谱峰保留时间应与对照品的对应色谱峰保留时间一致，并且能够明确区分可能共存的其他物质或结构相似的化合物。

在进行含量测定或对样品中的杂质进行定性定量分析和限度评估时，应提供有代表性的图谱来证明方法的专属性，例如色谱图或电泳图，并在图谱中对所有成分进行明确的标识。色谱法中的分离度应符合要求，以证明方法的专属性。例如，在色谱分离分析中，可以通过评估两个最接近洗脱组分的分离度来验证专属性，或者通过比较不同组分的光谱来评估潜在的干扰。

在可以获得杂质对照品的情况下，可以通过分析一定数量的代表性空白样品来检查目标分析物区域是否存在色谱峰干扰。随后，在样品中添加特定浓度的杂质，观察测定结果是否受到干扰，并与未添加杂质的样品测定结果进行对比。对于杂质检查，也可以向空白样品中加入一定量的杂质，以评估不同杂质之间的分离效果。

在无法获得杂质或降解产物等干扰物对照品的情况下，可以通过测定含有这些杂质或降解产物的样品，并将结果与另一种经过验证的方法或标准方法（例如药典方法）进行比较。此外，可以通过模拟强光照射、高温、高湿、酸碱水解或氧化等条件对样品进行强制破坏，以研究可能产生的降解产物及其对含量和杂质测定的影响。对于含量测定，应比较两种方法的结果；对于杂质检查，则应比较检测出的杂质数量。如有必要，可以通过光电二极管阵列检测和质谱检测进一步检查峰的纯度，以确保分析结果的准确性和可靠性。

（2）准确度　准确度是衡量分析方法测定结果与真实值或参考值接近程度的关键参数，通常通过相对偏差或回收率来量化。进行准确度评估时，应在方法规定的线性范围内进行，并可以基于精密度、线性度和专属性的测定结果来推算。

不同行业和标准对准确度的具体要求可能会有所不同。一般而言，准确度的评估过程需要在规定的浓度范围内进行，这涉及从同一浓度水平（如100%浓度）的样品中至少取样6份进行测定，或者设计至少3种不同浓度的样品，每种浓度至少制备3份样品溶液，最终利用至少9份样品的测定结果进行综合评估。在设定这些浓度时，需要考虑样品的浓度范围，通常包括方法测定范围内的最低浓度、中间浓度（通常是100%浓度水平）和最高浓度，或者特别关注80%、100%和120%对应的浓度水平。

对于原料药等纯度较高的样品，在进行含量测定方法的准确度验证时，可以使用已知纯度的对照品进行测定，并根据式(11-1)计算回收率，或将所测定的结果与已知准确度的另一方法测定的结果进行比较。

$$回收率 = \frac{测得量}{加入量} \times 100\% \tag{11-1}$$

在测定复杂样品中的主要成分含量（例如药物制剂中的主要有效成分）时，可以在空白基质中加入已知量的被测物对照品进行测定。如果无法获得全部空白基质组分，则可以在待测样品中加入已知量的被测物进行测定，即加样回收测定，或者将建立的方法的测定结果与另一种已知准确度的方法的结果进行比较。在进行加样回收测定时，需要计算测得的被测物总量与样品中本底被测物总量之差，然后除以加入对照品的量，得到加标回收率，如式(11-2)所示。加入对照品的量应适中，以免引起较大的相对误差或减少干扰成分，从而降低准确度。加入对照品后，应确保样品中的被测物浓度保持在线性范围内。

$$加标回收率 = \frac{C-A}{B} \times 100\% \tag{11-2}$$

式中，A 为样品中本底的待测物含量；B 为样品中加入的对照品含量；C 为样品加入对照品后被测物的含量。

对于复杂样品中的微量成分（如药物制剂中的杂质）含量的测定，可以向样品中加入已知量的对照品，并按照上述方法和公式测定加标回收率。如果对照品无法获得，则可以将建立的方法的测定结果与另一种成熟的方法（例如药典标准方法或经过验证的方法）的结果进行比较。

在准确度验证报告中，应详细报告已知加入量的回收率，或测定结果的平均值与真实值之间的差异及其相对标准偏差或置信区间（通常置信度为95%），或报告加标回收率及其相对标准偏差或置信区间。样品中待测成分含量和回收率限度之间的关系可以参考表11-2或相关标准。在基质复杂、组分含量低于0.01%或多成分分析的情况下，回收率的限度可以适度放宽，以符合具体行业的要求。

表 11-2　样品中被测物含量水平与回收率限度要求

被测成分含量			待测成分质量分数	回收率限度/%
%	10^{-6} 或 10^{-9}	mg/g 或 μg/g	g/g	
100	—	1000mg/g	1.0	98～101
10	100000(10^{-6})	100mg/g	0.1	95～102
1	10000(10^{-6})	10mg/g	0.01	92～105
0.1	1000(10^{-6})	1mg/g	0.001	90～108
0.01	100(10^{-6})	100μg/g	0.0001	85～110
0.001	10(10^{-6})	10μg/g	0.00001	80～115
0.0001	1(10^{-6})	1μg/g	0.000001	75～120
	10(10^{-9})	0.01μg/g	0.00000001	70～125

此表引自 *AOAC guidelines for single laboratory validation of chemical methods for dietary supplements and botanicals*。

（3）精密度　精密度指在规定的测定条件下，同一份均匀样品，经多次取样测定所得结果之间的接近程度。精密度通常用偏差、标准偏差或相对标准偏差表示。在色谱分析的定量检测中，精密度的评估对于确保方法的可靠性至关重要。精密度包括三种类型：重复性、中间精密度和重现性。

重复性是指在相同条件下，由同一分析人员对同一样品进行多次测定所获得结果的精密度。为了评估重复性，通常在规定范围内选取一个固定浓度水平的样品（通常是100%浓度水平），并进行至少 6 次测定，或设计至少 3 种不同浓度，每种浓度分别制备至少 3 份样品溶液进行测定，最后用至少 9 份样品的测定结果进行评价。在设定这些浓度时，需要考虑方法的线性范围，3 种不同浓度的设定可参考准确度验证中的浓度设置方案。

中间精密度考察在同一实验室，不同日期、不同分析人员或不同设备等变化因素对精密度的影响。评估中间精密度时，不同分析人员会在不同日期使用不同的仪器设备对同一样品进行测定。样品的浓度、检测频次和试验过程可以参考重复性的评估方案。

重现性是指不同实验室间的测定结果之间的精密度。当应用此方法作为法定检验标准时，应进行重现性试验。此过程通常涉及多个实验室之间的协同检验，以获得重现性的结果。协同检验的目的、过程和结果应详细记录在方法标准的起草说明中。特别需要注意的是，进行重现性试验的样品质量必须保持一致，并且在贮存和运输过程中应保持环境条件的相对一致，以免影响试验结果。

在精密度验证报告中，应详细报告标准偏差、相对标准偏差或置信区间。关于样品中被测成分含量和精密度的可接受范围，可以参考表 11-3。在面对基质复杂、组分含量低于0.01%或多组分分析的情况时，或者当行业内有具体要求时，精密度的限度可以适度放宽，以适应实际应用的需求。

表 11-3　样品中被测物含量水平与精密度可接受范围的关系

被测成分含量			待测成分质量分数	重复性/%	重现性/%
%	10^{-6} 或 10^{-9}	mg/g 或 μg/g	g/g		
100	—	1000mg/g	1.0	1	2
10	$100000(10^{-6})$	100mg/g	0.1	1.5	3
1	$10000(10^{-6})$	10mg/g	0.01	2	4
0.1	$1000(10^{-6})$	1mg/g	0.001	3	6
0.01	$100(10^{-6})$	100μg/g	0.0001	4	8
0.001	$10(10^{-6})$	10μg/g	0.00001	6	11
0.0001	$1(10^{-6})$	1μg/g	0.000001	8	16
	$10(10^{-9})$	0.01μg/g	0.00000001	15	32

此表引自 *AOAC guidelines for single laboratory validation of chemical methods for dietary supplements and botanicals*。

（4）检测限　检测限（limit of detection, LOD）指的是样品中能够被检测出的最低量，反映了所验证方法的灵敏度。检测限主要用于定性分析，以判断样品中是否含有被测物，而非对其含量进行精确定量。因此，检测限常被作为限度测试的指标或定性鉴别的依据。确定检测限的方法主要有以下几种。

直观法：这种方法通过使用已知浓度的被测物，来确定能够被可靠检测到的最低浓度或量。它适用于那些可以通过目视直接评估结果的色谱分析方法，例如薄层色谱，同时也适用于仪器分析方法。

信噪比法：此方法适用于那些能够显示基线噪声的色谱分析技术。通过比较低浓度样品的信号与空白样品（基线噪声）的信号，计算出被测物的最低检测浓度。通常情况下，当信噪比达到 3:1 时，相应的浓度或注入仪器的量被确定为检测限。这种方法适用于如高效液相色谱和气相色谱等能够直观显示基线噪声的仪器分析方法。

基于响应值标准偏差和标准曲线斜率法，检测限可以按照式(11-3)计算。

$$LOD = 3.3\delta/S \qquad (11\text{-}3)$$

式中，δ 为响应值的偏差；S 为标准曲线的斜率。

其中，δ 可以通过下列方法测得：①制备空白样品，测定空白值的标准偏差；②测定标准曲线的剩余标准偏差或截距的标准偏差。

在验证报告中，对于通过后两种方法确定的检测限，必须附上相关的数据、测定图谱以及所用方法的详细说明，以解释试验过程和检测限的结果。此外，使用基于响应值标准偏差和标准曲线斜率法获得的检测限数据必须通过含量相近的样品进行验证，以确保结果准确可靠。值得注意的是，仪器的检测限与分析方法的检测限是不同的概念，仪器检测限通常基于特定仪器的检测响应，因此在比较时应关注不同仪器之间的检测限差异。

（5）定量限　定量限（limit of quantitation, LOQ）指的是样品中能够被定量测定的最低量。定量限要求测定结果必须达到准确度和精密度的标准，是衡量分析方法灵敏度的关键指标。尤其在微量或痕量成分的定量分析中，定量限是一个至关重要的参数。因此，在进行样品含量测定，特别是痕量杂质分析时，准确确定色谱分析方法的定量限显得尤为关键。

以下是几种常用的定量限确定方法。

直观法：这种方法通过分析已知浓度的被测物中，能够以可接受的准确度和精密度定量测定的被测物最低浓度或最小量，确定为定量限。

信噪比法：与检测限的信噪比法相似，该方法通常以信噪比达到 10:1 时的浓度或注入仪器的量作为定量限的判定标准。这种方法特别适用于那些能够显示基线噪声的色谱分析技术，如高效液相色谱和气相色谱。

基于响应值标准偏差和标准曲线斜率法，定量限可以按照式(11-4)计算。

$$LOQ = 10\delta/S \tag{11-4}$$

式中，δ 为响应值的偏差；S 为标准曲线的斜率。δ 的计算方法与检测限中的计算方法相同，可以通过制备空白样品测定其标准偏差，或者使用标准曲线的剩余标准偏差或截距的标准偏差来获得。

在定量限的验证报告中，对于通过信噪比法和基于响应值标准偏差与标准曲线斜率法获得的定量限结果，必须提供相关的数据、测定图谱以及所用方法的详细说明。这些信息有助于解释试验过程和定量限的结果。此外，通过响应值标准偏差和标准曲线斜率法获得的定量限数据，必须通过使用含量相近的样品进行验证，以确保结果的可靠性和有效性。

（6）线性 线性是指在设计的测定范围内，分析方法的试验结果（响应值）与样品中被测物浓度之间呈现直接比例关系的能力。线性关系是进行定量分析研究的基石，任何涉及定量测定的项目，例如含量测定，都必须通过线性验证。

建立线性关系的步骤如下所示。首先，利用同一对照品的储备液进行精确稀释，或者分别称量对照品以制备一系列不同浓度的对照品溶液，至少需要准备 5 个不同浓度的溶液。接着，将测得的响应信号与对照品溶液的浓度绘制成图，以观察它们之间是否存在线性关系。可以通过最小二乘法进行线性回归分析，以确定线性关系。如有必要，可以对响应信号进行数学转换，随后进行线性回归分析，或者采用描述浓度与响应关系的非线性模型。

在色谱定量分析中，各组分进入检测器的量与其色谱响应之间应保持比例关系。然而，由于在相同的色谱条件下，待测物质与参比物质的色谱响应可能存在差异（例如，它们可能具有不同的紫外吸收系数），因此，校正因子就显得尤为重要。校正因子定义为单位质量的参比物质（包括内标）的色谱响应与单位质量的待测物的色谱响应之间的比值。

在校正因子法中，通常是利用标准物质的色谱响应来校正待测物质的色谱响应，以实现对待测物质的定量分析。在方法的开发或验证阶段，需要确定一个合适的校正因子，并以文件形式记录下来。校正因子一般以主成分作为参照，也可以使用样品中已知的相关物质或加入的成分作为参比。当校正因子接近 1（即待测物质与标准物质的相对响应因子介于 0.8~1.2 之间）时，可以不使用校正因子进行计算，在其他情况下，则必须使用校正因子来计算定量结果，以确保分析结果的准确性和可靠性。

在线性验证的报告中，需详细列出回归方程、相关系数以及线性图（或其他数学模型）的相关信息，以清晰地说明样品中被测物质的浓度与响应信号之间的关系。

（7）范围 范围是指在分析方法能够满足一定的精密度、准确度和线性要求时，所能测定的高低限浓度或量的区间。在这个区间内，分析方法能够提供可靠的结果，通常需要通过数学计算来得出可报告的数据。对于任何需要定量分析的项目，例如含量测定，验证色谱分析方法的范围是至关重要的。

在确定分析方法的范围时，必须综合考虑该方法的具体应用、线性、准确度和精密度的结果与要求。一般而言，含量测定的常规范围被设定在测定浓度的 80%～120% 之间。然而，在某些情况下，根据实际情况，也可以接受其他范围。例如，在高纯度样品中进行主要成分含量测定时，可以将报告范围的上下限定得更严格，以此来提升测定的精确度；而在处理基质复杂或微量成分的样品时，可以适当放宽范围，以确保方法的适用性和灵活性。

范围的确定不仅要基于分析方法的特性，还需要考虑样品的特性、预期的分析目标和行业标准等因素，以确保分析结果的可靠性和科学性。在实际应用中，合理设定范围对于提高数据的可信度和满足法规要求至关重要。科学合理的范围设定不仅能够提升分析结果的质量，还能够确保分析方法在不同条件下的适用性和有效性，从而在遵守行业标准的同时，满足特定的分析需求。

（8）耐用性　耐用性是指在测定条件发生小幅变动时，测定结果能够保持稳定的能力。这种特性对于确保建立的方法在日常检验中能够稳定运作至关重要。虽然在严格的验证流程中，耐用性不是必须验证的性能参数，但其研究是整个方法开发和验证过程中不可或缺的一部分，属于风险评估的重要内容。

在方法研发的早期阶段，就应该考虑到耐用性，并根据所研究的方法类型，评估其在预期的操作环境中的适用性。在分析方法的开发和验证阶段之前，进行耐用性研究是必要的。即便在验证阶段，通常不需要重复进行耐用性研究的全部试验过程，但耐用性测试有助于识别那些可能影响方法性能的关键变量。在某些情况下，在方法验证中对耐用性评价进行确认或完善仍然是有价值的。

如果测试条件较为苛刻，需在方法中明确指出，并注明可接受的变动范围。可以通过均匀设计来识别主要的影响因素，随后利用单因素分析等统计学方法来确定这些因素的变化范围。典型的变动因素包括被测溶液的稳定性、样品提取的次数、提取时间等。在液相色谱法中，这些变动因素可能还包括流动相的组成和 pH 值、不同品牌或批号的色谱柱、柱温、流速等。而在气相色谱法中，主要的变动因素可能包括不同品牌或批号的色谱柱、不同类型的担体、载气流速、柱温，以及进样口和检测器的温度等。通过这些试验，可以确保即使测定条件发生小幅变动，也能符合系统适用性试验的要求，从而保障方法的可靠性和耐用性。

（9）稳定性　稳定性是指标准溶液或样品在不同时间或储存条件下的测定结果是否存在显著差异。这一特性对于样品及其前处理步骤尤为重要，尽管不同行业对稳定性验证的具体要求存在差异。例如，食品安全国家标准将稳定性视为分析方法验证中不可或缺的一环，而在某些研究中，稳定性则被视为耐用性评估的一部分。

在评估稳定性时，必须根据样品或标准溶液的特性来选择适宜的储存条件和合适的时间间隔，以确保测定的准确性。随后，在一致的色谱条件下对样品中的被测物进行测定。

当分析涉及两个变量（例如，比较两个不同时间点的稳定性）时，可以采用偏差分析等方法进行评价，而当涉及多个变量的稳定性评估时，则可以运用 t 检验或 F 检验等统计学方法。通过运用这些方法，可以有效地评估样品在不同条件下的稳定性，进而确保分析结果的可靠性和一致性。

稳定性的评估对于确保分析方法在实际应用中的有效性和可靠性至关重要。通过细致的稳定性研究，可以识别可能影响样品稳定性的因素，并采取相应的措施来控制这些因素，从而提高分析结果的准确性和重复性。这一过程不仅有助于提高实验室内部的分析质量，也有助于确保不同实验室间结果的一致性，特别是在需要进行方法转移或多地点采样的情况下。因此，稳定性研究是分析方法开发和验证过程中的一个重要组成部分，对于确保最终分析结果的科学性和有效性具有重要意义。

（10）系统适用性　系统适用性试验（system suitability testing, SST）是分析方法的重要组成部分，其核心目的是评估系统和方法的性能特征是否达到预期标准。这一试验通常在方法开发阶段被设计，并在后续的验证过程中进行确认，以保证方法在实际应用中能够满足既定的使用要求。

系统适用性试验的建立需要基于对方法开发数据的深入分析、风险评估的结果、耐用性测试的数据以及已有的先验知识。它不仅是分析方法从开发到验证的衍生物，更是将方法验证与实际应用相连接的纽带，在色谱分析中尤为重要，因为色谱法涉及的变量众多，系统适用性试验的参数需要被精确设定，以确保分析方法在方法转移和日常运用中能够持续保持其性能。

系统适用性的要求必须在样品分析之前和/或分析过程中得到满足。如果分析过程中未能达到这些要求，那么所得的结果将不被信任，不能用于后续的数据分析。在继续分析之前，必须对未满足要求的原因进行彻底的分析和调查，并在必要时采取适当的纠正措施，以确保分析过程的可靠性和有效性得到维护。

11.1.4　验证方案的设计

制订一个详尽且有效的色谱分析方法验证方案，对于确保分析方法在实际应用中的可靠性至关重要。在着手进行验证研究之前，必须制订详细的验证方案。如果在验证过程中需要使用超出方案范围的数据，或者依赖于先验知识（如方法开发阶段或前期验证研究所得的数据），则必须提供充分的理由和证据来支持这种做法。

验证方案的内容应依据分析目的和通用原则来选择，其设计必须系统化、合理化，并确保整个验证过程遵循规范和严格的科学标准。最终，验证结果应能够全面证明所采用的色谱分析方法能够满足样品分析的具体要求。考虑到不同验证项目之间可能存在的相互关系，验证方案的设计应强调整体性和系统性。一个完整的验证方案应包括以下几个方面。

（1）明确验证目标　首先，需要明确定义验证的具体目标，这些目标应基于分析方法的预期用途和相关行业标准来设定。明确的目标不仅为后续的验证试验指明方向，也为结果分析提供基础。例如，在鉴别、杂质限度等非定量或半定量分析项目中，至少需要验证色谱分析方法的专属性、检测限和耐用性，而在含量测定和含量均匀度考察等定量分析项目中，则通常需要验证方法的专属性、准确度、精密度、线性、定量限、检测限和适用范围，以确保方法能准确测定待测物的含量。

（2）选择标准物质和代表性样品　方案中应选择适当的标准物质（标准品）和具有代表性的样品。标准品应具有已知的浓度和高纯度，以确保准确评估检测能力；实际样品则应能够反映真实样品中可能出现的干扰物质。同时，标准品和样品的稳定性应经过验证。

（3）制订试验步骤　验证方案中的试验步骤应详细且清晰，以确保可重复性和一致性。关键步骤包括样品准备、色谱条件设定、数据采集等。在样品准备方面，应明确样品的处理和稀释方法，确保所有样品在相同条件下准备。在色谱条件设定方面，应确定分析所需的色谱条件，包括流速、柱温和流动相的组成等，以确保有效分离目标物质。在数据采集方面，应明确数据处理方式，包括积分方法和噪声信号处理方法等。

（4）确定样品平行试验次数　在确定样品的平行试验次数时，应根据行业要求和具体验证目标，参考常规分析中的实践经验，合理调整平行试验次数，以优化验证效果。

（5）数据评估和报告　方案应详细说明如何评估验证数据以及如何编制验证报告，包括所需的统计分析方法和接受标准。

整体设计应注重系统性，确保验证过程的规范与严谨，从而为分析方法的可靠性提供充分的依据。

11.1.5　验证试验的执行与结果评估

在验证试验的执行阶段，严格遵守预先设定的方案是至关重要的，这不仅有助于减少人为误差，还能显著提高结果的可靠性和有效性。在实施验证研究之前，耐用性评估可以作为分析方法开发的一部分进行，以确保方法在不同条件下的稳健性。不同类型的样品（如药品、食品、化妆品）往往需要特定的预处理步骤。因此，应依据验证方案对样品进行一致的处理，以保证验证结果的一致性和可比性。

在验证方法时，应优先考虑待测物及样品的性质，然后再考虑法规限量要求所涉及的种类。例如，对于谷物类样品，代表性样品可以包括稻谷、小麦和玉米等。在同一方法适用于多种样品的情况下，每一类样品应至少选择一种代表性样品进行验证，以确保方法的广泛适用性。

试验开始前，必须对色谱仪进行校准，并根据验证方案确定合适的色谱柱、流动相、流速和柱温等条件。

在试验完成后，需对验证结果进行系统的评估，包括对每个关键参数（如准确度、精密度、线性范围等）的详细分析。在数据整理过程中，应确保数据的完整性和准确性，并使用适当的统计工具进行分析。对于验证结果中的异常值，需进行异常值检验和统计分析，可采用格拉布斯（Grubbs）检验等方法，有助于识别和处理可能影响结果可靠性的异常数据点。在评估每个关键参数时，应计算其平均值、标准偏差和相对标准偏差。这些统计指标能够全面反映方法的性能，包括准确度、精密度和稳定性。

最后，验证研究的结果应被全面总结并形成验证报告，该报告应包含方法验证的理由和目的、验证过程中采用的方法和步骤、收集的数据和图表、对关键参数的统计分析结果、对验证结果的解释和结论、支持验证结果但未列入验证方案的相关试验结果。验证报告应详细记录所有相关信息，以便于其他研究人员或审核人员理解和评估验证过程的有效性。通过这种方式，验证试验的执行与结果评估为分析方法的可靠性和有效性提供了坚实的基础。

11.2　色谱分析方法的转移

11.2.1　方法转移的必要性

分析方法转移是一个关键的过程，旨在通过文件记录和试验确认，确保一个实验室（方法接收实验室）在使用另一实验室（方法建立实验室）开发并经过验证的非标色谱分析方法时，能够操作成功，并得到与方法建立实验室一致的检测结果。此过程不仅保证了不同实验室之间可获得一致、可靠和准确的检测结果，也是对实验室检测能力的重要评估。方法转移也是方法生命周期中的重要部分。

11.2.2　方法转移的方法和要素

分析方法转移可以通过多种途径实现。最常用的方法是对同一批次样品进行比对试验，或专门制备用于测试的样品进行检测结果比对。其他方法还包括实验室间的共同验证、接收方对分析方法的完全或部分验证，以及合理的转移豁免。方法转移的试验、范围和执行策略应根据接收方的经验和知识、样品的复杂性及特殊性，以及分析过程的风险评估进行制订。

（1）比对试验　比对试验是分析方法转移中最常用的方法。它要求方法转移方和接收方共同对同一批次的样品进行分析，以比较结果的一致性。此外，也可通过在样品中加入特定杂质进行回收率试验，以验证接收方是否能达到预设的可接受标准等其他方法。比对试验应依据被批准的转移方案执行，该方案应详细列出试验细节、样品信息、验收标准和允许的偏差范围。只有当检测结果符合预设的可接受标准时，才能确认接收方具备运行该方法的资格。

（2）两个或多个实验室间共同验证　在共同验证中，转移方和接收方共同参与分析方法的验证工作。接收方可以作为转移方验证团队的一部分，共同获得重现性评估数据。共同验证应遵循预先批准的转移或验证方案，其中需详细说明具体方法、所用样品和预定的可接受标准。验证内容可以参考色谱分析方法的验证标准。

（3）**再验证**　再验证或部分验证是另一种方法转移的可接受方法。在再验证过程中，应特别关注那些可能在转移过程中受到影响的验证指标，并对其进行说明和验证。

（4）**转移豁免**　在某些特定的情况下，常规的分析方法转移可豁免。此时，接收方使用转移方分析方法，不需要比对实验室间数据。转移豁免的情况如下。①新的待测样品的组成与已有样品的组成类似和/或活性组分的浓度与已有样品的浓度类似，并且接收方有使用该分析方法的经验。②被转移的分析方法为标准方法，且未作任何修改，此时应采用分析方法确认。③被转移的分析方法与已使用方法相同或相似。④转移方负责方法开发、验证或日常分析的人员调转到接收方。如果符合转移豁免，接收方应根据豁免理由形成文件。

在实施分析方法转移前，转移方应对接收方进行培训，或接收方需在转移方案批准前进行预实验以发现并解决可能的问题。培训应有记录，以确保知识的传递和技能的掌握。转移方，通常是方法开发方，负责提供分析方法过程、对照品、验证报告和必需文件，并在方法转移的过程中根据接收方需要提供必要的培训和帮助。接收方可能是质量控制部门、公司内部的其他部门，或其他公司（如委托研发机构）。在方法转移前，接收方应提供有资质的人员或适当人员培训，确保设施和仪器根据需要被正确校正并符合要求，确认实验室体系与执行法规和实验室内部管理规程相一致。转移方和接收方应比较和讨论转移的实验数据以及转移过程的方案偏差。双方应充分讨论转移报告及分析方法中任何必要的更正或者更新，以便接收方能够重现该方法。

方法转移可选择同一批次样品，因为转移目的与生产工艺无关，是为了评价接收方是否具备使用该方法的能力。

11.2.3　方法转移的方案设计

在分析方法转移前，转移方和接收方应通过充分讨论达成共识，并制订一份详细的转移方案文件。该文件应体现双方的共同意愿、执行策略，并明确各方的要求和职责。建议转移方案至少包含以下内容：转移的目的和范围、双方的责任和任务分配、使用的材料、对照品、样品和仪器、分析方法的详细描述、实验设计以及在方法转移中使用的可接受标准。根据验证数据和验证过程知识，转移方案应明确需要评价的验证指标和用于评价可接受的转移结果的分析指标。

根据分析方法的类型和已获得的测定数据所建立的分析方法转移可接受标准应包括所有研究地点的试验结果的比对标准。这些标准可以用统计学方法制定，其原则一般基于双方均值差异以及拟定的范围来计算，并应提供变异估计，特别是接收方的中间精密度和/或用于对比含量和含量均匀度试验均值的统计学方法。在杂质检查时，如果精密度较差（如痕量杂质检查），可使用简便的描述性方法。对于未评价的分析方法验证指标，双方实验室应说明原因。对所使用的材料、对照品、样品、仪器和仪器参数也要逐一说明。

应慎重选择并评估失效、久置或加标样品，从而明确采用不同设备制备样品的差异所导致的潜在问题，并评估对已上市产品的潜在异常结果的影响。转移方案的文件应包括报告的格式，以确保可持续记录检验结果，并提高实验室间的一致性。该部分还应包含实验结果的其他信息，如样品的色谱图和光谱图、误差的相关信息。方案中还应说明如何管理可接受标准的偏差。当转移失败时，对转移方案发生的任何变更，须获得批准后才能收集新数据。

应详细阐述分析方法的细节并进行明确的指导说明，以保证培训后的分析人员能够顺利实施该方法。方法转移前，为了说明并解决方法转移中的相关问题，转移方和接收方可以召开会议，讨论相关事宜。如果有完整验证或部分验证数据，应同实验实施技术细节一并提供给接收方。在某些情况下，转移现场有参与初始方法开发或验证的人员将有助于方法转移。使用液相色谱或气相色谱时，应明确规定重复次数和进样序列。在进行溶出度试验时，应明确规定每种剂量的试验次数。

11.2.4　方法转移的结果评估和批准

分析方法转移成功后，接收方需起草一份详尽的方法转移报告，该报告应详细列出与预设可接受标准相关的所有实验结果，以此确认接收方已具备使用所转移分析方法的能力。报告中还应完整记录方案中出现的任何偏差，并提供相应的解释和理由。如果实验结果符合制订的可接受标准，则认为分析方法转移成功，接收方即获得了执行该方法的资质。反之，如果结果未能满足标准，分析方法转移则视为未完成，必须采取有效的补救措施以符合可接受标准。通过调查研究，可以提供关于补救措施性质和范围的指导原则，依据不同的实验过程，补救措施可以是再培训，也可以是对复杂检测方法的清晰阐述。

11.2.5　方法转移中的常见问题及解决方案

在方法转移过程中，可能会遇到一些常见问题。首先，方法不一致可能源于设备或实验室条件的差异，这时需确保所有实验条件（如温度和流速等）的统一，并进行必要的校准和验证。此外，数据偏差可能影响结果的准确性，建议通过加强培训和严格遵循操作规程来降低人为误差。接收实验室也可能面临与原实验室不同的样品基质干扰，建议在转移实验中进行干扰测试，确保方法的专属性。对于设备的适应性问题，应在转移前进行设备间的初步测试，必要时调整方法以适应新设备。最后，建立有效的沟通机制，定期召开会议和更新进度，确保所有相关人员都了解进展和潜在问题，以提高转移的成功率。

11.3　色谱分析方法的确认

11.3.1　方法确认的定义和范围

分析方法确认是指首次使用法定分析方法时，由现有的分析人员或实验室对分析方法中关键的验证指标进行有选择性的考察，以证明方法对所分析样品的适用性，同时证明分析人员有能力使用该法定分析方法。需要注意的是，分析方法确认并不是重复整个验证过程，而是对法定方法的适用性进行确认。方法确认的核心包括：方法确认的对象是法定方法；证明法定方法适用于被测样品；证明使用该方法的人员有能力成功实施或操作该方法。

11.3.2　方法确认的实验设计

在分析方法确认过程中，需要评价法定方法在实际应用中是否能达到预期的分析目标，尤其是在药物及其制剂的测定中。分析人员应具备必要的色谱分析经验和知识，并且经过培训后能够理解并执行法定方法。方法确认应由这些训练有素的分析人员执行，以确保法定方法能够顺利实施。如果确认过程中发现方法不适用，或者工作人员未能解决相关问题，可能表明该方法不适宜在该实验室用于测定特定的样品。

11.3.3　方法确认的原则和指标

分析方法确认一般无须对法定方法进行完整的再验证。分析方法确认的范围和指标取决于实验人员的培训和经验水平、分析方法种类、相关设备或仪器、具体的操作步骤和分析对象等。分析方法确认的指标和检验项目（鉴别、杂质分析、含量测定等）有关，不同的检验项目，方法确认所需的指标也不同。

方法确认应包括对影响方法性能的关键因素的评估。以药品为例，对于化学药物，应考虑原料药的合成路线和制剂的生产工艺；对于中药，则应考虑中药材的种类、来源、饮片制法和制剂生产工艺。这些因素有助于评估法定方法是否适用于原料药和制剂基质。在原料药和制剂的含量测定中，方法的专属性是确认法定分析方法适用性的关键指标。例如，在色谱法中，可以通过系统适用性的分离度要求来确认专属性，不同来源的原料药可能含有不同的杂质谱，不同来源的制剂辅料也可能对分析方法产生干扰，或生成法定方法中未说明的杂质。此外，药物中的辅料和溶剂组分可能会影响药物在基质中的回收率，对法定方法造成潜在干扰。因此，可能需要进行全面的基质效应评估，以证明法定方法对特定药物及其制剂的适用性。其他确认指标，如杂质分析的检测限、定量限、精密度，也有助于说明法定方法在实际使用条件下的适用性。

11.3.4　方法确认与验证的区别

方法确认与验证之间存在关键区别。方法确认是在特定应用环境中对已有方法的适用性进行评估，相比之下，方法验证通常在方法开发阶段进行，目的是证明方法的有效性和可靠性。确认侧重于特定条件下的适用性和一致性，而验证更侧重于方法的基本性能和全面评估。理解这两者之间的区别有助于在实际工作中选择合适的步骤和策略，确保分析方法的可靠性和有效性。

11.4 案例分析

以氧氟沙星、氧氟沙星片的鉴别、杂质分析、含量测定项目为例进行介绍。

11.4.1 氧氟沙星的鉴别试验

氧氟沙星的鉴别试验可以用 TLC 方法，也可用 HPLC 方法。鉴别试验为非定量分析项目，主要验证项目为专属性、检测限以及耐用性。本小节以 TLC 方法鉴别氧氟沙星为例。

按照标准要求，采用 TLC 方法对氧氟沙星进行鉴别的时候，采用硅胶 GF_{254} 薄层板，以乙酸乙酯-甲醇-浓氨溶液（5∶6∶2）为展开剂。取样品溶液 2 μL，点于薄层板上，展开，取出，晾干，置紫外光灯（254 nm 或 365 nm）下检视。

（1）专属性 分别取氧氟沙星、环丙沙星对照品约 50 mg，加 0.1 mol/L 盐酸溶液溶解并稀释制成 5 mg/mL 的样品溶液，用乙醇稀释制成约含 1 mg/mL 氧氟沙星与环丙沙星的溶液。将样品溶液点样后，按上述方法试验，结果应显示两个完全分离的斑点。

（2）检测限 取氧氟沙星对照品适量，加 0.1 mol/L 盐酸溶液溶解，逐级稀释后，按照上述方法试验，确定方法检测限，在浓度低至检测限时应能显示斑点。

（3）耐用性 取氧氟沙星与环丙沙星的混合溶液，于不同的色谱条件下进行试验，确定各色谱条件的允许变动范围，包括使用不同品牌的薄层板、调整展开剂的比例等。在进行试验时，混合溶液中的氧氟沙星与环丙沙星应显示两个完全分离的斑点。

11.4.2 有关物质的测定

检测氧氟沙星有关物质时，可采用液相色谱进行考察。色谱条件为：采用十八烷基硅烷键合硅胶为填充剂；以醋酸铵高氯酸钠溶液（取醋酸铵 4.0 g 与高氯酸钠 7.0 g，加水 1300 mL 使溶解，用磷酸调节 pH 值至 2.2）-乙腈（85∶15）为流动相 A，以乙腈为流动相 B，按表 11-4 进行线性梯度洗脱；流速为每分钟 1.0 mL；柱温为 40℃；检测波长为 294 nm 与 238 nm；进样体积为 10 μL。不同的杂质所使用的色谱柱和流动相要求一致，但检测波长不一致，需分别进行验证。本小节以氧氟沙星中的环丙沙星研究为例。

表 11-4　氧氟沙星有关物质检测流动相

时间/min	流动相 A/%	流动相 B/%
0	100	0
18	100	0
25	70	30
39	70	30
40	100	0
50	100	0

有关物质的检测，属于样品中微量成分（杂质）的定量检测，因此需验证的内容包括专属性、准确度、精密度、定量限、线性和范围等。

（1）**专属性** 通过分离测定已知杂质、未知杂质及降解产物等考察方法的专属性。

取氧氟沙星、环丙沙星对照品适量，用 0.1 mol/L 盐酸溶液溶解并稀释制成每 1 mL 溶液中约含氧氟沙星 1.2 mg、环丙沙星 6 μg 的混合溶液，即环丙沙星的浓度高于单个杂质的限度要求（0.2%）。分别取空白溶剂（0.1 mol/L 盐酸溶液）与混合溶液进样，按上述色谱条件进行试验。要求氧氟沙星色谱峰与环丙沙星的色谱峰之间能够获得基线分离，溶剂对各色谱峰的检测没有干扰。

取氧氟沙星粗品，用 0.1 mol/L 盐酸溶液溶解并稀释制成氧氟沙星粗品溶液，按上述色谱条件进行试验。要求各主要杂质之间与氧氟沙星之间均能获得基线分离，同时各色谱峰（扣除溶剂峰）面积的和与未经处理的氧氟沙星主峰面积相当，以评价方法检出杂质的能力。

取氧氟沙星适量，经高温、强酸、强碱、强氧化及强光照等条件处理一段时间后，用 0.1 mol/L 盐酸溶液溶解并稀释制成氧氟沙星降解产物溶液，按上述色谱条件进行试验。要求各主要降解产物之间与氧氟沙星之间均能获得基线分离，同时各色谱峰（扣除溶剂峰）面积的和与未经降解处理的氧氟沙星主峰面积相当，以评价方法检出杂质的能力。

（2）**定量限** 环丙沙星与其他未知杂质的限度均为 0.2%，相当于 2.4 μg/mL。通过制备低于 2.4 μg/mL 的不同浓度环丙沙星与氧氟沙星的溶液，进行分析，以环丙沙星信噪比为 10 时的相应浓度作为定量限。

（3）**线性与范围** 在确定环丙沙星的线性与范围时，应根据限度要求，同时配制氧氟沙星的溶液，如配制 2.4 μg/mL 环丙沙星溶液时，应配制 1.2 mg/mL 的氧氟沙星溶液，将两种溶液分别进样分析，氧氟沙星的色谱峰应未出现严重的超载现象，按照环丙沙星的色谱峰计算，理论塔板数、分离度等均应符合要求，则此时环丙沙星的浓度设计合理。据此，拟定环丙沙星的对照品溶液浓度范围，并设计浓度梯度的标准溶液，分别进样分析，建立峰面积与进样样品浓度的线性模型。

（4）**准确度与精密度** 取氧氟沙星对照品 9 份，每份 12 mg，分别置于 10 mL 容量瓶中，分别精密加入 24 μg/mL 的环丙沙星对照品溶液 0.8 mL、1.0 mL 和 1.2 mL（相当于环丙沙星限度的 80%、100% 和 120%）各 3 份，用 0.1 mol/L 盐酸溶液溶解并定容，按上述色谱条件进行试验。按照外标法，用色谱峰的峰面积计算环丙沙星的含量，根据加入量计算回收率（即准确度）和相对标准偏差（即重复性）。由不同的实验人员在不同的时间使用不同的仪器同法进行测定，计算相对标准偏差（即中间精密度）。

（5）**耐用性** 取专属性验证时配制的不同氧氟沙星溶液，于不同的色谱条件下进行进样分析，确定各色谱条件的允许变动范围，包括使用不同品牌不同型号的十八烷基硅烷键合硅胶色谱柱、升高和降低柱温、调整流动相的比例与流速以及将各溶液样品于不同的时间分别进样，测量各色谱峰的峰面积相对标准偏差以及与初始时峰面积的偏差（稳定性）等。在进行进样考察时，各溶液中的氧氟沙星色谱峰与各杂质峰的分离度应符合要求。

11.4.3　氧氟沙星片的含量测定

采用液相色谱对氧氟沙星片进行含量测定。色谱条件为：采用十八烷基硅烷键合硅胶为填充剂；以醋酸铵高氯酸钠溶液（取醋酸铵 4.0 g 与高氯酸钠 7.0 g，加水 1300 mL 使溶解，用磷酸调节 pH 值至 2.2）-乙腈（85∶15）为流动相；检测波长为 294 nm；进样体积为 10 μL。氧氟沙星与环丙沙星等杂质色谱峰的分离度应符合要求。

测定时，取氧氟沙星片 10 片，精密称定，研磨成细粉，精密称取适量，约相当于氧氟沙星 0.12 g，置 100 mL 容量瓶中，加 0.1 mol/L 盐酸溶液溶解并稀释至刻度，摇匀，过滤，精密量取续滤液 5 mL，置 50 mL 容量瓶中，用 0.1 mol/L 盐酸溶液稀释至刻度，摇匀。取氧氟沙星对照品适量，加 0.1 mol/L 盐酸溶液溶解并定量稀释制成每 1 mL 中约含 0.12 mg 的溶液作为对照品溶液。将样品溶液和对照品溶液按照上述色谱方法进行测试，用峰面积外标的方法计算样品含量。

验证内容与方法基本同"11.4.2　有关物质的测定"。

（1）专属性　取氧氟沙星片适量，按照氧氟沙星中杂质检查的专属性验证方法，制备氧氟沙星的各种混合溶液，按上述色谱条件分别进样分析，氧氟沙星与各杂质应基线分离。另取处方量的混合辅料，同法测定，各辅料及其降解产物的色谱峰与氧氟沙星应基线分离。

（2）线性与范围　以氧氟沙星具有良好分离度、理论塔板数、拖尾因子等和组合灵敏度及精密度确定样品溶液的浓度，并以此确定 80%～120% 的范围，或适当拓宽。在此范围内，建立不少于 5 个浓度的系列标准溶液，分别进样分析，建立峰面积与样品浓度的线性模型。

（3）准确度与精密度　分别取含量测定的 80%、100% 和 120% 的氧氟沙星对照品各 3 份，精密称定，分别置于容量瓶中，各加入处方量的混合辅料，按上述色谱分析方法进行测定。计算各样品中氧氟沙星的含量，根据加入量计算回收率（准确度）和重复性（精密度）。另有不同的实验人员于不同时间用不同仪器同法进行测定，计算中间精密度。

（4）耐用性　取专属性验证时配制的不同氧氟沙星溶液，按照氧氟沙星中杂质检查的耐用性验证方法操作，氧氟沙星与各主要杂质、降解产物的色谱峰应基线分离。另取氧氟沙星片，在不同色谱条件下测定，确定各色谱条件的允许变动范围，包括使用不同品牌不同型号的十八烷基硅烷键合硅胶色谱柱、调整流动相的比例以及将各溶液样品于不同的时间分别进样，测量各色谱峰的峰面积相对标准偏差以及与初始时峰面积的偏差（稳定性）等，各溶液中的氧氟沙星含量测定结果应一致。

 【本章小结】

Summary　This chapter provides a detailed overview of the validation, transfer, and confirmation of chromatographic analytical methods. The purpose of analytical method validation is to demonstrate that the established method is suitable for the corresponding testing requirements. Analytical method transfer is a process of documentation and experimental confirmation aimed at proving that a laboratory (the method-receiving laboratory) can successfully operate a non-official analytical method developed and validated by another laboratory (the method-developing laboratory) and achieve results consistent with those of the method-developing laboratory. Method confirmation refers to the selective examination of key validation parameters by existing analysts or laboratories when a statutory analytical method is first used, to demonstrate the method's applicability to the analyzed samples, as well as to verify that the analysts are capable of using the statutory analytical method. Through the study of this chapter, we will not only understand the importance of validation, transfer, and confirmation of chromatographic analytical methods but also grasp their basic requirements and implementation steps. This is crucial for ensuring the scientific validity, accuracy, and applicability of chromatographic analytical methods, while also enhancing the consistency and reliability of analytical results.

 【复习题】

1. 方法验证、转移、确认的目的是什么？

2. 方法验证的主要内容有哪些？

3. 方法验证与方法确认的区别是什么？

 【讨论题】

1. 请阐述色谱分析方法的验证、确认和转移对方法适用性的影响。

2. 在用色谱法进行检测时，若出现与之前检测结果差异较大的情况，应如何处理？

团队协作项目

色谱分析方法的验证

【项目目标】　通过团队合作，深入了解色谱分析技术在不同行业的政策法规，探索设计色谱分析方法的验证方案。

【团队构成】　4 个小组，每组 3～5 名学生。

【小组任务分配】

1. 中药中的色谱分析方法验证方案研究小组（任务内容：了解色谱分析技术在中药领域的主要应用和方法；查询并总结中药中的色谱分析方法验证的标准和依据；设计一套完整的色谱分析方法验证方案）。

2. 生物制品中的色谱分析方法验证方案研究小组（任务内容：了解色谱分析技术在生物制品领域的主要应用和方法；查询并总结生物制品中的色谱分析方法验证的标准和依据；设计一套完整的色谱分析方法验证方案）。

3. 食品中的色谱分析方法验证方案研究小组（任务内容：了解色谱分析技术在食品领域的主要应用和方法；查询并总结食品中的色谱分析方法验证的标准和依据；设计一套完整的色谱分析方法验证方案）。

4. 化妆品中的色谱分析方法验证方案研究小组（任务内容：了解色谱分析技术在化妆品领域的主要应用和方法；查询并总结化妆品中的色谱分析方法验证的标准和依据；

设计一套完整的色谱分析方法验证方案）。

　　【成果展示】　各小组挑选一个典型的色谱分析方法，设计一套完整的分析方法验证方案，并在团队会议上进行展示。

　　【团队讨论】　团队对各小组的研究成果进行对比和讨论，找出色谱分析技术在不同领域中验证时的特点，形成最终的合作报告。

 案例研究

奶茶中咖啡因的含量测定

　　近年来，奶茶逐渐成为大众的新宠，各种网红奶茶层出不穷。然而，许多人并不知道，奶茶虽然口感佳，但其咖啡因含量可能比咖啡还要高，饮用后可能引发失眠、手足颤抖和心慌等症状。2017年，上海市消费者协会曾对奶茶进行抽查，结果显示，27家奶茶店的51种奶茶均含有高含量咖啡因。所有样品的咖啡因含量平均为270 mg，其中最高达到480 mg，相当于4杯咖啡。

　　案例分析：

　　1. 为检测奶茶中的咖啡因含量，建立了一种基于HPLC的检测方法，请分析该方法在验证过程中需要关注的关键参数有哪些？

　　2. 将已经验证过的检测方法转移至另一实验室中时，应采取哪些措施保障方法的成功转移？

　　3. 如何确认所建立的方法适合于各种品牌奶茶中咖啡因的检测？

参考文献

[1] International Organization for Standardization. General requirements for the competence of testing and calibration laboratories［S］. 2017.

[2] The International Council for Harmonisation of Technical Requirements for Pharmaceuticals for Human Use. Validation of Analytical Procedures Q2(R2)[S]. 2023.

[3] The International Council for Harmonisation of Technical Requirements for Pharmaceuticals for Human Use.Analytical Procedure Development Q14[S]. 2023.

[4] 国家标准化管理委员会. GB/T 27417—2017《合格评定 化学分析方法确认和验证指南》[S]. 2017.

[5] 国家标准化管理委员会. GB 5009. 295—2023《食品安全国家标准 化学分析方法验证通则》[S]. 2017.

（贾菲菲　编写）